JN126781

Illustrator & Photoshop & InDesign

〔改訂新版〕

これ1冊で基本が身につく デザイン教科書

阿部信行 著

技術評論社

はじめに

本書は、1冊でAdobe IllustratorとPhotoshop、そしてInDesignの基本をマスターし、それぞれのアプリで作成したデータを利用して雑誌や書籍、画集などを作れるように解説したガイドブックです。

Illustrator、Photoshop、そしてInDesignは、それぞれ単独で利用するという使い方よりも、それぞれを連携しながら、1つの作品、1つのコンテンツが作成されます。本書では、各アプリケーションソフトの基本操作はもちろん、どのように連携するのかも合わせて解説しています。

本書は、これからグラフィックデザイナーと活躍したい初心者、あるいはIllustratorやPhotoshop、InDesignの基本操作を覚えたいというユーザーが、しっかりと基本操作を身に付けることをコンセプトとしています。

第1版は、多くのユーザーさんからご支持をいただき、さまざまなシーンで活用して頂いております。あれから4年が経ち、この度、改訂新版を刊行させて頂きました。

本書でご紹介している3本のアプリケーションソフトは、印刷や出版業界のグラフィックデザインだけでなく、広告やWebなどさまざまな業界でも主力アプリケーションとして利用されています。

そして、それぞれのアプリケーションは常に進化を続け、さまざまな新機能が追加され、アップデートを重ねています。

今回の改訂新版では、各アプリケーションの基本操作をマスターするという基本的なコンセプトを守りつつ、さらに進化し続ける新機能の使い方もしっかりとマスターできるように構成しました。

もちろん、本書だけですべてをマスターできるわけではありません。しかし、本書で新機能も含めた基本操作を習得すれば、どのような解説書、チュートリアルビデオなどを参照しても、きちんと内容を理解できるはずです。

オリジナリティのある作品を作りたい、自信をもって自分の作品を発表したい、そうした希望を叶えるために、本書を利用して頂ければ幸いです。

2024年5月
阿部 信行

CONTENTS 目次

Chapter 1

Illustrator&Photoshop& InDesignの基本

Chapter 2

Illustratorの基本操作を マスターする

Chapter 3

Illustratorの応用操作をマスターする

Chapter 4

Photoshopの基本操作を
マスターする

Chapter 5

Photoshopの応用操作を
マスターする

Chapter 6

InDesignで雑誌を制作する

Chapter 7

InDesignで書籍を制作する

Chapter 1

Illustrator&
Photoshop&
InDesignの基本

Illustratorの画面構成

Illustratorが起動して表示される画面を「ワークスペース」といいます。ワークスペースは、さまざまな機能を持ったパネルで構成されています。

▌Illustratorの画面構成

Illustratorで編集を行うワークスペースは、次のようなパネルと機能で構成されています。

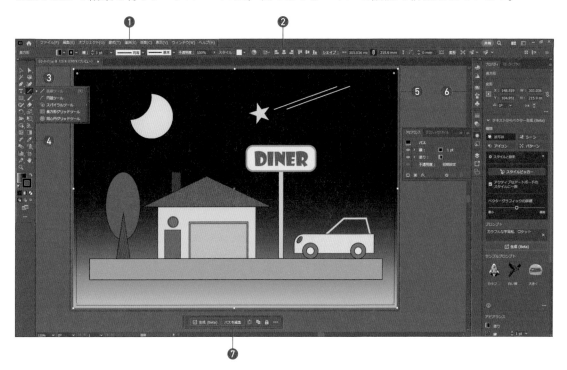

TIPS

「**Adobe Creative Cloud アプリケーション**」について
はじめてCreative Cloudのアプリケーションをインストールする場合、「Adobe Creative Cloudアプリケーション」という、アプリケーションとCreative Cloudを管理するためのツールがインストールされます。IllustratorやPhotoshop、InDesignなどの各アプリは、このツールを利用してインストールやアップデートを行います。なお、手動でAdobe Creative Cloudアプリケーションをインストールする場合は、下記URLにアクセスして、インストールやアップデートなどを実行します。

https://creativecloud.adobe.com/apps/all/desktop

❶ メニューバー

Illustratorで利用可能なコマンドを表示し、選択／実行できるメニューです。

❷ コントロールパネル

メニューバーやツールバーで選択したコマンドに対応して、さまざまな設定項目が表示されます。コマンドを変更すると、コントロールパネルの構成内容も自動的に切り替わります。コントロールパネルが表示されていない場合は、メニューバーから「ウィンドウ」→「コントロール」で表示できます。

❸ タブ

現在表示されているオブジェクト（イラストなど）のファイル名が表示されます。タブをクリックすると、ファイルを切り替えられます。

❹ ツールバー

画面左側にアイコンが表示され、各種ツールを選択／実行できます。なお、1つのアイコンの中に、系統の似ているツールが複数登録されているものがあります。アイコンを長押しするとサブメニューが表示され、ここから選択／実行できます。1列か2列に表示を切り替えられます。

❺ アートボード

Illustratorのオブジェクト（アートワーク）を制作する領域です。新規作成時に設定したサイズのアートボードが表示されます。印刷を実行すると、アートボードの範囲が出力されます。

❻ ドックとパネル

ワークスペースの右側に、タブやアイコンの状態で表示されている領域を「ドック」といいます。ここに、各種パネルが表示されます。パネルのタブ名をクリックしたり、アイコンをクリックして、パネルを表示できます。また、ドックに登録されていないパネルは、メニューバーの「ウィンドウ」から選択して表示できます。

❼ コンテキストタスクバー

オブジェクトを選択すると、オブジェクトに関連したアクションを選択・実行できるフローティングバーが表示されます。

▌アプリケーションのインストール

Creative Cloudの各アプリケーションのインストールは、Adobe Creative Cloudアプリケーションを起動して左端にある「アプリ」アイコン❶をクリックします。利用可能なアプリケーションが表示されるので、「ご利用のプランに含まれるアプリ」から、インストールしたいアプリケーションの「インストール」❷をクリックしてインストールを実行します。

Photoshopの画面構成

Photoshopが起動して表示される画面を「ワークスペース」といいます。ワークスペースは、さまざまな機能を持ったパネルで構成されています。

▌ Photoshopの画面構成

Photoshopで編集を行うワークスペースは、次のようなパネルと機能で構成されています。

▌ アプリケーションの手動アップデート

各アプリケーションは、機能アップやバグフィックスなどを目的に頻繁にアップデートされます。アップデートには、バージョンが変わるバージョンアップや、機能追加、バグフィックスなどのリビジョンアップなどがあります。これらのアップデートは、Adobe Creative Cloudアプリケーションを起動して表示された画面から、「アップデートが利用できます」をクリックして実行します❶。

❶ メニューバー

Photoshopで利用可能なコマンドを表示し、選択／実行できるメニューです。

❷ オプションバー

メニューバーやツールバーで選択したコマンドに対応して、さまざまな設定項目が表示されます。コマンドを変更すると、オプションバーの構成内容も自動的に切り替わります。

❸ タブ

現在表示されている画像のファイル名が表示されます。タブをクリックすると、ファイルを切り替えられます。

❹ ツールバー

画面左側に表示され、各種ツールを選択／実行できます。なお、1つのアイコンの中に、系統の似ているツールが複数登録されているものがあります。アイコンを長押しするとサブメニューが表示され、ここから選択／実行できます。1列か2列に表示を切り替えられます。

❺ 画像

Photoshopを起動し、「ファイル」→「開く」で選択した画像が表示されます。また、画像のないカンバスを作成し、あとから画像を配置することもできます。

❻ ドックとパネル

ワークスペースの右側に、タブやアイコンの状態で表示されている領域を「ドック」といいます。ここに、各種パネルが表示されます。タブ名をクリックしたり、アイコンをクリックしたりすることで、パネルを表示できます。また、ドックに登録されていないパネルは、メニューバーの「ウィンドウ」から選択して表示できます。

❼ アプリケーションフレーム

画像の周囲のフレームを、「アプリケーションフレーム」といいます。なお、macOSでは「ウィンドウ」→「アプリケーションフレーム」を選択して、表示のオン／オフの切り替えが可能です。

❽ コンテキストタスクバー

オブジェクトを選択すると、オブジェクトに関連したアクションを選択・実行できるフローティングバーが表示されます。

TIPS

アプリケーションを自動更新する
アプリケーションのアップデートは、自動で行うこともできます。Adobe Creative Cloudアプリケーションを起動して表示された画面の左にある「アプリ」をクリックします。次の画面の右上にある「…」をクリックするとメニューが表示されるので「自動更新を管理する」をクリックします。表示されたパネルの左にある「アプリ」を選択し❶、「自動更新」スイッチをオンにします❷。インストールされているアプリごとの自動更新のオン、オフ❸やオプションの設定❹が可能です。

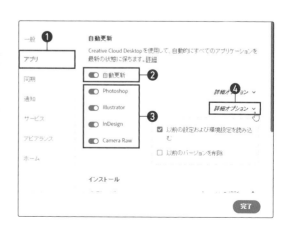

InDesignの画面構成

InDesignが起動して表示される画面を「ワークスペース」といいます。ワークスペースは、さまざまな機能を持ったパネルで構成されています。

InDesignの画面構成

InDesignで編集を行うワークスペースは、次のようなパネルと機能で構成されています。

別バージョンのインストール

現在インストールされているアプリケーションより以前のバージョンのアプリケーションを利用したい場合は、Adobe Creative Cloudアプリケーションを起動して表示された画面で各アプリケーションの「…」をクリックし、「他のバージョン」をクリックします。

すると、旧バージョンがインストールできます。この場合、現在のバージョンと共存して利用できるようになります。

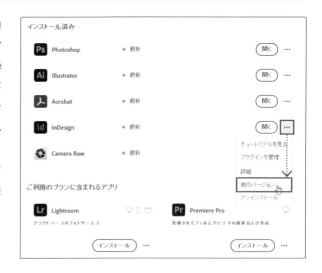

❶ メニューバー

InDesignで利用可能なコマンドを表示し、選択／実行できるメニューです。

❷ オプションバー

メニューバーやツールバーで選択したコマンドに対応して、さまざまな設定項目が表示されます。コマンドを変更すると、オプションバーの構成内容も自動的に切り替わります。

❸ タブ

現在表示されているドキュメントのファイル名が表示されます。タブをクリックすると、ファイルを切り替えられます。

❹ ツールバー

画面左側に表示され、各種ツールを選択／実行できます。なお、1つのアイコンの中に、系統の似ているツールが複数登録されているものがあります。アイコンを長押しするとサブメニューが表示され、ここから選択／実行できます。1列か2列に表示を切り替えられます。

❺ ドキュメントウィンドウとドキュメントページ

InDesignを起動し、「ファイル」→「開く」で選択したドキュメントが表示されます。「ドキュメントページ」は、実際に作成する編集ページです。ここにテキストフレームやグラフィックフレームを設定し、テキストや画像を配置してページを作成します。ページの確認は、「プレビュー」機能で編集中、あるいは仕上がりの状態などに切り替えて表示できます。

❻ ドックとパネル

ワークスペースの右側に、タブやアイコンの状態で表示されている領域を「ドック」といいます。ここに、各種パネルが表示されます。タブ名をクリックしたり、アイコンをクリックしたりすることで、パネルを表示できます。また、ドックに登録されていないパネルは、メニューバーの「ウィンドウ」から選択して表示できます。

❼ アプリケーションフレーム

ドキュメント周囲のフレームを、アプリケーションフレームといいます。なお、macOSでは「ウィンドウ」→「アプリケーションフレーム」を選択して、表示のオン／オフを切り替えられます。

ワークスペースとパネルの基本操作

Illustrator、Photoshop、InDesignでは、作業目的に応じてワークスペースを切り替えることができます。また、各種パネルは表示方法をさまざまに変更することができます。

■ ワークスペースの切り替え

ワークスペースは、作業内容に応じてデザインを切り替えることができます。これによって、ワークスペースを構成するパネルの組み合わせなども変更され、スムーズな作業を行うことができます。

1 ▶ メニューを表示する

画面右上にあるアイコンの中から、「ワークスペースの切り替え」 🔲 をクリックします❶。

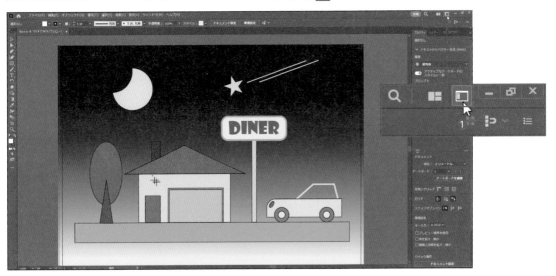

2 ▶ ワークスペースを選択する

メニューが表示されるので、表示したいワークスペースのタイプをクリックします❶。

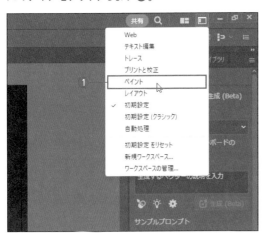

3 ▶ ワークスペースが切り替わった

ワークスペースのデザインが切り替わりました。パネルの組み合わせも変更されています。

▌ パネルの開閉

パネルの表示は、自由に開閉することができます。閉じた状態のパネルは、アイコンとして表示されています。

1 ▸ パネルを開く

閉じた状態のパネルは、アイコン表示になっています。アイコンをクリックすると❶、パネルが表示されます。

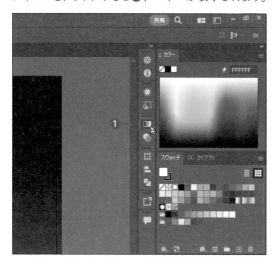

2 ▸ パネルを閉じる

開いたパネルは、パネル上部の右にある >> をクリックすると❶、閉じることができます。

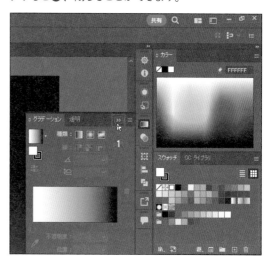

▌ ドックの開閉

パネルが格納されている場所を「ドック」といいます。ドックもまた、自由に開閉することができます。

1 ▸ ドックを閉じる

ドック上部の右にある >> をクリックすると❶、ドックを閉じてすべてのパネルをアイコンの状態に変更できます。

2 ▸ ドックを開く

◂◂ をクリックすると❶、ドックを開くことができます。

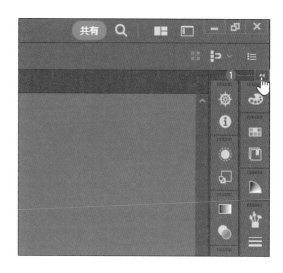

▌ ツールバーの操作

ツールバーは、ワークスペースのオブジェクトや画像、ドキュメントページなどが表示されるアプリケーションフレームにドッキングされています。ここではツールバーの操作方法について解説します。

1 ▸ ツールバーを分離する

ツールバー上部の ▩ をドラッグすると❶、ツールバーのドッキングが解除され、自由に移動できるようになります。

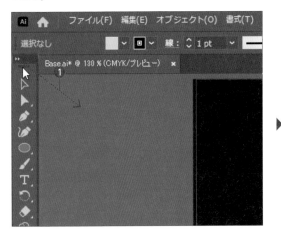

ドッキングを解除できた

2 ▸ ツールバーをドッキングする

ドッキングを解除したツールバーのドラッグ先を、アプリケーションフレームの左端に合わせます❶。すると青いラインが表示され❷、その場所にドッキングできます。

3 ▸ ツールバーを2列表示にする

ツールバー上部の ▸▸ をクリックすると❶、1列のツールバーが2列に変更になります。もう一度クリックすると❷、1列に戻ります。

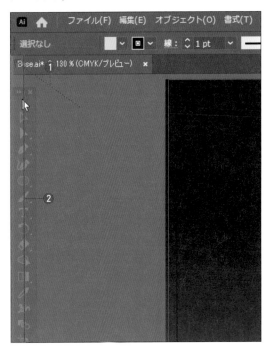

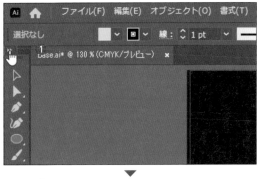

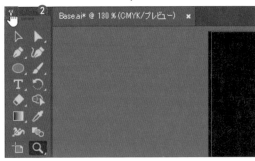

パネルのドッキング操作

パネルは通常、ドックにドッキングされていますが、ドラッグ操作で自由に移動させたり、再度ドッキングしたりできます。

1 パネルのドッキングを解除する

アイコンをクリックしてパネルを開き、ドックにドッキングされているパネルのアイコン、あるいは展開されているパネルのタブをドラッグします❶。

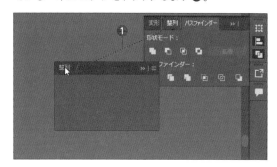

2 パネルが切り離された

パネルがドックから切り離され、自由に移動できるようになります。

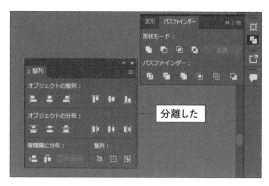

3 パネルをドッキングする①

パネルを再度ドッキングするには、パネルのタブをドックにドラッグします❶。

4 パネルをドッキングする②

青い枠が表示されたら、ドロップします❶。

5 パネルがドッキングされた

これでパネルを再ドッキングできました。

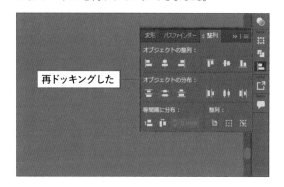

パネルメニューの表示

展開されているパネルの右上にある ▤ をクリックすると、パネルメニューが表示されます。ここから、パネルに対する操作を選択／実行できます。また、パネルオプションの表示／非表示を切り替えることができます。

1 ▸ パネルメニューを表示する

パネル右上の ▤ をクリックします❶。パネルメニューが表示されます。ここから、パネルに対する操作を選択できます。

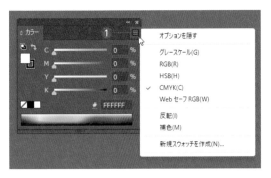

2 ▸ パネルオプションを表示する①

パネルのタブ名の左にある ◈ をクリックします❶。

3 ▸ パネルオプションを表示する②

パネルオプションが非表示になります。再度 ◈ をクリックします❶。

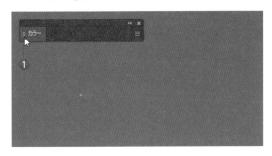

4 ▸ パネルオプションを表示する③

再度、パネルオプションが表示されます。

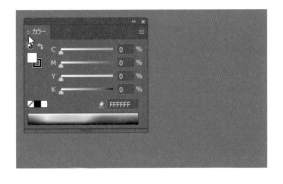

TIPS

パネルが見つからない場合

ドックに目的のパネルが見つからない場合、メニューバーの「ウィンドウ」をクリックすると、メニューからパネルを選択して表示できます。表示したパネルは、ドックにドッキングが可能です。

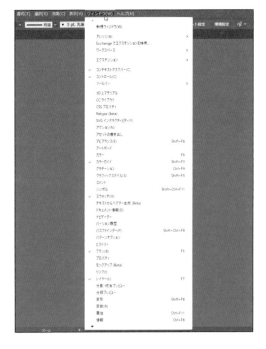

ワークスペースの追加と削除

パネルの操作によって利用しやすいワークスペースの配置ができたら、画面右上のワークスペース選択ボックスの右にある▣から、自分専用のワークスペースとして登録・削除ができます。

● **ワークスペースの登録**

アレンジしたワークスペースに名前を設定して、オリジナルワークスペースとして登録できます。

● **ワークスペースの削除**

登録したオリジナルワークスペースを削除する場合は、「ワークスペースの管理」を選択して削除します。

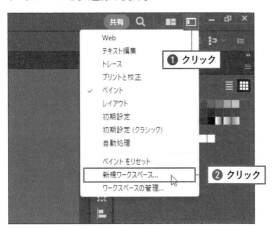

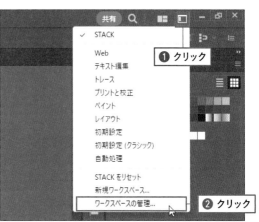

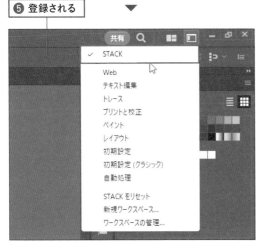

ファイルの保存と既存ファイルの表示

Illustrator、Photoshop、InDesignで作成したそれぞれのオブジェクトや画像は、デフォルトでは、それぞれAI形式、PSD形式、InDesign形式で保存されます。

▌Illustratorファイルの保存

Illustratorを使ったファイルの保存方法について解説します。ここでは、パソコン上に保存する方法について解説します。

1▶ ファイルを保存する

Illustratorで、「ファイル」→「保存」か、「ファイル」→「別名で保存」をクリックします❶。

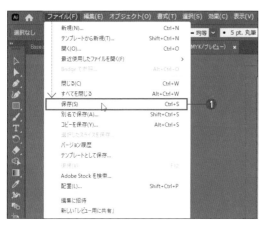

2▶ 保存先を選択する

ファイルをパソコンに保存する場合は「コンピュータに保存」をクリックし❶、Creative Cloud に保存する場合は「Creative Cloud に保存」をクリックします。

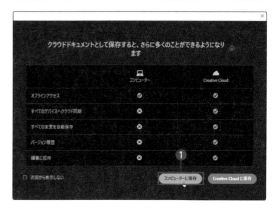

3▶ 保存を実行する

保存先のフォルダーを開き❶、ファイル名を入力して❷、ファイル形式を確認します❸。「保存」をクリックすると❹、保存できます。

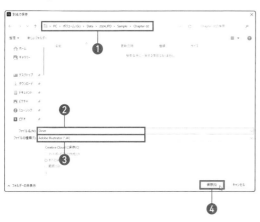

4▶ オプションを選択する

Illustratorにはさまざまなバージョンがあります。ファイルを利用するIllustratorのバージョンに合わせてバージョンを選択し❶、「OK」をクリックします❷。通常は「Illustrator 2020」を選択してください。

Illustratorファイルの表示

パソコン上に保存されているIllustratorファイルを表示する方法を解説します。

1 「最近使用したもの」から開く

直近で利用したIllustratorファイルは、「最近使用したもの」でサムネイル（縮小画像）が表示されています。これをクリックすると①、ファイルを開けます。

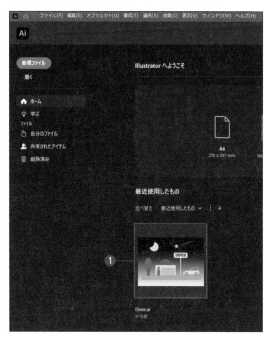

> **TIPS**
>
> **フォルダーから開く**
> 「最近使用したもの」にサムネイルが表示されていない場合は、スタートアップメニューで「開く」をクリックします①。表示された「開く」ウィンドウでファイルが保存されているフォルダーを開き、ファイルを選択して②、「開く」をクリックします③。

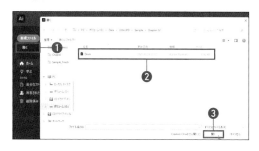

Photoshopファイルの保存

Photoshopを使ったファイルの保存方法を解説します。

1 ファイルを保存する①

Photoshopで、「ファイル」→「保存」か、「ファイル」→「別名で保存」をクリックします①。

2 ファイルを保存する②

「別名で保存」ウィンドウが表示されます。ファイル名を入力し①、ファイル形式を選択して②、「保存」をクリックします。

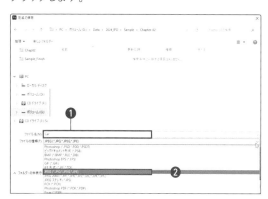

3 ▸ オプションを選択する

ファイル形式によっては、オプションダイアログボックスが表示されます。その場合は、オプションを選択して「OK」をクリックします❶。

Creative Cloudへの保存
Creative Cloudにファイルを保存する場合は、環境設定の「ファイル管理」→「ファイルの保存オプション」の「初期設定のファイルの場所」で「Creative Cloud」か「コンピュータ上」かを選択できるので、「Creative Cloud」を選択してください。

▎Photoshopファイルの表示

Photoshopで既存のファイルを表示する方法を解説します。

1 ▸「最近使用したもの」から開く

直近で利用したPhotoshopファイルは、「最近使用したもの」でサムネイルが表示されています。これをクリックすると❶、ファイルを開けます。

フォルダーから開く
「最近使用したもの」にサムネイルが表示されていない場合は、スタートアップメニューで「開く」をクリックします。表示された「開く」ウィンドウでファイルが保存されているフォルダーを開き、ファイルを選択して❶、「開く」をクリックします❷。

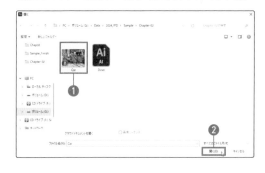

■ InDesignファイルの保存と表示

InDesignを使ったファイルの保存と表示方法を解説します。InDesignで作成したデータは、パソコン上に保存するかクラウド上に保存するかを選択できます。

1 ▸ ファイルを保存する ①

InDesignで、「ファイル」→「保存」か、「ファイル」→「別名で保存」をクリックします❶。

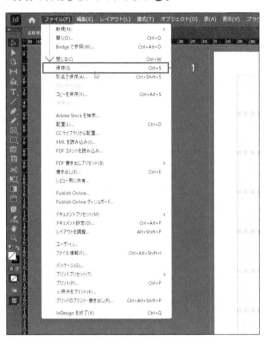

2 ▸ ファイルを保存する ②

ファイル名を入力し❶、ファイル形式を選択します❷。「保存」をクリックすると❸、保存できます。

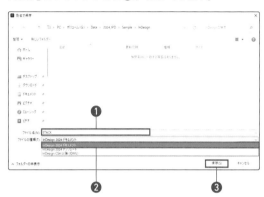

3 ▸ 「最近使用したもの」から開く

直近で利用したInDesignファイルは、「最近使用したもの」でサムネイルが表示されています❶。これをクリックすると、ファイルを開けます。サムネイルの表示されていないファイルは、「開く」❷からウィンドウを表示し、選択して開きます。

POINT

InDesignのファイル形式
InDesignでは、ドキュメント、テンプレート、IDMLの3種類のファイル形式から選択して保存できます。

・ **ドキュメント**
InDesign 2024のドキュメントファイルとして保存する。
・ **テンプレート**
ドキュメントをテンプレートとして保存し、他のドキュメントを簡単に作成できる形式で保存する。
・ **IDML**
InDesign CS4以降の旧InDesignでも、InDesign 2024で作成したドキュメントを利用可能な形式で保存する。

ベクトルとビットマップの違い

画像データには、ベクトルデータとビットマップ（ラスター）データの2つの種類があります。Illustratorではベクトルデータ、Photoshopではビットマップデータを扱います。

■ ビットマップデータの特徴

ここでは、Photoshopで扱うビットマップデータの特徴について解説します。

ピクセルについて

ビットマップデータは、「ピクセル」と呼ばれる「画素」が集まって構成されています。そして、1つ1つのピクセルに色が割り当てられています。画像を拡大／縮小してもピクセルの数は変わらないため、画像を拡大するとピクセルも大きくなり、画像は鮮明さを失います。

この部分を…　拡大した

画像サイズについて

ビットマップデータのサイズは、縦と横のピクセル数で表されます。たとえば4032×3024と表記されている場合、横に4032個、縦に3024個のピクセルが並んでいることを示しています。印刷物などに利用する場合、ピクセル数が少ないと使用できないことがあります。

横のピクセル数：4032個

縦のピクセル数：3024個

解像度について

画像サイズと混同しがちなのが、「解像度」です。解像度というのは、1インチあたりのピクセル数です。単位は、ppi（pixcel per inch）です。たとえば解像度が72ppiといえば、1インチに72個のピクセルが並んでいることを示しています。同じく印刷では300ppi以上の解像度の画像データが利用されます。この場合、1インチに300個のピクセルが並ぶので、きめ細かな表現が可能になります。

Webなどパソコン上で利用する場合、解像度は72ppiで十分ですが、印刷用途では300ppi以上が必要となります。印刷に低解像度の画像データを利用すると、写真がぼやけたり、ピクセルのギザギザ（ジャギー）が目立ち、画質が悪い印刷になってしまいますので、印刷で利用する場合は300ppi以上の解像度の画像を利用してください。

1インチ

1インチ

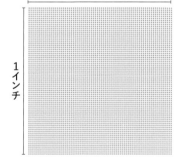

1インチに72個の
ピクセルが並んでいる

解像度72ppiの画像

解像度144ppiの画像

ベクトルデータの特徴

ここでは、Illustratorで扱うベクトルデータの特徴について解説します。

ベクトルデータについて

ベクトルデータは、「ポイント（点）」「ライン（線）」そして「ポリゴン（面）」によって構成された画像データです。ポイントはX座標、Y座標の位置情報を持ち、ラインはポイントとポイントの座標を結んだ線で構成されます。またポリゴンは、3つの点を結んで閉じた線分（三角形）で構成されています。ベクトルデータの最大の特徴は、どんなに拡大しても、オブジェクトが劣化しない点にあります。

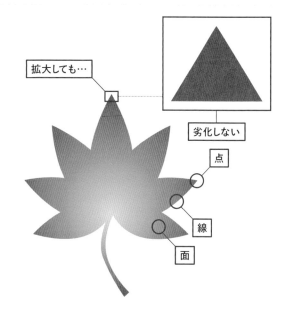

パスとアンカーポイント・セグメントについて

Illustrator で作成する図形のことを、「パス」といいます。パスは「アンカーポイント」と「セグメント」によって構成されています。図形の形を決めるための点が「アンカーポイント」、点を結ぶ線が「セグメント」です。

アンカーポイントからは、「方向線」と呼ばれるハンドルが出ています。このハンドルを操作することで、セグメントの曲線を自由に変更できます。また、パスが閉じていない図形を「オープンパス」、パスが閉じている図形を「クローズパス」といいます。パスの線は「線」、パスの内部は「塗り」で色を表現します。

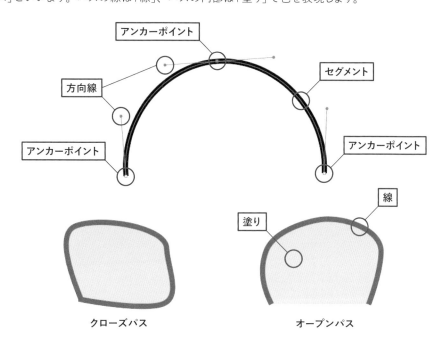

クローズパス　　　　　　　　　　　オープンパス

RGBとCMYKの違い

画像の色を表現する方法には、RGBとCMYKの2種類があります。
WebではRGB画像、印刷物ではCMYK画像が利用されます。

▌ RGBとCMYKについて

RGBとCMYKは、画像の色を構成する2つの異なる方法です。それぞれの違いについて、解説します。

RGBとは

「RGB」とは、Red（赤）、Green（緑）、Blue（青）の「光の3原色」の頭文字を取ったもので、この3色を利用して色を表現する方法です。3色を混ぜ合わせるほど明るい色へと変化することから、「加法混色」と呼ばれています。3色合わせると「白」になります。液晶ディスプレイなど、コンピュータやテレビの映像表示に使われています。

CMYKとは

CMYKとは、Cyan（シアン）、Magenta（マゼンタ）、Yellow（イエロー）の「色の3原色」にBlack（ブラック）を加えることによって色を表現する方法です。プロセスカラーとも呼ばれます。CMYの3色を同量ずつ重ねていくと明るさが下がり、やがて黒になることから、「減法混色」とも呼ばれています。しかし、現実には黒ではなくにごった茶色になるため、CMYとは別にK版（墨版）を併用するのが一般的です。4色刷りのカラー印刷は、通常このCMYKのインキで刷られています。

● RGB

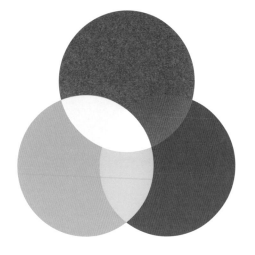

● CMYK

POINT

RGB、CMYK相互の変換

RGBで編集中のデータをCMYKに変更する、あるいは印刷用のCMYKデータをネットで利用するRGBデータに変換したい場合、Illustrator、Photoshopでは次のように変換します。

- Illustrator
  「ファイル」→「ドキュメントのカラーモード」から、利用したい「CMYKカラー」または「RGBカラー」を選択する
- Photoshop
  「イメージ」→「モード」から、利用したい「CMYKカラー」または「RGBカラー」を選択する

RGB ／ 8bitについて

PhotoshopなどでRGB画像を読み込むと、タブに「（RGB ／ 8）」と表示されます。この「8」は「色深度」と呼ばれ、8bitという意味です。色深度は1ピクセル（画素）が表現できる色数のことで、これが8bitだということです。8bitで表現できる階調は2の8乗なので、RGBそれぞれが256段階の階調を表現できることになります。そして実際の色はRGBの各色を掛け合わせ、256×256×256=16,777,216色の色を表現できることになります。

RGBのカラーパレットは0から255までの数値で色が表現される

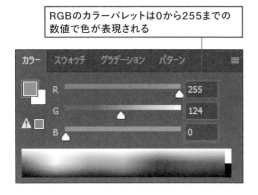

カラーピッカーでも0から255までの数値で色を指定できる

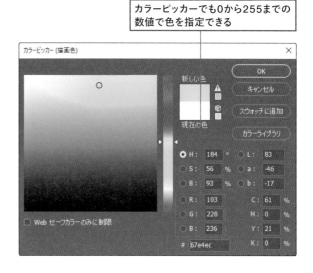

RGBからCMYKへの変換

IllustratorやPhotoshopでは、RGB画像をCMYK画像に、逆にCMYK画像をRGB画像に変換できます。

IllustratorでCMYK変換

IllustratorでRGBをCMYKに変換する場合は、メニューバーから「ファイル」→「ドキュメントのカラーモード」→「CMYKカラー」を選択します。

PhotoshopでCMYK変換

PhotoshopでRGBをCMYKに変換する場合は、メニューバーから「イメージ」→「モード」→「CMYKカラー」を選択します。

カラー設定とカラープロファイル

RGBのデジタル画像は、たとえ同じ「赤」でも、モニターによって色が違って表示されたり、プリンターで出力するとモニターに表示されていた赤とは違った色でプリントされることが多くあります。また、Windows環境とMac環境など他の環境との間でデータをやり取りする場合や複数ユーザーで作業を行う場合、色の変化を抑えることが重要になります。

そこで利用されるのが「カラープロファイル」で、「ICC（International Color Consortium）プロファイル」とも呼ばれています。本書では、カラープロファイルの設定に関する詳しい解説を行いませんが、カラープロファイルの設定は、各アプリケーションの「カラー設定」で行うことができます。

● Illustratorの場合：「編集」→「カラー設定」

● InDesignの場合：「編集」→「カラー設定」

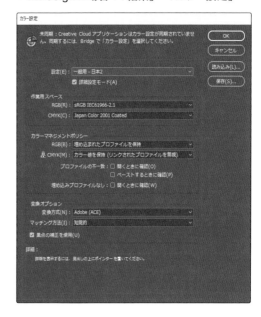

● Photoshopの場合：「編集」→「カラー設定」

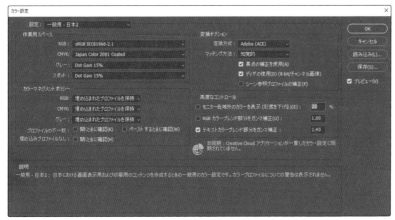

Chapter 2

Illustratorの
基本操作を
マスターする

SECTION

2-1

オブジェクトを描画する

Illustratorで図形を描く基本は、四角形や円、直線などの図形を描くことにあります。ここでは、基本的な図形を描画するための操作方法について解説します。

▌新規ドキュメントの作成

Chap02 ▸ S2-1-01.ai

Illustratorで新しいドキュメントを作成する方法を解説します。

1 ▸ 基本操作で描くイラスト

Illustratorでは、長方形や円などの図形を「オブジェクト」と呼んでいます。この章では、複数のオブジェクトを利用して次のようなイラストを描きます。これらのオブジェクトを描くことで、Illustratorの基本操作を覚えます。

2 ▸ 新規ドキュメントを作成する ①

Illustratorでの作業の第一歩は、新規ドキュメントの作成です。ここでは、印刷に利用することを目的とした新規ドキュメントの作成から始めます。Illustratorを起動すると、Splash画面が表示されます。続いてホーム画面が表示されるので、画面左上にある「新規ファイル」をクリックします❶。

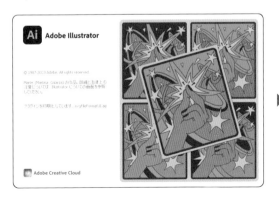

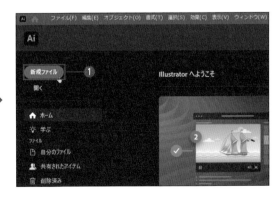

3▸新規ドキュメントを作成する ②

「新規ドキュメント」ダイアログボックスが表示されるので、目的に合わせたドキュメント設定を行います。たとえば印刷用途のA4横位置のドキュメントを作成する場合、次のように設定します。

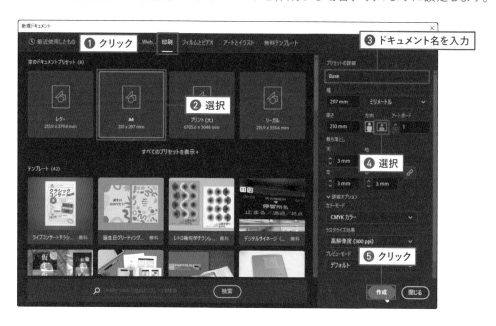

4▸新規ドキュメントが作成された

設定した内容で、新規ドキュメントが作成されます。

5▸パーツを作成する

ここからは、前ページで紹介したイラストを描くために、右のようなパーツを作成します。これらのパーツを描きながら、オブジェクト描画の基本操作をマスターしましょう。

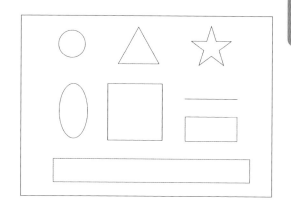

四角形の描画

四角形の描画は、長方形ツールを利用して描画します。

1 ▶ 長方形ツールを選択する

イラストの地面や車、家などの形を作るために必要な四角形を描きます。ツールバーで長方形ツールをクリックします❶。

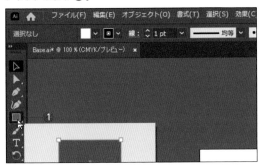

2 ▶ 長方形を描く①

アートボード上でドラッグします❶。

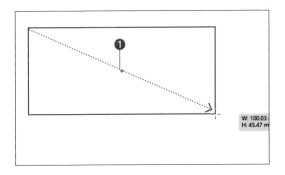

3 ▶ 長方形を描く②

すると、ドラッグした範囲を対角線とした長方形が描けます。

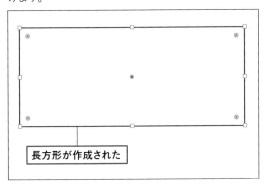

長方形が作成された

4 ▶ 正方形を描く

長方形ツールでドラッグする際、 Shift キーを押しながらドラッグすると❶ 、正方形が描けます。

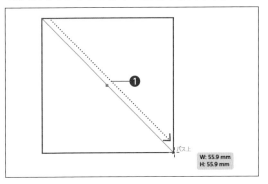

5 ▶ 必要な四角形を描く

ここでは、3個の四角形（正方形1個❶ 、長方形2個❷ ）を描きました。この他の四角形は、作業を進めながら必要なタイミングで描いていきます。

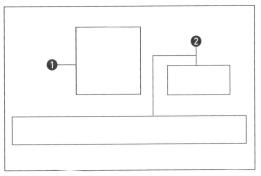

POINT

数値で描く

四角形や楕円形、多角形などのツールは、ツールを選択してアートボード上でクリックすると、数値を入力するダイアログボックスが表示されます。ここで数値を入力し、指定したサイズで描くことも可能です。

円の描画

円は、楕円形ツールを使って描画します。

1 ▸ 楕円形ツールを選択する

円を描く場合は、長方形ツールを長押しして表示されるメニューから楕円形ツールをクリックします**①**。

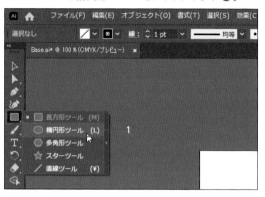

2 ▸ 円を描く①

アートボード上でドラッグします**①**。

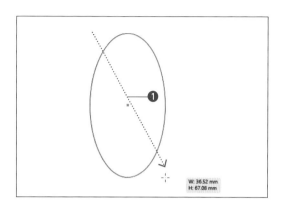

3 ▸ 円を描く②

円が描けました。

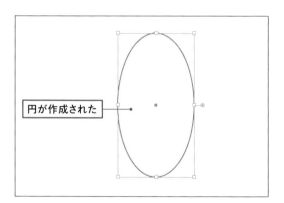

円が作成された

POINT

中心から円を描く
円の中心から楕円を描きたい場合は、[Alt]キー（macOS：[option]キー）を押しながらドラッグします。円の中心から正円を描く場合は、[Alt]＋[Shift]キー（macOS：[option]＋[Shift]キー）を押しながらドラッグします。

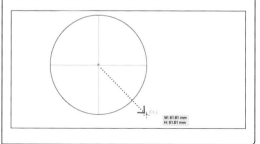

4 ▸ 正円を描く

楕円形ツールでドラッグする際、[Shift]キーを押しながらドラッグすると**①**、正円が描けます。

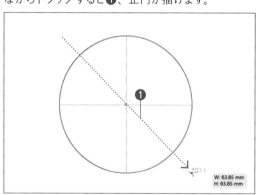

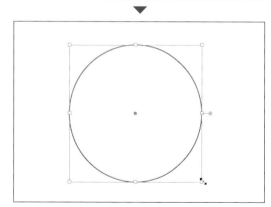

Illustrator

多角形や三角形の描画

続いて、多角形や三角形の描画を行います。Illustratorでは、四角形以外の多角形はすべて多角形ツールで描きます。

1 ▸ 多角形ツールを選択する

ツールバーで長方形ツールを長押しし、多角形ツールをクリックします❶。

2 ▸ 多角形を描く

アートボード上でドラッグすると❶、多角形が描けます。このとき、マウスの左ボタンから指を離さないでください。

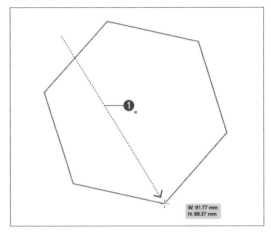

TIPS

前回のオブジェクトが踏襲される
上の画面では六角形ですが、多角形ツールでは前回描いたオブジェクトが記憶されています。たとえば前回五角形を描いた場合は五角形が、三角形を描いた場合は三角形が描かれます。

---

3 ▸ 角数を変更する

その状態でキーボードの ↓ キーを押すと、角数が減ります。ここでは、三角形になるまで ↓ キーを押してください。 ↑ キーを押すと、角数を増やすことができます。まだ、マウスの左ボタンは離さないでください。

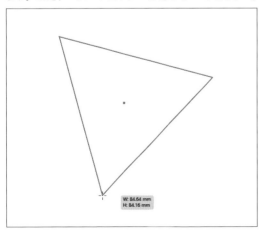

4 ▸ 平行にする

その状態で Shift キーを押しながらドラッグすると、底辺を平行にできます。平行になったら、マウスのボタンから指を離します。

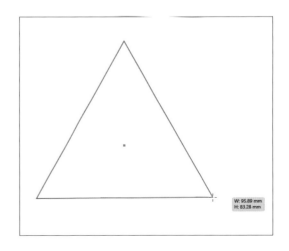

スターの描画

次に、スター(星型)の描画を行います。スターは、スターツールを使って描画します。

1 ▸ スターツールを選択する

ツールバーで長方形ツールを長押しし、スターツールをクリックします❶。

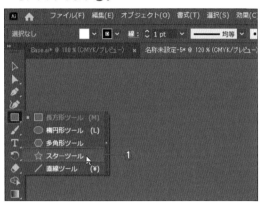

2 ▸ 星型を描く

アートボード上でドラッグすると❶、スター(星型)が描けます。

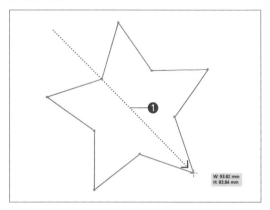

Chapter
2

Illustratorの基本操作をマスターする

> **POINT**
>
> **平行&角の角度を変更する**
> スターツールで Shift キーを押しながらドラッグすると、星型を平行に描画できます。またドラッグ中に Ctrl キー(macOS: command キー)を押すと、角の角度を変更できます。さらにドラッグ中に Shift キー、Ctrl キー(macOS: command キー)、Alt キー(macOS: option キー)の3つのキーを押すと、右のような星型が描けます。

直線の描画

1 ▸ 直線ツールを選択する

ツールバーで長方形ツールを長押しし、直線ツールをクリックします❶。

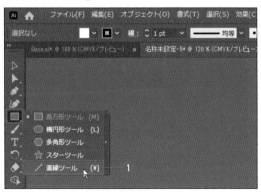

2 ▸ 直線を描く

アートボード上でドラッグすると❶、ドラッグの開始位置から終了位置までの直線が描けます。

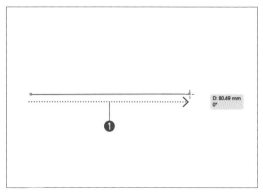

Illustrator

オブジェクトを操作する

アートボードに描画したオブジェクトは、利用目的に応じてコピーや変形、移動などの操作を行います。オブジェクトの基本的な操作方法を学びましょう。

▌ オブジェクトのコピー

作成したオブジェクトは、コピーして利用することができます。オブジェクトのコピーには、選択ツールを利用します。

1 ▸ 選択ツールを選択する

ツールバーで、選択ツールをクリックします❶。

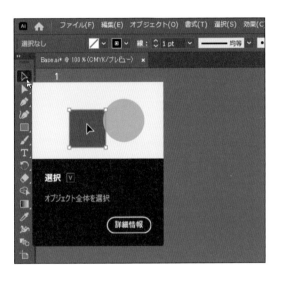

2 ▸ オブジェクトを選択する

アートボード上のオブジェクトをクリックし❶、選択状態にします。

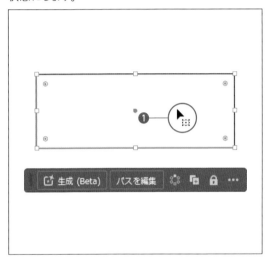

3 ▸ オブジェクトをコピーする

選択したオブジェクトを Alt キー（macOS： option キー）を押しながらドラッグすると❶ 、コピーできます。

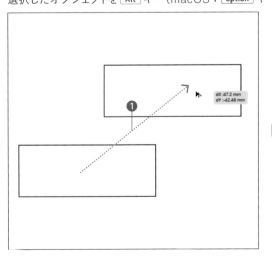

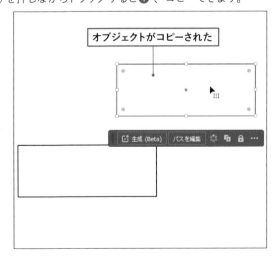

オブジェクトの変形

オブジェクトを選択すると、青い長方形の枠線でオブジェクトが囲まれます。これを「バウンディングボックス」といいます。バウンディングボックスには、「ハンドル」と呼ばれる□があり、これをドラッグすると、オブジェクトの変形や回転、拡大／縮小ができます。

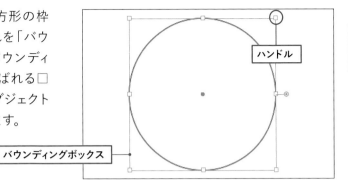

ハンドル

バウンディングボックス

1 ▸ 四角形を変形する①

選択ツールで四角形を選択すると、上下左右と四隅に□（ハンドル）が表示されます。上下左右いずれかのハンドルの上に、マウスポインターを移動します❶。

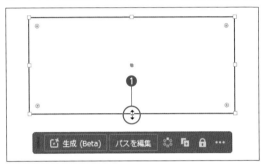

2 ▸ 四角形を変形する②

ハンドルをドラッグすると❶、形を変形できます。

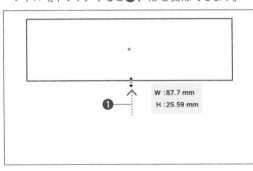

W :87.7 mm
H :25.59 mm

POINT

バウンディングボックスを表示・非表示にする

オブジェクトを選択してもバウンディングボックスが表示されない場合は、メニューバーから「表示」→「バウンディングボックスを表示」をクリックします❶。反対に表示をやめる場合は、「バウンディングボックスを隠す」をクリックしてください❷。

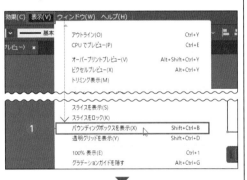

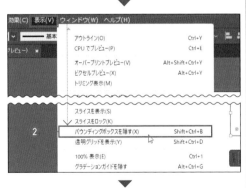

バウンディングボックスが非表示のオブジェクト

◤ 角丸への変形

四角形の角の1つを、角丸に変更しましょう。

1 ▸ 選択ツールを選択する

ツールバーで、選択ツールをクリックします❶。

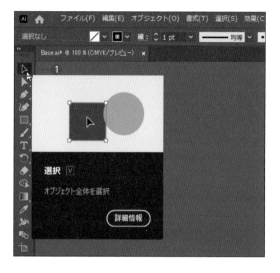

2 ▸ 四角形を選択する

四角形をクリックします❶。すると、バウンディングボックスとライブコーナーウィジェットが表示されます。

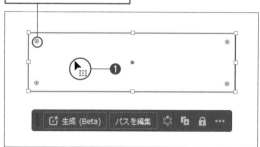

3 ▸ 角丸に変更する ①

角丸に変更したい角のライブコーナーウィジェットをクリックします❶。

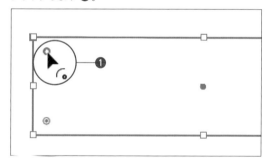

4 ▸ 角丸に変更する ②

そのままドラッグして❶、形状を変更します。

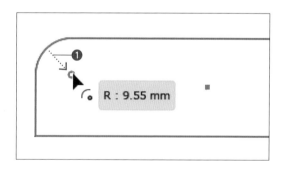

5 ▸ 角の形状が変更された

角の形状が変更されました。

POINT

四隅をまとめて角丸に変更する
特定のライブコーナーウィジェットをクリックせずに、ライブコーナーウィジェットをドラッグすると、四隅がまとめて角丸に変更されます。

角の変形

四角形の角の形状を変形しましょう。

1 ▸ ダイレクト選択ツールを選択する

選択ツールでオブジェクトを選択した状態で、ダイレクト選択ツールをクリックします❶。

2 ▸ 角の形状を変形する ①

選択した四角形の角にあるハンドルをクリックします❶。

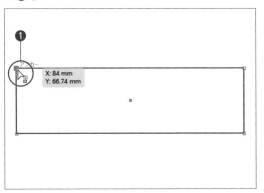

3 ▸ 角の形状を変形する ②

そのまま、ハンドルをドラッグします❶。

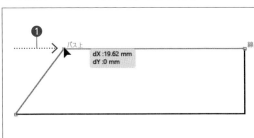

4 ▸ 角の形状が変形された

四角形の角の形状が変形されます。

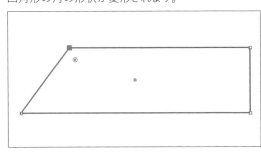

TIPS

選択ツールとダイレクト選択ツール
選択ツールは、オブジェクト全体を選択するツールです。それに対してダイレクト選択ツールは、オブジェクトのアンカーポイントやパスを選択するツールです。

TIPS

角の形状を切り替える
ライブコーナーウィジェットで角丸を設定した後、Alt キー（macOS：option キー）を押しながらウィジェットをクリックすると、角の形状が順次切り替わります。

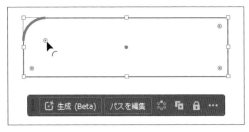

▌ オブジェクトの移動

オブジェクトを移動する方法を解説します。オブジェクトは、選択状態でドラッグすると表示位置を変更できます。

1▸オブジェクトを選択する

選択ツールでオブジェクトをクリックし❶、選択します。

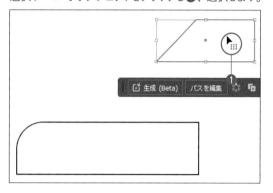

2▸オブジェクトをドラッグする

移動したい方向へドラッグします❶。

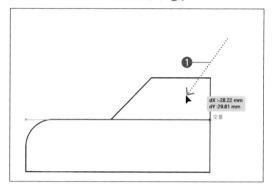

3▸オブジェクトが移動した

オブジェクトが移動しました。必要に応じて、他の角なども変形させます。

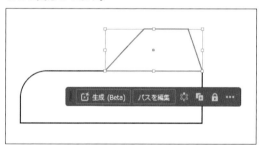

TIPS

矢印キーで移動する
選択したオブジェクトは、マウスのドラッグで移動させる他、キーボードの矢印キー ↑、↓、←、→を押しても移動できます。
移動する距離は、「環境設定」の「一般」にある「キー入力」で設定できます。なお「環境設定」は、メニューバーから「編集」→「環境設定」を選択して表示します。

▌ オブジェクトの拡大・縮小

バウンディングボックスのハンドルをドラッグして、オブジェクトを拡大・縮小します。

1▸オブジェクトを選択する

選択ツールでオブジェクトをクリックし❶、選択します。上下左右と四隅にハンドルが表示されます。

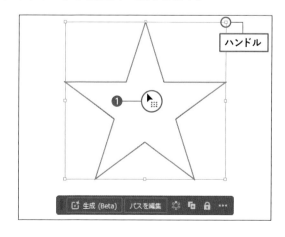

ハンドル

2 オブジェクトを拡大・縮小する

表示されたハンドルをドラッグすると、オブジェクトを拡大❶／縮小❷できます。このとき、 Shift キーを押しながらドラッグすると、オブジェクトの縦横比を維持したまま拡大／縮小できます。

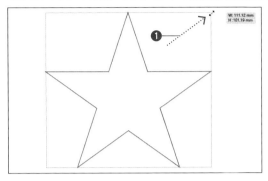

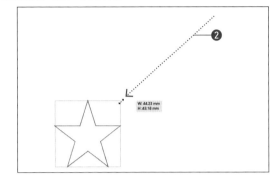

▌ オブジェクトの回転

オブジェクトのハンドルを使って、オブジェクトを回転させることができます。

1 マウスポインターを近づける

選択したオブジェクトの四隅のハンドルの少し外側にマウスポインターを近づけると❶、マウスポインターの形状が円弧の形に変わります。

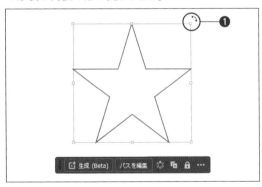

2 オブジェクトを回転する

この状態でドラッグします❶。このとき、回転角度が表示されます。

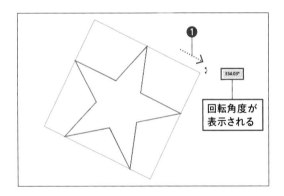

3 オブジェクトが回転した

オブジェクトが回転しました。

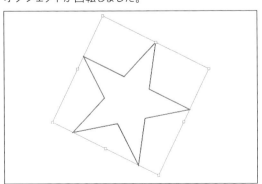

「線」の基本操作を覚える

線を描画してから線の幅や線端、角の形状を変更したり、線の位置を変更することができます。この場合、「アピアランス」や「線」パネルを利用して変更します。

▌線の幅の変更

描画したオブジェクトを選択ツールで選択すると、「プロパティ」パネルに「アピアランス」が表示されます。この「アピアランス」から、オブジェクトの線の幅を設定できます。

1 ▸ オブジェクトを選択する

選択ツールでオブジェクトをクリックし❶、選択します。

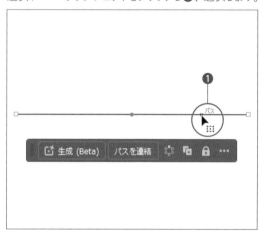

2 ▸ アピアランスが表示される

「プロパティ」パネルに「アピアランス」が表示されます。

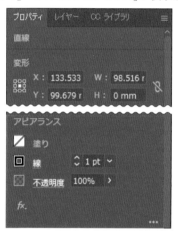

3 ▸ 線の幅を変更する

「アピアランス」の「線」にある ✓ をクリックし❶、表示されるメニューから数値を選んでクリックします❷。

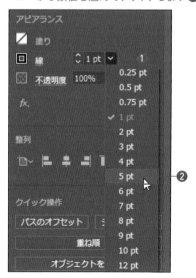

4 ▸ 線の幅が変わった

線の幅が変わりました。

TIPS

「線」パネルで変更
線の幅は、「アピアランス」の他、画面上部のコントロールパネルや「線」パネルでも変更できます。

▌「線」パネルの操作

オブジェクトの線に関する設定は、「線」パネルを利用すると、さらに詳細にカスタマイズできます。

1 ▸「線」パネルを表示する①

メニューバーから「ウィンドウ」→「線」をクリックします❶。

2 ▸「線」パネルを表示する②

「線」パネルが表示されます。

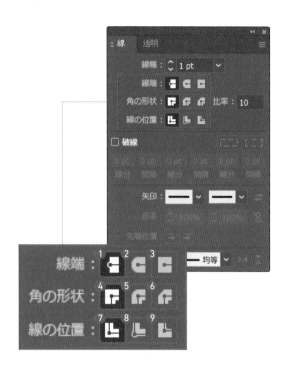

3 ▸「線端」を設定する

「線端」では、線の端の形状を設定できます。

❶ 先端なし	❷ 丸型先端	❸ 突出先端

4 ▸「角の形状」を設定する

「角の形状」では、線のコーナーの形状を設定できます。

❹ マイター結合　　　　❺ ラウンド結合　　　　❻ ベベル結合

Illustrator

5 ▸「線の位置」を設定する

「線の位置」では、バウンディングボックスのどの位置を基準に線を表示するかを設定できます。

❼ 中央に揃える

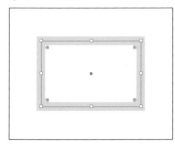

❽ 内側に揃える

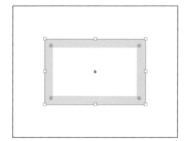

❾ 外側に揃える

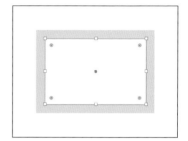

T I P S

コンテキストタスクバー

Illustratorの新機能の一つに「コンテキストタスクバー」があります。アートボード上のオブジェクトが選択されていると、選択されているオブジェクトに応じて、関連したアクションを選択できるフローティングバーが表示されます。

また、表示されるアクション内容は、オブジェクトの選択状態に応じて、順次変更されます。これによって、関連パネルをいちいち開かなくても、スピーディに作業を行うことができます。なお、非表示にする場合は、オプションメニューから選択できます。

図形が選択されているときの
コンテキストタスクバー

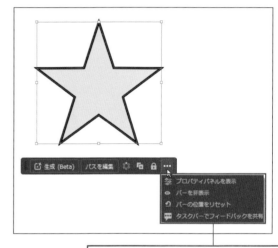

オプションメニューでは、他のパネルへの
リンクやバーの非表示なども可能

テキストが選択されているときの
コンテキストタスクバー（P.13参照）

「塗り」の基本操作を覚える

描画したオブジェクトに、色を設定する方法について解説します。「塗り」と「線」それぞれの色の設定方法をマスターしましょう。

▌「塗り」の設定

オブジェクトには、「塗り」と「線」の2つの要素があります。ここでは、オブジェクトの「塗り」に色を設定する方法を解説します。

1 ▸ 選択ツールを選択する

選択ツールをクリックします❶。

2 ▸ オブジェクトを選択する

色を設定したいオブジェクトをクリックし❶、バウンディングボックスを表示します。

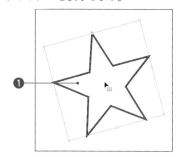

3 ▸ 「塗り」を選択する

「プロパティ」パネルの「アピアランス」にある「塗り」のアイコンをクリックします❶。

4 ▸ 色を選択する

「スウォッチ」パネルが表示されるので、利用したい色をクリックします❶。

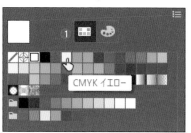

5 ▸ 塗りの色が変更された

オブジェクトの塗りの色が変更されました。

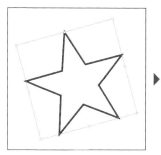

▌「線」の設定

オブジェクトには、「塗り」と「線」の2つの要素があります。ここではオブジェクトの「線」に色を設定する方法を解説します。

1 ▸「線」を選択する

選択ツールでオブジェクトを選択した状態で、「プロパティ」パネルの「アピアランス」にある「線」のアイコンをクリックします❶。

2 ▸ 色を選択する

「スウォッチ」パネルが表示されるので、利用したい色をクリックします❶。

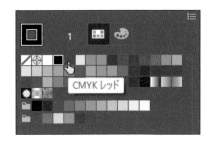

3 ▸ 線の幅を調整する

線の色が変更されます。「線」アイコンの右側にある「幅」で、線の幅を調整します❶。

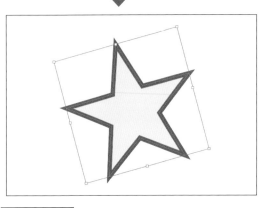

4 ▸ 線の色をなしにする

線の色をなしにする場合は、「スウォッチ」パネルで「なし」をクリックします❶。

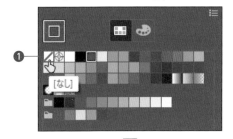

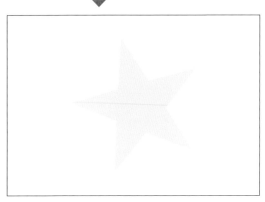

> **POINT**
>
> **コントロールパネルで色を設定する**
> オブジェクトへの色の設定は、「アピアランス」の他、画面上部のコントロールパネルでも設定できます。
>
>

■ ツールバーを使った色の選択

色の設定は、ツールバーからも行えます。ツールバーには、「塗り」と「線」の2つのアイコンと、「塗りと線を入れ替え」「初期設定の塗りと線」があります。ツールバー上で、「塗り」と「線」は重なって配置されていて、クリックしたアイコンが上になります。上にあるアイコンが、現在選択されているアイコンです。

❶ 塗り

　塗りの色を設定するアイコンです。

❷ 線

　線の色を設定するアイコンです。

❸ 塗りと線を入れ替え

　塗りと線に設定されている色を入れ替えるアイコンです。

❹ 初期設定の塗りと線

　塗りを「白」、線を「黒」の初期設定値に戻すアイコンです。

1 ▸ カラーミキサーを表示する

ツールバーの「線」のアイコンをクリックします❶。

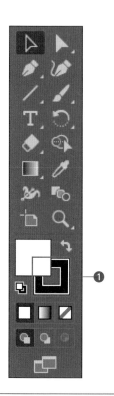

2 ▸ 色を選択する

「カラーミキサー」が表示されます。C、M、Y、Kの各スライダーをドラッグして❶、色を選択できます。

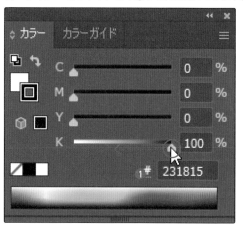

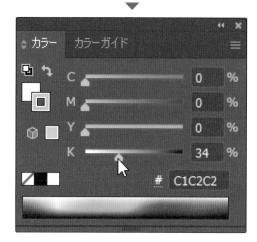

TIPS

カラーミキサーへの改名

Illustrator CC 2018から、「カラー」パネルは「カラーミキサー」に名称が変更されました。

オブジェクトを合成する

Illustratorには、「パスファインダー」という合成ツールが用意されています。
複数のオブジェクトを使って、さまざまな形状を作成できます。

▌ パスファインダーの利用

以下の作例のような月を作成するには、2つの正円を「パスファインダー」で合成して作成します。
パスファインダーは、複数のオブジェクトを組み合わせる機能です。組み合わせによって、「合体」
や「型抜き」、「分割」などが行えます。

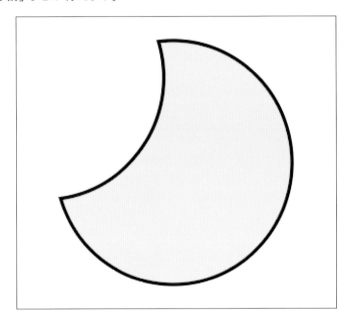

1 ▸ 円をコピーする

P.37の方法で、正円を描きます。これをP.40の方
法でコピーして、一部を重ねて並べます。すると、コ
ピーした方の円が前面に表示されます。

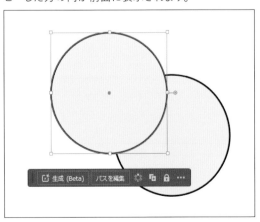

2 ▸ 選択ツールを選択する

ツールバーの選択ツールをクリックします❶。

3 ▸ 2つの円を選択する

2つの円を囲むようにドラッグします❶。これで2つの円が選択されます。

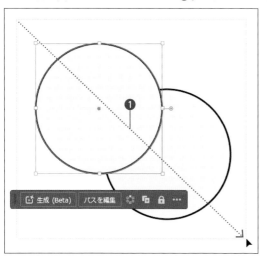

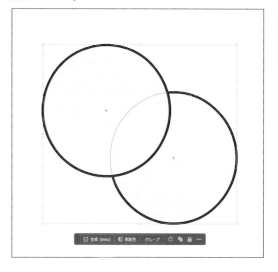

4 ▸ パスファインダーで型抜きする①

右パネルの「パスファインダー」か、「ウィンドウ」→「パスファインダー」をクリックして「パスファインダー」パネルを表示します。「形状モード」から「前面オブジェクトで型抜き」をクリックします❶。

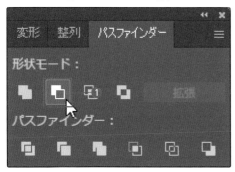

5 ▸ パスファインダーで型抜きする②

背面にあるオブジェクトが、前面のオブジェクトによって型抜きされます。

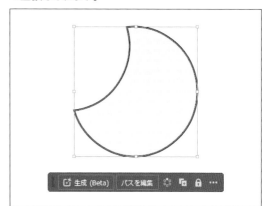

POINT

その他のパスファインダー
パスファインダーの「形状モード」では、その他にも次のような合成が可能です。

合体

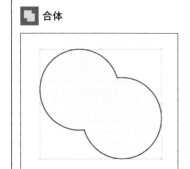

交差

除外

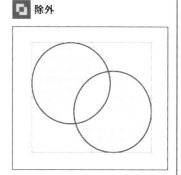

SECTION

2-6

オブジェクトを整列させる

長方形や円などの図形を、Illustratorでは「オブジェクト」と呼んでいます。アートボード上で複数のオブジェクトを並べたり重ねたりする場合は、「プロパティ」パネルの「整列」を利用します。

▌ オブジェクトの整列

Chap02 ▸ S2-6-01.ai   Chap02 ▸ S2-6-02.ai

複数のオブジェクトを整列させたい場合は、「プロパティ」パネルの「整列」を利用します。

1 ▸ オブジェクトを選択する

選択ツールを利用して、複数のオブジェクトを囲むようにドラッグし❶、選択します。

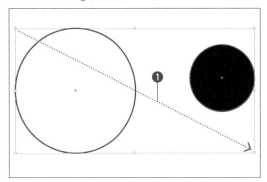

2 ▸ 水平方向中央に整列させる ①

「プロパティ」パネルの「整列」にある「水平方向中央に整列」をクリックします❶。

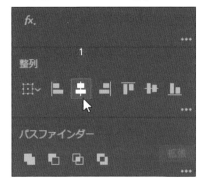

3 ▸ 水平方向中央に整列させる ②

水平方向を基準にした中央に、オブジェクトが整列されます。

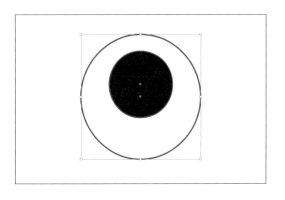

4 ▸ 垂直方向中央に整列させる ①

オブジェクトが選択された状態で、「プロパティ」パネルの「整列」にある「垂直方向中央に整列」をクリックします❶。

5 ▸ 垂直方向中央に整列させる ②

垂直方向を基準にした中央に、オブジェクトが整列されます。

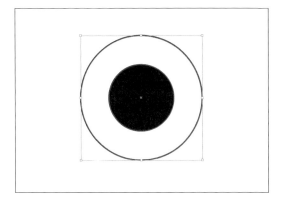

6 ▸ イラストを作成する

ここまで解説した方法で複数のオブジェクトを作成し、それをコピー、変形、移動してイラストを作成します。

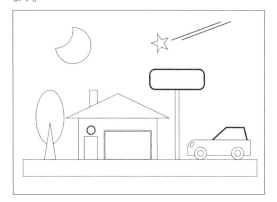

7 ▸ オブジェクトに色を設定する

P.49の方法で、オブジェクトに色を設定します。また、P.50の方法で線の色や線幅を設定します。これまでに学んだ内容で、右のようなイラストを描くことができます。

POINT

オブジェクトの重なり順を変更する
整列を行う場合、各オブジェクトの重なり順が重要です。重なり順を変更したい場合は、オブジェクトを右クリックし❶ 、「重ね順」❷ から選択しているオブジェクトをどこに移動したいかを選択します❸。
たとえば右の画面では、黒い円を白い円の上に配置したいので、「最前面へ」または「前面へ」を選択します。「前面へ」では、1つ前に表示されます。

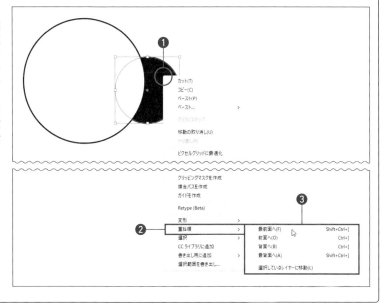

グラデーションを利用する

SECTION

2-7

オブジェクトにグラデーションを設定する方法を解説します。ここでは線形グラデーションの適用方法について解説します。

▌ 線形グラデーションの設定

Chap02 ▶ S2-7-01.ai　Chap02 ▶ S2-7-02.ai

ここでは、オブジェクトに線形グラデーションを設定します。

1 ▶ オブジェクトを作成する ①

長方形ツールを選択し、イラスト全体を囲むようにドラッグして長方形を描きます❶。

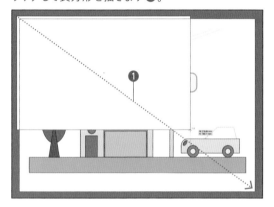

2 ▶ オブジェクトを作成する ②

描いた長方形によって、イラストが隠れました。この長方形に、グラデーションを設定します。

3 ▶ グラデーションを選択する ①

長方形が選択された状態で、ツールバーの「グラデーション」をクリックします❶。

4 ▶ グラデーションを設定する ②

選択している長方形に横方向の線形グラデーションが設定されます。

5 ▸ グラデーションツールを選択する

ツールバーで、グラデーションツールをクリックします❶。

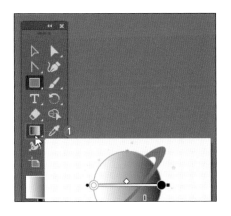

6 ▸ グラデーションガイドが表示される

オブジェクト上に、グラデーションガイドが表示されます。表示されない場合は、もう一度グラデーションツールのアイコンをクリックしてください。

グラデーションガイド

7 ▸ グラデーションの方向を変更する ①

グラデーションの方向を変更します。ここでは、オブジェクトの下から上に向けてドラッグします❶。

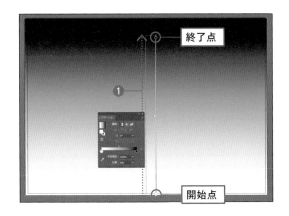

終了点

開始点

8 ▸ グラデーションの方向を変更する ②

グラデーションの方向が変わりました。なお、グラデーションパネルが表示されていて邪魔な場合は、閉じてください。

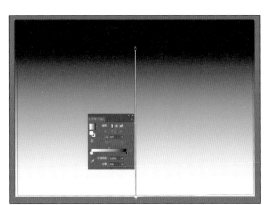

9 ▸ 重なり順を変更する

グラデーションを設定した長方形を右クリックし❶、「重ね順」→「最背面へ」をクリックします❷。

10 ▸「塗り」を「なし」に変更する ①

長方形が最背面に移動し、イラストが見えるようになりました。なお、車の車窓に塗りが設定されている場合は、選択ツールでイラストの中の車窓を選択します。

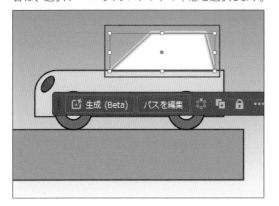

11 ▸「塗り」を「なし」に変更する ②

ツールバーの「塗り」を選択し❶、「なし」をクリックします❷。

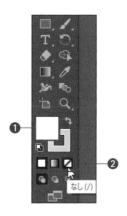

12 ▸「塗り」を「なし」に変更する ③

窓の塗りがなくなりました。

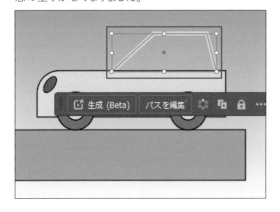

13 ▸ オブジェクト部分が完成した

これでイラストのオブジェクト関連が完成しました。

TIPS

別形式での保存

イラストは、Illustrator形式以外の画像データとしても保存できます。この場合、「ファイル」→「書き出し」→「書き出し形式」を選択すると、「ファイルの種類」からJPEGやPNG、TIFF形式などさまざまな画像ファイル形式を選択して保存できます。

テキストを簡単に利用する

Illustratorでは、入力したテキストをさまざまに加工して利用できます。テキスト入力の手順を覚えておけば、簡単にテキストを利用できるようになります。

▊ テキストの入力

Chap02 ▸ S2-8-01.ai

テキストを簡単に利用する手順を解説します。テキストの入力についてはChapter3で詳細解説します。

1 ▸ テキストツールを選択する

ツールバーで文字ツールをクリックします❶。

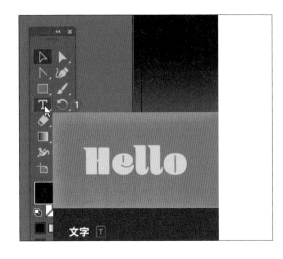

2 ▸ テキストを入力する

テキストを入力したい位置でクリックし❶、テキストを入力します❷。

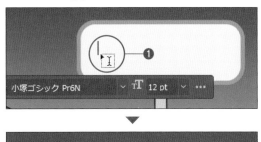

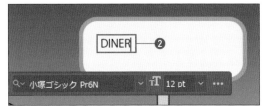

3 ▸ コンテキストタスクバーが表示される

テキストを入力すると、コンテキストタスクバーが表示されます。バーにはテキスト関連のオプションが表示されています。左に「フォントファミリを設定」❶、中央に「フォントサイズを設定」❷、右にオプションの「・・・」❸が表示されています。

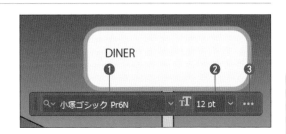

4 ▸ テキストを選択する

選択ツールを選択し、入力したテキストをクリックして選択状態にします❶。選択するとバウンディングボックスが表示されます。

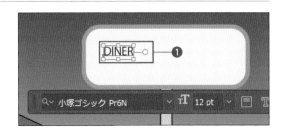

5 ▸ フォントを選択する

「フォントファミリを設定」の ✓ をクリックするとフォント一覧が表示されるので、フォントをクリックします①。

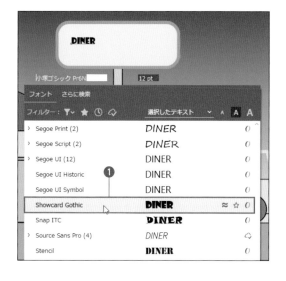

6 ▸ フォントサイズを選択する

「フォントサイズを設定」の ✓ をクリックしてプルダウンメニューを表示し①、利用したいフォントのサイズをクリックします②。

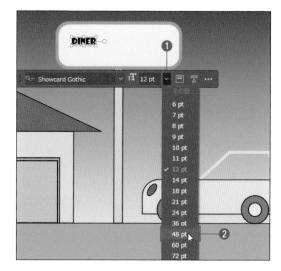

7 ▸ 文字位置を調整する

選択されているテキストをドラッグし①、表示位置を調整します。

8 ▸ 文字色を変更する

ツールバーで「塗り」をダブルクリックし①、表示されたカラーピッカーで色を選択します②。選択した色が、テキストに反映されます。「OK」をクリックします③。

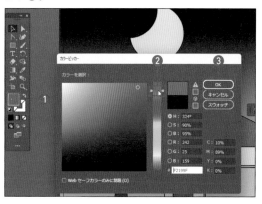

9 ▸ イラストが完成した

これで、イラストが完成しました。

FireflyのAI機能で ベクターを生成する

Illustratorの新機能の「生成」機能を利用すると、AI機能を活用して、入力したテキストから、シーンやアイコン、被写体などを自動的に生成してくれます。

▌ Fireflyでテキストからベクターを生成

Chap02 ▶ S2-9-01.ai

Fireflyは、AIを活用した新機能で、入力したテキストから、最適な図形やイラスト、アイコンなどを生成してくれます。図形描画が苦手でも、イメージに最適なオブジェクトを生成してくれます。たとえば、SECTION 2-8で作成したイラストの背景を、夕日の海の風景に変更してみましょう。

1 ▶ コンテキストタスクバーを表示する

イラストを表示して背景のオブジェクトを選択ツール❶でクリックして選択します❷。アートボード上に、コンテキストタスクバーが表示されます❸。

2 ▶ テキストを入力する

コンテキストタスクバーの「生成（Beta）」をクリックし❶、テキスト（ここでは「夕日の海岸風景」）を入力して Enter キーを押します❷。

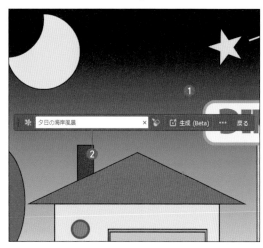

3 ▶ 生成が実行される

生成が実行されます。

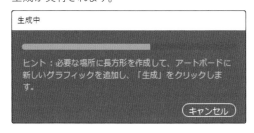

4 ▶ 生成が実行された

3パターンのベクターが生成され、表示されます。

生成されたベクター

※画面と同じ図柄になるとは限りません。

5 ▶ 別パターンのバリエーションを生成する

気に入ったパターンがない場合は、もう一度「生成」をクリックして、別パターンのバリエーションを生成できます。なお、生成されたパターンは、「プロパティ」パネルの「バリエーション」に表示されます❶。

長方形からイラストを生成する

「生成」を利用すると、たとえば長方形から新しいイラストを生成できます。ここでは、長方形から自転車を生成してみましょう。

生成AIでは、入力するテキストのことを「プロンプト」といいます。どのような文章を入力するかによって、生成される絵柄が変わります。

Illustrator

複雑なオブジェクトを作成する①
桜の花

ここでは、楕円形ツールとパスファインダーを利用して桜の花びらを作成し、回転ツールでコピーすることで、桜の花を作成する方法を解説します。

▌ 花びらの作成　その1

Chap02 ▶ S2-10-01.ai

ここでは、桜の花びらを作るための素材となる2つの図形を作成します。

1 ▶「塗り」の色を選択する

最初に、桜の花用の色を設定します。「塗り」のアイコンをダブルクリックし❶、「カラーピッカー」のカラースペクトルで色❷を、カラーフィールドで明るさ❸を選択します。選択した色を確認し❹、「OK」をクリックします❺。

2 ▶「線」の色をなしにする ①

「線」のアイコンをクリックして❶、「なし」をクリックします❷。

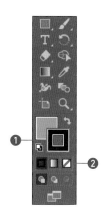

3 ▶「線」の色をなしにする ②

これで、線の色が「なし」に設定されます。

「なし」に設定された

4 ▶ 楕円形を描く①

桜の花びらは、楕円形ツールを利用して描きます。楕円形ツールをクリックします❶。

5 ▶ 楕円形を描く②

ドラッグして描くか、アートボード上をクリックしてダイアログボックスを開き、数値を入力し①、「OK」をクリックします②。

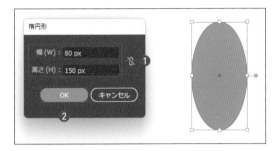

6 ▶ 三角形を描く

多角形ツールを選択して①、三角形を平行に描きます。ドラッグして描くか、アートボード上をクリックしてダイアログボックスを開き、数値を入力し②、「OK」をクリックします③。

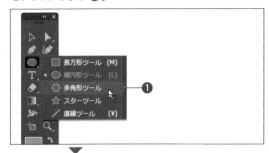

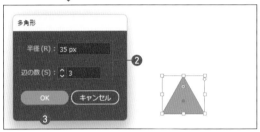

7 ▶ 三角形を回転させる①

三角形を選択した状態で、回転ツールをダブルクリックします①。回転させる角度を60度に設定し②、「OK」をクリックします③。

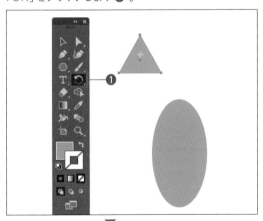

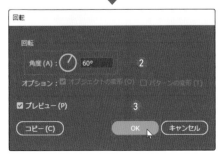

8 ▶ 三角形を回転させる②

三角形が回転しました。

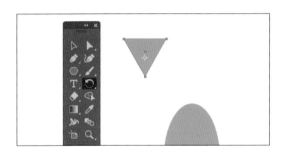

POINT

ドラッグして回転
回転ツールをクリックし、三角形の頂点のアンカーポイントをドラッグしても回転できます。

▌花びらの作成　その2

続いて、作成した図形を整列し、パスファインダーを使って型抜きを行います。

1 ▸ 水平方向中央で整列させる ①

選択ツールで囲むようにドラッグして、楕円形と三角形を選択します❶。このとき、楕円と三角形が多少重なる位置に配置しておくと、後の調整が楽です。

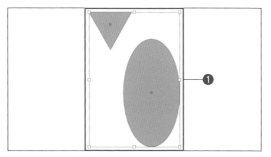

2 ▸ 水平方向中央で整列させる ②

「ウィンドウ」→「整列」をクリックします。「整列」パネルにある「水平方向中央に整列」をクリックし❶、2つのオブジェクトを重ねます。

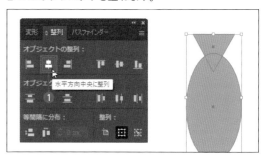

3 ▸ パスファインダーで型抜きする ①

「ウィンドウ」→「パスファインダー」をクリックして、「パスファインダー」パネルを表示します。「前面オブジェクトで型抜き」をクリックします❶ 。

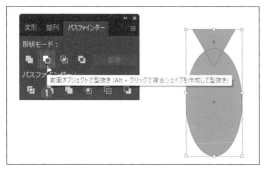

4 ▸ パスファインダーで型抜きする ②

楕円形が三角形によって型抜きされ、花びらの形が作成されました。

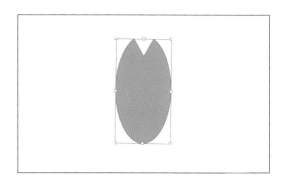

5 ▸ アンカーポイントを切り替える ①

ペンツールを長押しして、アンカーポイントツールをクリックします❶。

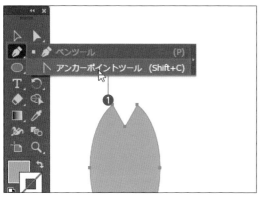

6 ▸ アンカーポイントを切り替える ②

楕円形の下のアンカーポイントをクリックすると❶、先がとがります。

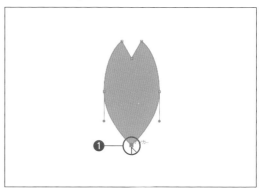

▍桜の花の作成

作成した花びらを利用して、桜の花の作成を行います。

1 ▸ 回転ツールを選択する

回転ツールをクリックし❶、前ページの操作でとがらせたアンカーポイントを、[Alt]キー（macOS：[option]キー）を押しながらクリックします❷。

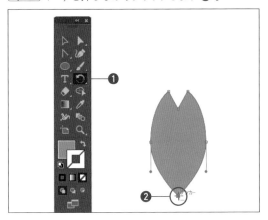

2 ▸ 回転ダイアログボックスが表示される

「回転」ダイアログボックスが表示されます。

3 ▸ 花びらをコピーする①

ここでは、回転角度を「72°」に設定します❶。続いて「コピー」をクリックします❷。回転角度が72°なのは、花びらが5枚あるので、それぞれの花びらの角度は、「360÷5＝72°」となるからです。

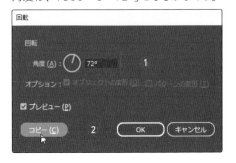

4 ▸ 花びらをコピーする②

花びらが回転してコピーされました。

5 ▸ コピーを繰り返す

手順3の操作を、花びらの数だけ繰り返します（ここでは3回）。このとき、ショートカットキーの[Ctrl]＋[D]キー（macOS：[command]＋[D]キー）を利用すると、手順3のコピー操作と同じ操作を簡単に再実行できます。

 ▶

6 ▸ 桜の花が完成した

桜の花が完成します。

7 ▸ 花びらをグループ化する

選択ツールで、5枚の花びらをすべて選択します。選択したオブジェクト上で右クリックし❶、「グループ」をクリックします❷。花びらがグループ化され、まとめて操作できるようになります。

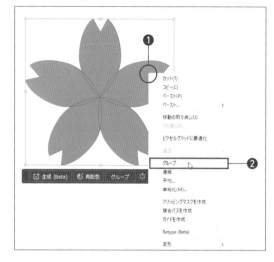

8 ▸ 桜の花をコピーする

グループ化した花びらを Alt キー（macOS： option キー）を押しながらドラッグしてコピーします❶。

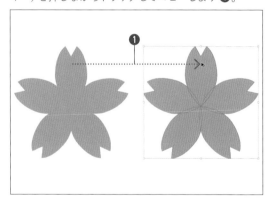

9 ▸「塗り」の色を変更する

P.49の方法で「塗り」の色を変更すると、花の色のバリエーションが作成できます。

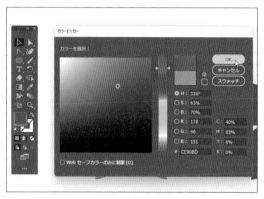

10 ▸ 2つの桜の花が完成した

2つの桜の花が完成しました。

Illustrator

複雑なオブジェクトを作成する②
紅葉の葉

紅葉の葉を作成してみましょう。基本的な操作はSECTION 2-10の桜の花と同じですが、大きさの異なる葉を作成するため、拡大・縮小ツールとリフレクトツールを利用します。

▌葉身の作成　その1

Chap02 ▶ S2-11-01.ai　Chap02 ▶ S2-11-02.ai

ここでは、紅葉の葉身（ようしん）❶と葉柄（ようへい）❷を分けて作成します。それぞれの葉の大きさが異なること、葉柄はカーブを設定することが、作成のポイントです。

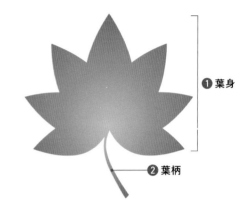

❶ 葉身

❷ 葉柄

1▸ 楕円形を描く

楕円形ツールをクリックして❶、葉を1枚作成します。楕円形はドラッグで描いてもかまいませんが、ここではサイズ（幅：80px・高さ：150px）を指定して作成しています❷。

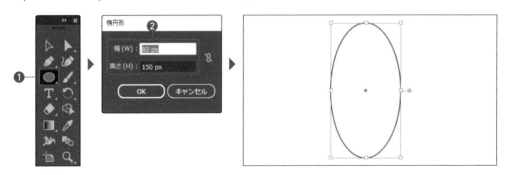

2▸ 楕円形を変形する

アンカーポイントツールをクリックし❶、楕円形の上下にあるアンカーポイントをクリックして❷❸、葉の形に変形します。

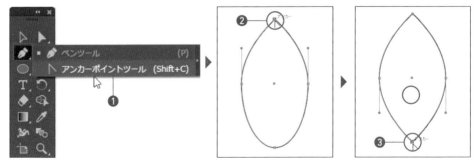

3 ▸ 葉を下ぶくれにする ①

葉の中央が膨れているのを、下ぶくれの状態に変更します。ダイレクト選択ツールをクリックします❶。

4 ▸ 葉を下ぶくれにする ②

中央の2つのアンカーポイントを囲むようにドラッグし❶、選択します。

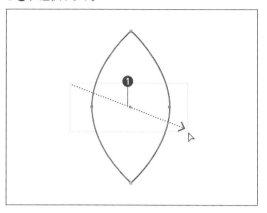

5 ▸ 葉を下ぶくれにする ③

選択したアンカーポイントのうち、どれか一つを下方向にドラッグします❶。

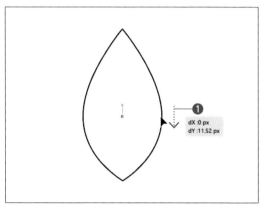

6 ▸ 葉を下ぶくれにする ④

葉の形状が下ぶくれになります。

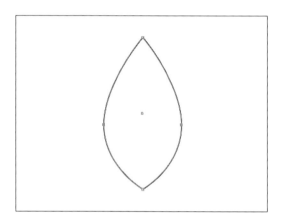

7 ▸ 葉の先端を伸ばす ①

次に、葉の先端を細く伸ばします。選択ツールをクリックします❶。

8 ▸ 葉の先端を伸ばす ②

葉の先端部分のアンカーポイントを、上方向にドラッグします❶。

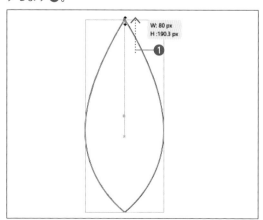

Illustrator

9 ▸ 葉を回転してコピーする ①

作成した葉を回転してコピーします。回転ツールをクリックします❶。

10 ▸ 葉を回転してコピーする ②

`Alt` キー（macOS：`option` キー）を押しながら、葉の下のアンカーポイントをクリックします❶。

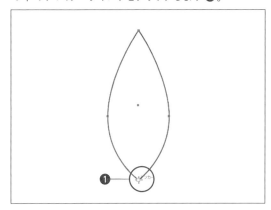

11 ▸ 葉を回転してコピーする ③

「回転」ダイアログボックスで回転角度を35°に設定し❶、「コピー」をクリックします❷。

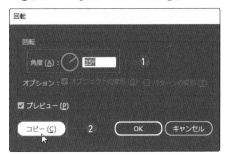

12 ▸ 葉を回転してコピーする ④

葉が回転してコピーされます。

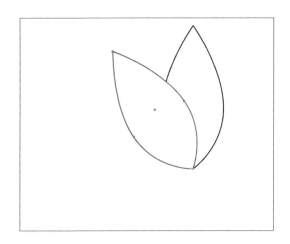

13 ▸ 回転してコピーを繰り返す

`Ctrl` + `D` キー（macOS：`command` + `D` キー）を2回押して❶❷、葉をさらに2枚コピーします。

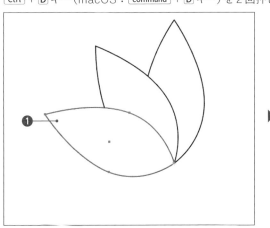

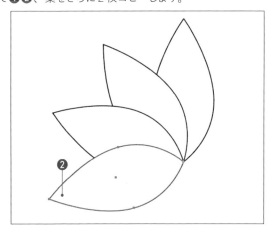

▌葉身の作成　その2

作成した葉のサイズ変更と、コピー、合成を行って、葉身を完成させましょう。

1 ▸ 葉を選択する

選択ツールをクリックし❶、2枚目の葉をクリックします❷。

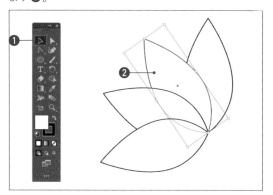

2 ▸ 葉を縮小する①

回転ツールを長押しして、拡大・縮小ツールをクリックします❶。

3 ▸ 葉を縮小する②

選択した2枚目の葉の付け根を、Alt キー（macOS: option キー）を押しながらクリックします❶。

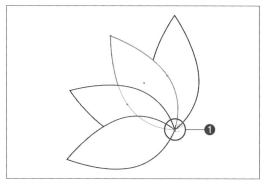

4 ▸ 葉を縮小する③

「拡大・縮小」ダイアログボックスが表示されます。「縦横比を固定」を「90%」に設定します❶。「OK」をクリックします❷。

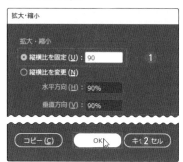

5 ▸ 葉を縮小する④

2枚目の葉が縮小されました❶。

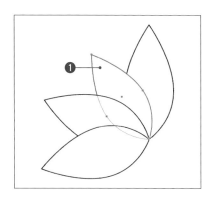

6 ▸ さらに縮小する

手順1～5と同様の方法で、3枚目は80%❶、4枚目は70%❷に縮小します。

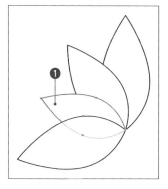
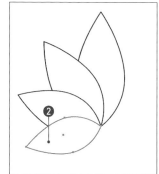

Illustrator

7 ▸ 左の葉を右にコピーする①

選択ツールをクリックします❶。左側に作成した3枚の葉を囲むようにドラッグして❷、選択します。

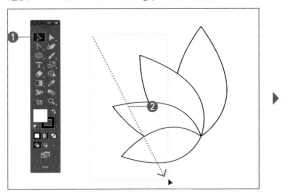

8 ▸ 左の葉を右にコピーする②

回転ツールを長押しして、リフレクトツールをクリックします❶。

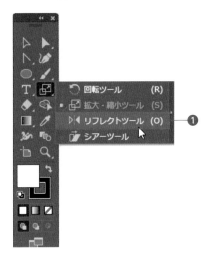

9 ▸ 左の葉を右にコピーする③

Alt キー（macOS：option キー）を押しながら、付け根のアンカーポイントをクリックします❶。

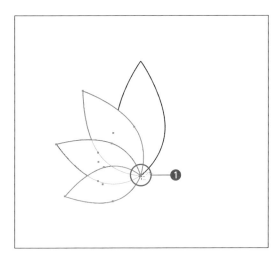

10 ▸ 左の葉を右にコピーする④

「リフレクト」ダイアログボックスが表示されます。「垂直」をクリックします❶。「コピー」をクリックします❷。

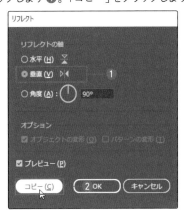

11 ▸ 左の葉を右にコピーする⑤

左の葉が右にコピーされました。

12 ▶ 葉を合成する ①

選択ツールをクリックし、作成した葉の全体を囲むようにドラッグして❶、すべて選択します。

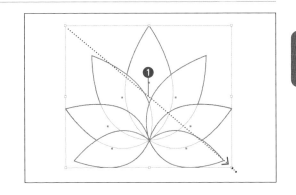

13 ▶ 葉を合成する ②

メニューバーの「ウィンドウ」→「パスファインダー」をクリックして、「パスファインダー」パネルを表示します。「合体」をクリックします❶。すると、1枚の葉としてまとめられます。

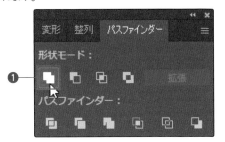

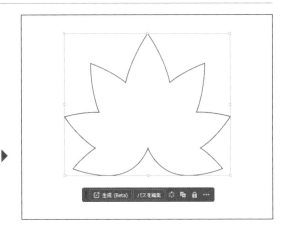

▌葉柄の作成

葉柄は、ベジェ曲線を利用して描いてみましょう。慣れないと難しく感じますが、コツを覚えれば、自由に曲線が描けるようになります。ベジェ曲線は、ペンツールを利用して描きます。

1 ▶ ペンツールを選択する

ペンツールをクリックします❶。

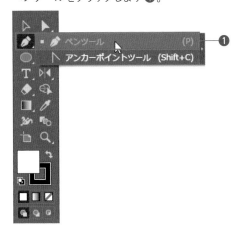

2 ▶ 葉柄を作成する ①

アートボード上でクリックして❶、マウスポインターを下に移動します❷。すると、ラインが表示されます❸。

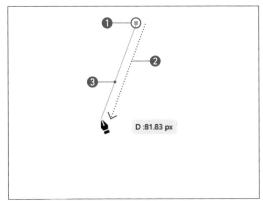

3 ▸ 葉柄を作成する②

❶のポイントでクリックし、そのまま左ボタンを離さ
ずに右下にドラッグすると❷、方向線が表示されま
す❸。

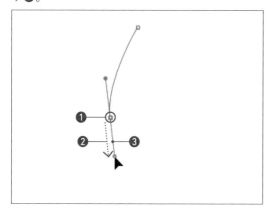

5 ▸ 葉柄を作成する④

❶のポイントでクリックし、そのまま左ボタンを離さ
ずにドラッグして❷、方向を変更します。このとき、
方向線が表示されます。

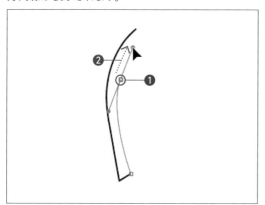

7 ▸ 葉柄を作成する⑥

始点のアンカーポイント上でクリックします❶。

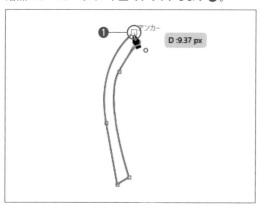

4 ▸ 葉柄を作成する③

❶、❷の位置でクリックして葉柄の端を作成し、マウ
スポインターを上に移動します❸。

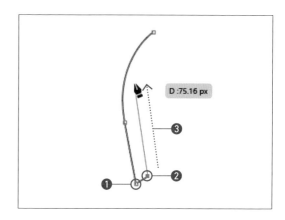

6 ▸ 葉柄を作成する⑤

始点の位置近くでクリックします❶。

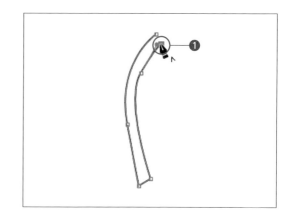

8 ▸ 葉柄を作成する⑦

始点と終点が結合され、葉柄が作成できました。

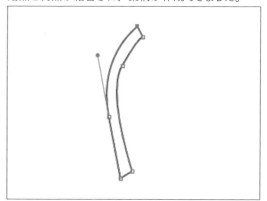

ベジェのポイント操作

アンカーポイントツールを利用すると、ペンツールで描画したコーナーポイント（尖ったコーナー）をズームポイント（曲線のコーナー）に、ズームポイントをコーナーポイントに変更できます。

① ペンツールで描画する

ペンツールで直線を描きます。3つ目のポイントをクリックしたら、 Esc キーを押します。

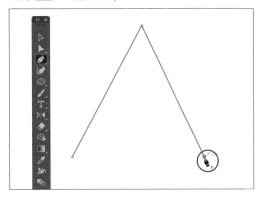

② アンカーポイントを選択する

ペンツールのアイコンを長押しして、アンカーポイントツールをクリックします。

③ マウスポインターを合わせる

コーナーポイントにマウスポインターを合わせます。スマートガイドには「アンカー」と表示されます。

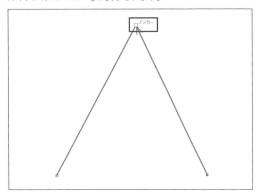

④ ドラッグする

コーナーポイントを右にドラッグします。このとき、方向線が表示されます。

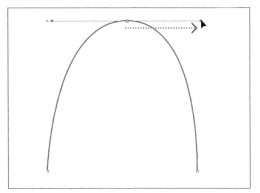

⑤ 曲線に変わる

尖ったコーナーが、曲線のスムーズコーナーに変わります。

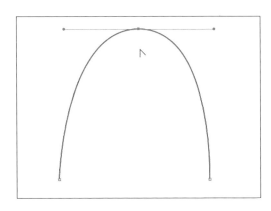

⑥ コーナーポイントに戻す

ズームコーナーをアンカーポイントツールでクリックすると、コーナーポイントに戻ります。

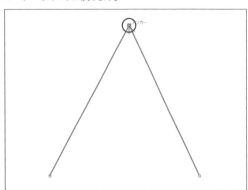

▌ 葉柄の修正と合成

作成した葉柄の曲がり具合を修正し、葉身と合成します。ベジェ曲線は、方向線を操作することで曲がり具合を調整できます。

1 ▸ 方向線を表示する

ツールバーでダイレクト選択ツールをクリックして曲線を修正したい位置のアンカーポイントをクリックすると❶、方向線が表示されます。この方向線の先端にある●（方向点）をドラッグします❷。

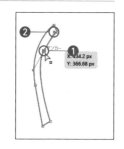

2 ▸ 方向線をドラッグする①

方向線をドラッグすると、曲線のパスが表示されます❶。また、必要に応じて、アートボードを拡大して作業を行います。

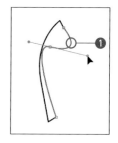

3 ▸ 方向線をドラッグする②

パスは、方向線の移動操作によって自由に変形されます。方向線をドラッグして長くしたり短くしたりすることで、曲線の状態を調整できます。希望する曲線に修正できたら、マウスボタンを離してドラッグを終了します。

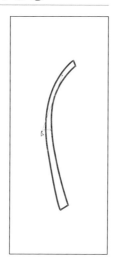

4 ▸ 葉身と合成する①

作成した葉柄を選択ツールで選択し、葉身に重ねます❶。

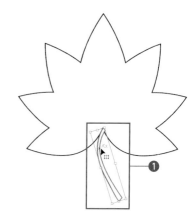

5 ▸ 葉身と合成する②

同じく選択ツールで、葉柄と葉身を囲むようにドラッグして全体を選択します❶。

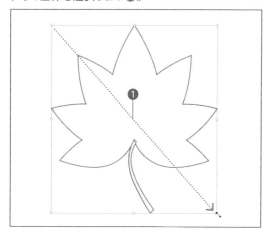

6 ▸ 葉身と合成する③

P.52の方法で「パスファインダー」パネルを表示し、「合体」をクリックして❶、合成します。

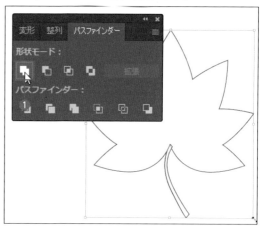

▐ 円形グラデーションの設定

作成した葉に、グラデーションで色を設定します。ここでは、円形グラデーションを設定します。

1 ▸ グラデーションを設定する ①

選択ツールをクリックし❶、葉のオブジェクトをクリックして選択します❷。ツールバーの「塗り」をクリックします❸。

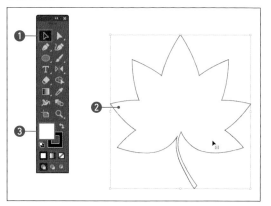

2 ▸ グラデーションを設定する ②

ツールバーの「グラデーション」をクリックし❶、グラデーションツールをクリックします❷。グラデーションガイド❸と「グラデーション」パネル❹が表示されます。

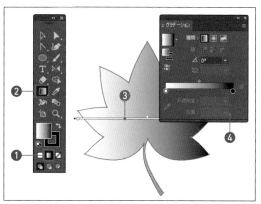

3 ▸ グラデーションを設定する ③

「グラデーション」パネルで、「円形グラデーション」をクリックします❶。葉に円形グラデーションが設定されます。

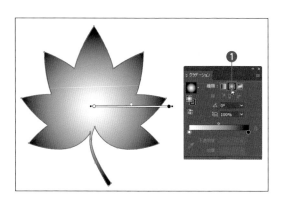

4 ▸ グラデーションの中心を移動する

円形グラデーションの中心にある○をドラッグして❶、葉身と葉柄の接合点に移動します。中心を下方向に移動するので、横方向に表示されていたグラデーションガイドが垂直方向に変わります。

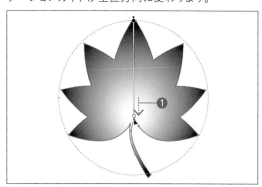

5 ▸ 右側の色を設定する ①

最初に、グラデーションの右側の色を設定します。「グラデーション」パネルのグラデーションスライダー右にあるカラー分岐点の●をクリックし❶、「塗り」をダブルクリックします❷。

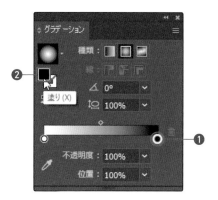

6 ▸ 右側の色を設定する②

カラーピッカーが表示されるので、色を設定します❶。「OK」をクリックします❷。

8 ▸ 左側の色を設定する①

次に、グラデーションの左側の色を設定します。今度はグラデーションスライダー左にあるカラー分岐点の◎をクリックし❶、「塗り」をダブルクリックします❷。

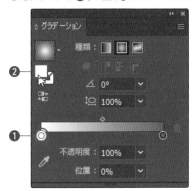

9 ▸ 左側の色を設定する②

カラーピッカーが表示されるので、色を設定します❶。「OK」をクリックします❷。

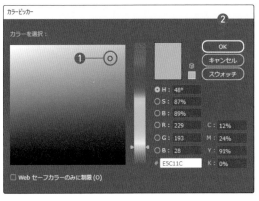

7 ▸ 右側の色を設定する③

グラデーションの右側の色が設定されます❶。

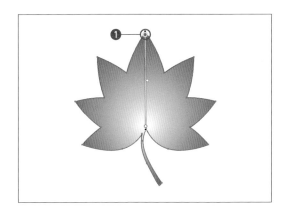

TIPS

グラデーションスライダーで色変更

「グラデーション」パネルの「塗り」をダブルクリックする代わりにグラデーションスライダーの●や◎をダブルクリックしても、カラーピッカーを表示して色が設定できます。どちらでも、使いやすい方法を利用してください。

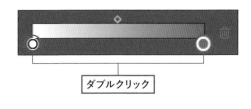

ダブルクリック

10 ▸ 左側の色を設定する③

グラデーションの左側の色が設定されます❶。最後に「線」の色を「なし」に設定すれば、紅葉の完成です。

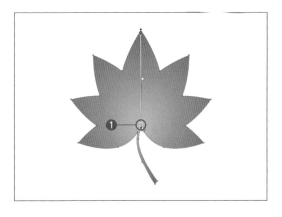

グラデーションガイド活用のポイント

グラデーションを長方形や円などのオブジェクトに思い通りに設定するには、グラデーションガイドを使いこなすことがポイントになります。

1. グラデーションガイドを表示する

長方形を描き、「塗り」が選択された状態で❶、ツールバーの「グラデーション」をクリックします❷。グラデーションツールをクリックして❸、グラデーションガイドを表示します❹。

2. 始点、終点を変更する

マウスポインターの形状が変わったら❶、その状態で始点❷から終点❸に向けてドラッグします。このとき、グラデーションは始点から始まり、終点で終わります。

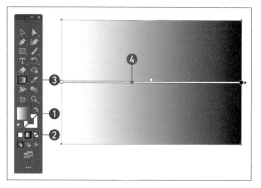

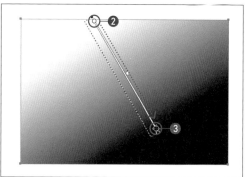

3. 色を設定する

始点と終点の色は、ツールバーの「グラデーション」をクリックすると表示される「グラデーション」パネルで設定できます。パネルのグラデーションバーにある○が始点❶、●が終点です❷。これをダブルクリックするとカラーパレットが表示され❸、「スウォッチ」❹などで色を選択できます。

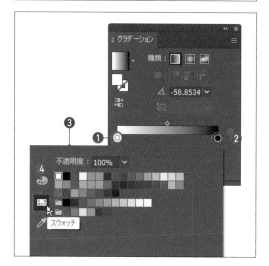

4. 方向、濃度を変更する

始点❶から、終点❷までのドラッグの位置や長さ、角度を調整することで、グラデーションの方向や濃度を変更できます。

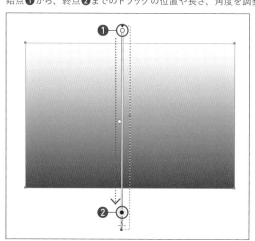

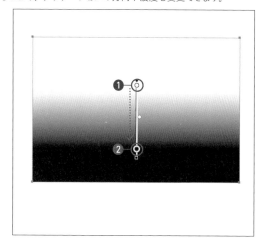

Illustrator

SECTION

2-12

マップを作成する①
道路

マップの作成では、構成する各パーツをレイヤー別に管理しながら作成すると、効率的に作成できます。ここでは、道路を作成します。

▌高速道路の作成

Chap02 ▶ **S2-12-01.ai**

このSECTIONでは、マップの高速道路や一般道路を作成し、次のSECTIONでJRや私鉄、ランドマークの作成を行います。こうしたマップの作成では、レイヤーの活用がポイントになります。

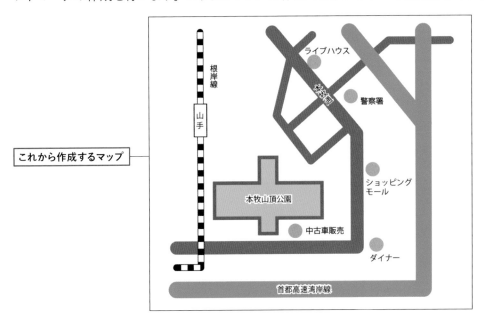

これから作成するマップ

1 ▶ 横線を引く

ペンツールをクリックして❶、始点❷でクリックします。 Shift キーを押しながら横にドラッグし、❸でクリックして水平線を引きます。

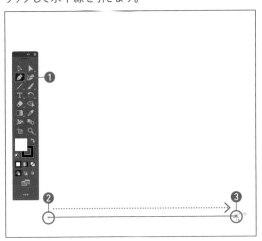

2 ▶ 縦線を引く

続いて縦にドラッグして、垂直の線を引きます❶。このときも Shift キーを押しながらドラッグすると、垂直に線が引けます。

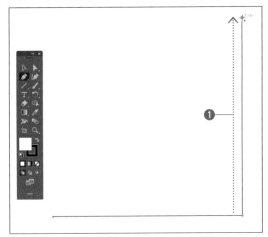

3 ▸ ペンツールをオフにする

横線、縦線を引いたら、アンカーポイントから少し離し❶、Esc キーを押してペンツールをオフにします。Ctrl（Mac：command）キーを押しながらアートボード上でクリックしてもオフにできます。

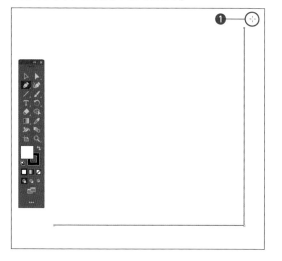

4 ▸ 「塗り」をオフにする

ツールバーで「塗り」をクリックして❶、「なし」をクリックします❷。

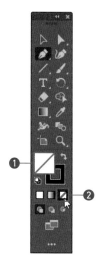

5 ▸ 道路を追加する

新しい線をペンツールで描き❶、Esc キーを押してペンツールをオフにして❷、支線を追加します。

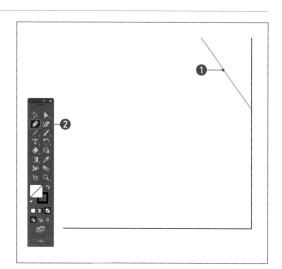

POINT

スマートガイドの利用

スマートガイドを利用すると、水平、垂直のガイドを示してくれます。また、線と線がきちんと接続した場合に「パス」と表示されます。

スマートガイドは、オブジェクトを操作するとき、他のオブジェクトとの相対関係に応じて、ガイドラインや文字などさまざまなガイドを表示する機能です。スマートガイドの表示／非表示は、メニューバーから「表示」→「スマートガイド」を選んで切り替えることができます。

▌道路の設定

描いた道路の幅や色、線端の設定を行います。

1 ▶ 線の幅を設定する①

選択ツールをクリックし❶、描画した線を囲むように
ドラッグして選択します❷。

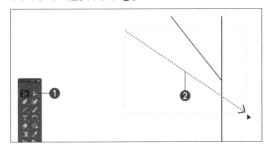

2 ▶ 線の幅を設定する②

コントロールパネルで、線の幅を「25pt」❶に設定
します。

3 ▶ 線の幅を設定する③

線の幅が変更されました。

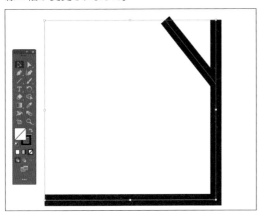

4 ▶ 線の色を設定する①

線が選択された状態で、スウォッチの「線」❶をクリッ
クしてスウォッチを表示し、スウォッチパネルから色
をクリックします❷。

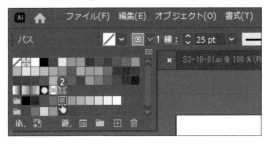

5 ▶ 線の色を設定する②

線の色が変更されました。

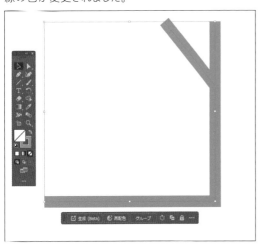

6 ▶ 線の線端を設定する①

線が選択された状態で、コントロールパネルの
「線」❶をクリックして「線」パネルを表示し、「線端」
の「丸型線端」❷をクリックします。

7 ▸ 線の線端を設定する ②

線の線端が丸くなりました。

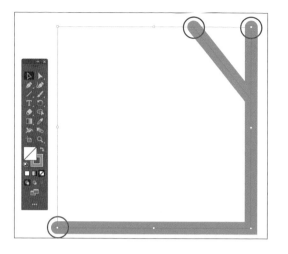

8 ▸ 線の角を設定する ①

線が選択された状態で、コントロールパネルの「線」❶をクリックして「線」パネルを表示し、「角の形状」の「ラウンド線端」❷をクリックします。

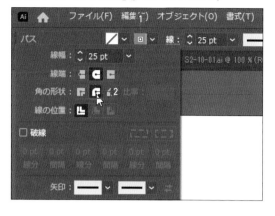

9 ▸ 線の角を設定する ②

線の角が丸くなりました。

▌ レイヤー名の変更

描画した高速道路のレイヤーに、レイヤー名を設定します。

1 ▸ レイヤー名を変更する ①

「プロパティ」パネルの「レイヤー」パネルか、「ウィンドウ」→「レイヤー」を選択して「レイヤー」パネルを表示します❶。表示されたら、レイヤー名（レイヤー1）の右側をダブルクリックします❷。

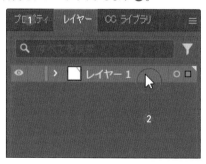

2 ▸ レイヤー名を変更する ②

「レイヤーオプション」ダイアログボックスが表示されるので、レイヤー名を「高速道路」と入力し❶、「OK」をクリックします❷。レイヤー名が変更されました。

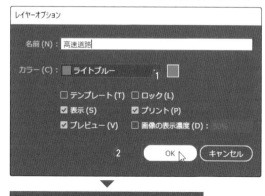

▌ 新規レイヤーの作成

一般道路を作成するためのレイヤーを新規に作成します。

1 ▸ レイヤーを作成する

「レイヤー」パネルで、「新規レイヤーを作成」をクリックします❶。「レイヤー2」が作成されます❷。

2 ▸ レイヤー名を変更する

「レイヤー2」の右側をダブルクリックして、レイヤー名を「一般道」に変更します❶。

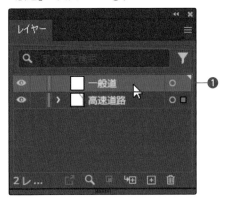

▌ 一般道路の作成

一般道路の作成方法も、基本的には高速道路と同じです。

1 ▸ ラインを描画する

ペンツールでラインを描画すると❶、直前で利用したラインの線幅や色の設定が反映されます。

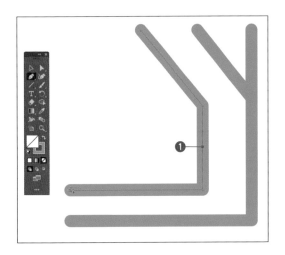

2 ▸ ラインの線幅を設定する

描画したラインを選択ツールで選択し、コントロールパネルなどで線幅を調整します❶。ここでは、「20pt」に設定しています。

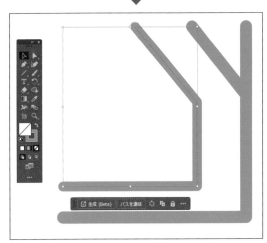

3 ▸ 道路の色を変更する①

コントロールパネルで「線」のスクラッチパネルをクリックし❶、スクラッチを表示します。道路の色をクリックします❷。

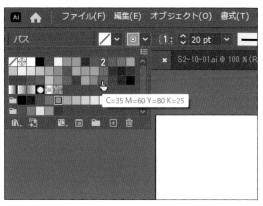

4 ▸ 道路の色を変更する②

スクラッチで選んだ色が反映されます。

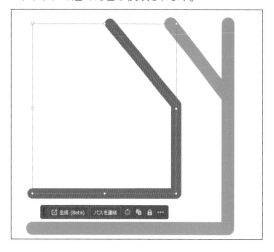

5 ▸ 線幅を設定する

次に、現在選択されているオブジェクトの選択を解除し、コントロールパネルで「線」の線幅を「12pt」に設定します❶。

6 ▸ 細い道を作成する

ペンツールで細い道を作成します。

▌レイヤーの入れ替え

複数レイヤーを利用している場合、オブジェクトの重なり順は、レイヤーの順番によって調整します。たとえば、高速道路と一般道の重なり順は、レイヤー順を入れ替えると変更できます。

1 ▸ ドラッグで移動する

「一般道」レイヤーをドラッグし❶、「高速道路」レイヤーの下に移動します❷。

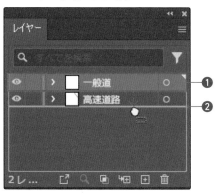

2 ▸ 道路の重なり順が変わる

高速道路の下に一般道が配置されました。

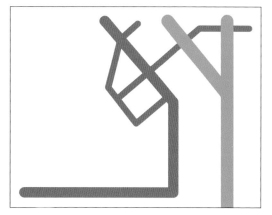

▌公園の作成

長方形や多角形を使って、公園を作成します。ここでは、わかりやすいように「塗り」と「線」を
デフォルトに戻してから変更する方法を解説します。

1 ▸ レイヤーを作成する

レイヤーを新規に作成し❶、名前を「公園」とします❷。

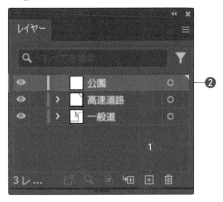

2 ▸ 「初期設定の塗りと線」に戻す

ツールバーの「初期設定の塗りと線」をクリックし❶、「塗り」と「線」をデフォルト（初期設定）に戻します。

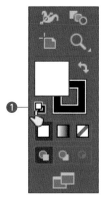

3 ▸ 公園を作成する①

長方形を2個描きます❶❷。

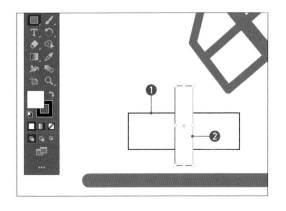

4 ▸ 公園を作成する②

2つのオブジェクトを選択し❶、パスファインダーの「合体」で合成します。

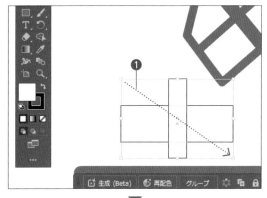

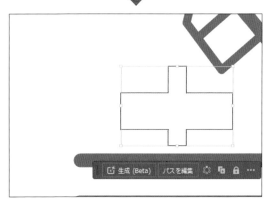

5▸公園を作成する ③

線幅を設定し❶、「塗り」❷と「線」❸の色を設定・調整して、公園が完成です。

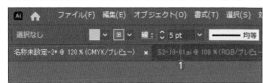

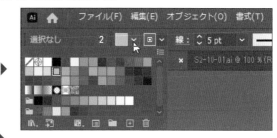

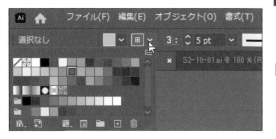

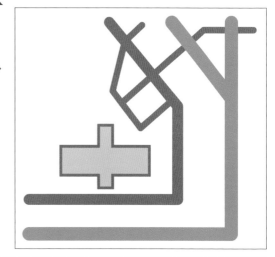

TIPS

ツールバーで色を変更

オブジェクトの塗りや線の色は、ツールバーからも変更
できます。ツールバーの「塗り」や「線」のアイコンをダ
ブルクリックしてカラーピッカーを表示し、色を選択して
下さい。

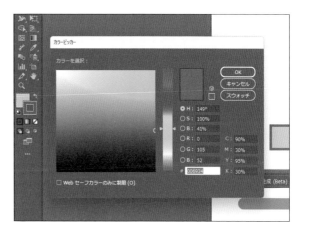

Illustrator

SECTION

2-13

マップを作成する②
鉄道とランドマーク

マップでは、鉄道の描画も道路と並んで重要なポイントになります。鉄道には、大きく分けてJRと私鉄があります。ここでは、JRの描き方を中心に解説します。

▌JRの鉄道ライン作成

Chap02 ▶ S2-13-01.ai

JRの鉄道ライン作成ではアピアランスの活用、私鉄の作成では破線の活用がポイントになります。白い袋文字の作成方法は、P.103を参照してください。

1 ▸ レイヤーを作成する

「新規レイヤーを作成」をクリックし①、鉄道用のレイヤーを新しく作成します。ここではJRの鉄道を描くので、レイヤー名を「JR」と設定します②。

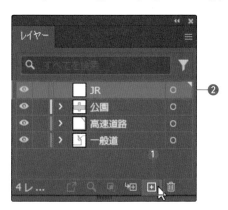

2 ▸ 線を描画する

ペンツールまたは直線ツールで、線を描画します①。

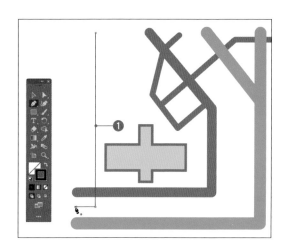

3 ▸ 線の幅と色を設定する ①

描画した線を選択した状態で、「アピアランス」パネルを表示します。「線」の幅を「10pt」に設定します①。また、「線」の色を「黒」に設定します②。

TIPS

「アピアランス」パネルの表示
「アピアランス」パネルが表示されていない場合は、「ウィンドウ」→「アピアランス」をクリックします。または、「プロパティ」パネルの「アピアランス」を利用します。

4 ▸ 線の幅と色を設定する ②

線の線幅と色が設定できました。この線をベースに、JRを作成していきます。

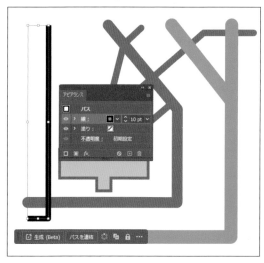

5 › 線を追加する ①

描画した線が選択された状態で、「アピアランス」パネルのパネルメニューをクリックし❶、「新規線を追加」をクリックします❷。

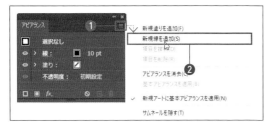

6 › 線を追加する ②

「アピアランス」パネルに、線が追加されます。

7 › 線を追加する ③

追加した線は、色を「白」❶、線幅を「8pt」❷に設定します。これで、黒い線の上にやや細い白い線を重ねた状態になります。

8 › 破線を設定する ①

アピアランスの白の「線」をクリックします❶。設定オプションが表示されます。

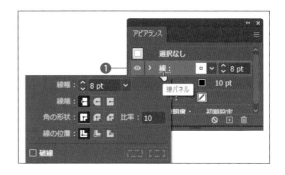

9 › 破線を設定する ②

追加した白い線の設定オプションで、「破線」にチェックを入れ❶、「線分」を「10pt」に設定します❷。

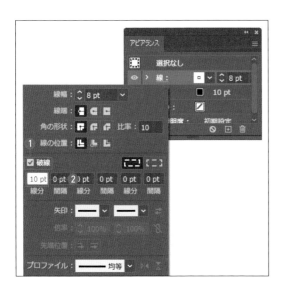

10 › 線路を完成させる ①

破線の設定が完了したら、線路の終端を処理します。「アピアランス」パネルで黒い「線」を選択し、「線」パネルで「線端」の「丸型線端」❶、「角の形状」の「ラウンド結合」❷をクリックします。

POINT

白線もラウンド結合
黒線の「角の形状」の「ラウンド結合」を実行した際、白い線は「マイター結合」のままです。表示状態によっては、白い線もラウンド結合に変更し、表示を整えてください。

11 › 線路を完成させる ②

これで、線路を描くことができました。

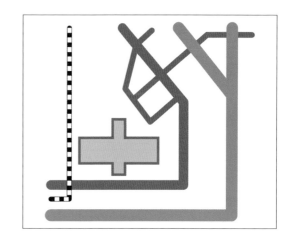

私鉄の描き方

私鉄の描き方は、JRとは設定が異なります。最初に10ptの黒い線を描き、次のように設定します。

● 線①

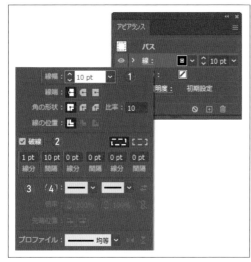

次の設定で線を作成します。

❶ 線幅：10pt
❷ 破線：チェックを入れる
❸ 線分：1pt
❹ 間隔：10pt

● 線②

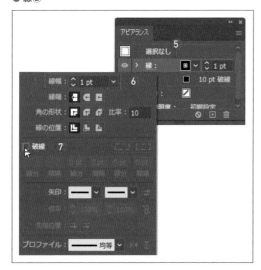

上の線が描けたら、「アピアランス」パネルのパネルメニューから新規線を追加し❺、追加した線に対して次のように設定します。これで、私鉄の線が完成です。

❻ 線幅：1pt
❼ 破線：チェックを外す

ランドマークの作成

マップのランドマークを表す正円を描きます。描画した正円は、シンボルに登録します。シンボルに登録することによって、修正が楽になります。

1 ▸ 正円を作成する ①

新しくレイヤーを追加し、「マーク」という名前をつけます❶。

2 ▸ 正円を作成する ②

楕円形ツールをクリックし❶、マップの1ヵ所に正円を描きます❷。正円は、Shift キー+ドラッグで描きます。

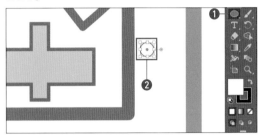

3 ▸ 正円を作成する ③

円を選択した状態で、「塗り」を好みの色に❶、「線」を「なし」❷に設定します。

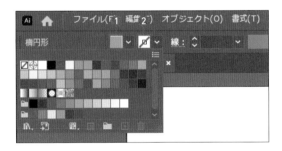

4 ▸ シンボルとして登録する ①

メニューバーで「ウィンドウ」→「シンボル」をクリックして、「シンボル」パネルを表示します。描画した円を、「シンボル」パネルにドラッグ&ドロップします❶。

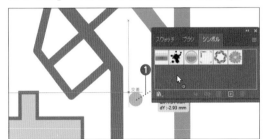

5 ▸ シンボルとして登録する ②

「シンボルオプション」ダイアログボックスが表示されます。「名前」にシンボルの名前を入力し❶、「書き出しタイプ」で「グラフィック」を選択します❷。「OK」をクリックします❸。

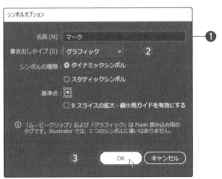

6 ▸ シンボルを配置する

これで、シンボルが登録されました。登録したシンボルは、「シンボル」パネルから他の場所にドラッグして配置することができます❶。

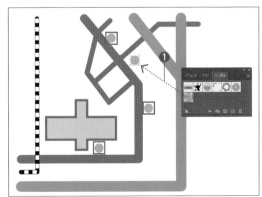

シンボルの編集

登録したシンボルのうち、1つを修正すると、他のシンボルも同時に修正されます。シンボルの編集は、シンボルをダブルクリックし、シンボル編集モードに切り替えて行います。シンボル編集モードを終了すると、すべてのシンボルに修正が反映されます。

Illustratorでは、オブジェクトのコピーに Alt キー（macOS： option キー）を押しながらドラッグする方法がありますが、この場合、データサイズはオブジェクトをコピーした数だけ増えます。

しかし、シンボルを利用してコピーすると、オブジェクトの参照をコピーしているだけなので、ファイルサイズを小さく抑えることができます。プログラムの世界では、これを「インスタンス」と呼んでいます。

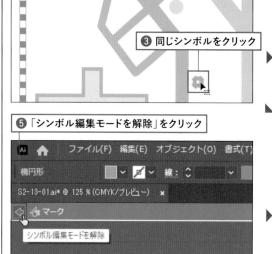

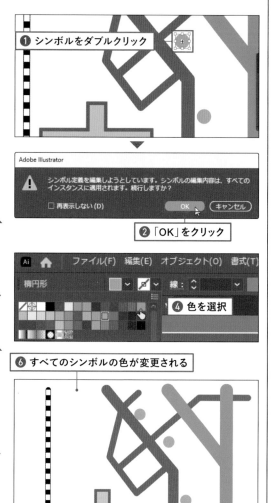

文字の入力

文字ツールを利用して、テキストを入力します。文字の入力方法はP.100のTIPS、袋文字の入力方法はP.103を参照してください。

1 文字を入力する ①

新しくテキスト用のレイヤー「文字」を作成します❶。

2 文字を入力する ②

文字ツールをクリックし❶、文字を入力したい位置でクリックして文字を入力します❷。文字位置の調整は、選択ツールをクリックして、文字をドラッグします。

3 ▸ 文字を入力する ③

同様の方法で、その他の文字を入力します。入力した文字をコピー&ペーストして、文字を入力し直してもかまいません。

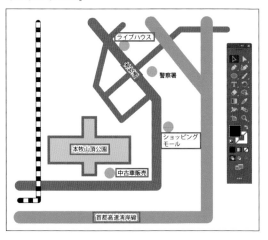

4 ▸ 文字を入力する ④

シンボルとテキストを選択して、コピー&ペーストすると、簡単に複製できます。最後に、画面のようにテキストを修正してください。

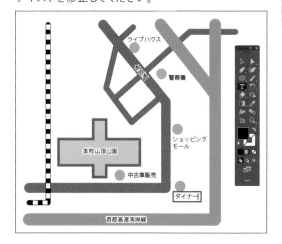

▌駅の作成

駅は、長方形の上に文字を乗せて作成します。

1 ▸ 駅を作成する ①

「駅名」というレイヤーを作成し、文字（縦）ツールで「山手」と入力します❶。

2 ▸ 駅を作成する ②

文字の上にかぶせるように、長方形ツールで長方形を描きます❶。「線」は「黒」、「塗り」は「白」にします。

3 ▸ 駅を作成する ③

長方形の上で右クリックし❶、「重ね順」→「最背面へ」をクリックします❷。

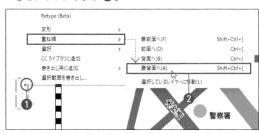

4 ▸ 駅を作成する ④

長方形が最背面に配置されたら、位置や字間を調整します。必要に応じて路線名なども入れて完成です。

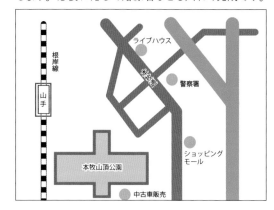

Illustrator

手書き風のマップを作成する

ペンツールや直線ツール、長方形ツールなどで描いたオブジェクトにブラシツールを適用し、手書き風のイラストに仕上げます。

■ ブラシの適用

Chap02 ▶ S2-14-01.ai

ブラシツールを使って、手書き風のマップに仕上げます。ご自分で作成したマップがない場合は、S2-13-01.aiを利用してください。Illustratorで作成した他のデータでもかまいません。

1 ▸ レイヤーをロックする

最初に、ブラシを適用したくないレイヤーをロックしておきます。「レイヤー」パネルで、ブラシを適用したくないレイヤーの「ロックを切り替え」をクリックし❶、鍵マークを表示します。これでブラシが適用されなくなります。なお、テキストはロックしなくてもブラシが適用されません。

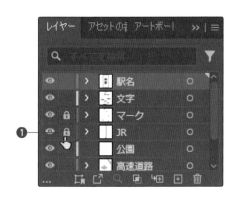

2 ▸「ブラシ」パネルを表示する

メニューバーで「ウィンドウ」→「ブラシ」をクリックして、「ブラシ」パネルを表示します。

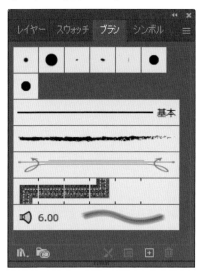

3 ▸ ブラシライブラリを表示する

「ブラシ」パネルのパネルメニューをクリックして❶、「ブラシライブラリを開く」→「アート」→「アート_木炭・鉛筆」をクリックします❷。

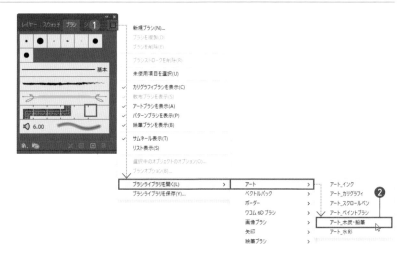

4 ブラシを選択する

利用したいブラシをクリックすると❶、選択したブラシが「ブラシ」パネルに登録されます❷。

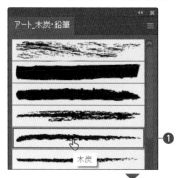

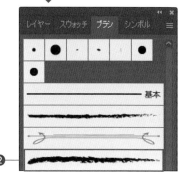

5 オブジェクトを選択する

ツールバーで選択ツールをクリックし❶、JR以外のオブジェクトを囲むようにドラッグして選択します❷。

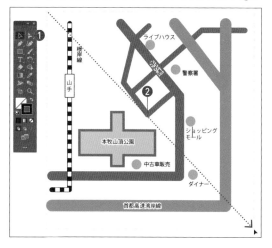

6 ブラシを適用する①

「ブラシ」パネルで、利用したいブラシをクリックします❶。

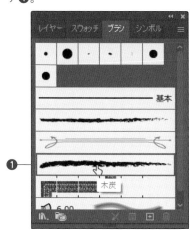

7 ブラシを適用する②

選択したオブジェクトに、ブラシの効果が適用されます。なお、文字にはブラシは適用されません。

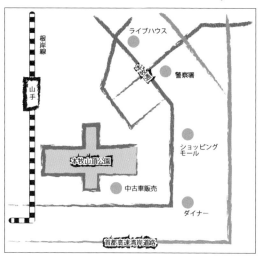

TIPS

JRだけ選択を解除する

すべてのオブジェクトを選択し、あとからJRオブジェクトの選択を解除するのが一般的です。オブジェクト選択後、[Shift]キーを押しながらJRオブジェクトをクリックすると、選択状態を解除できます。

ブラシでオブジェクトを描く

ブラシを利用すると、手書きのストロークを筆のタッチに変えたり、水彩風の色づけをしたりすることができます。また、「Adobe Fresco」との連携についても解説します。

水彩画風のオブジェクトを描く

Chap02 ▶ S2-15-01.ai

ブラシツールはさまざまなカテゴリーのブラシタイプが用意されています。その中から、「水彩」ブラシを利用して、水彩画風のオブジェクトを描画してみましょう。

2 ▸「アート_水彩」をクリックする

「ブラシ」パネルのパネルメニューをクリックし❶、「ブラシライブラリを開く」→「アート」→「アート_水彩」をクリックします❷。

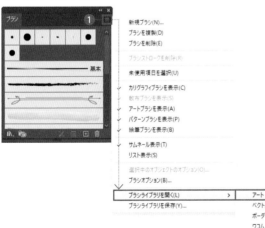

1 ▸「ブラシ」パネルを表示する

プロジェクトの準備ができたら、メニューバーから「ウィンドウ」→「ブラシ」をクリックし、「ブラシ」パネルを表示します。

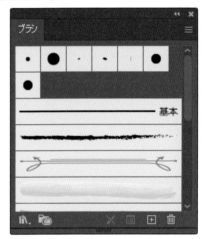

```
POINT
```

ペンタブレットがおすすめ
Illustratorのブラシを利用して描画する場合、マウスで描くよりもペンタブレットの利用がおすすめです。ブラシの筆圧調整、濃淡の描画などをリアルなブラシに近い感覚で利用できます。

3 ▸ ブラシを登録する

「アート_水彩」ライブラリを利用したいブラシをクリックします❶。選択したブラシは、「ブラシ」パネルに登録されます❷。

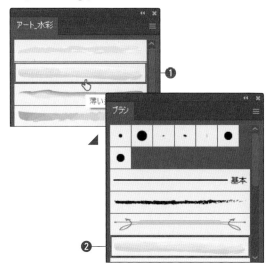

4 ▸ ブラシを選択する

ツールバーからブラシツールをクリックし❶、「ブラシ」パネルに登録されたブラシをクリックして選択します❷。

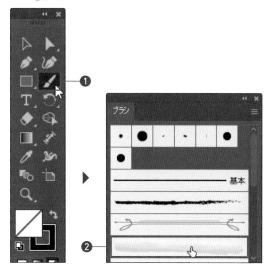

5 ▸ 色を選択する

ツールバーの「線」をダブルクリックし❶、カラーピッカーを表示します❷。利用したい色を選択し❸、「OK」をクリックします❹。

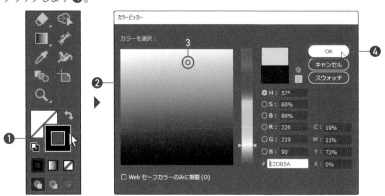

6 ▸ ブラシの太さを選択する

コントロールパネルで「線幅」の数値を設定し❶、ブラシの太さを決めます。

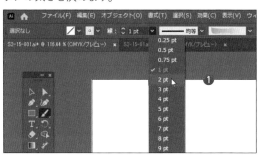

7 ▸ ブラシで描画する

選択したブラシで、オブジェクトを描きます。

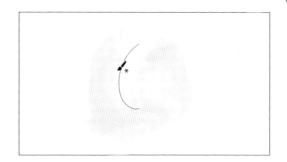

8 ▸ 描画を継続する

利用したいブラシの追加、色の選択、ブラシの太さ
を変更しながら、描画を継続します。

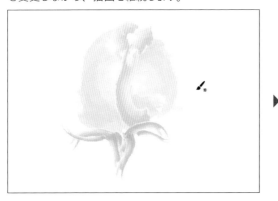

TIPS

iPadアプリ「Adobe Fresco」を利用する

たとえば、iPadなどのタブレットに描画ツールをインストー
ルし、オブジェクトの下絵などを描き、それをパソコンの
Illustratorに転送して利用することも可能です。ここでは
iPadにインストールした「Adobe Fresco」を利用してオブジェ
クトを作成する方法について解説します。なお、パソコンと
iPadは同じネットワーク上にあることが条件となります。

❶ Frescoで描画する

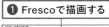

❷ 「公開と書き出し」をタップ

❸ 「コピーを開く」を
タップ

❹ 「Illustratorデスクトップ版」をタップ

❺ デスクトップ版のIllustratorにデータが転送される

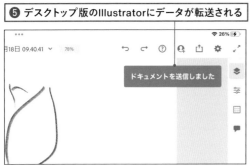

❻ Illustratorで利用できるようになった

Chapter 3

Illustratorの
応用操作を
マスターする

文字を入力・加工する

ここでは、Illustratorでの文字入力の基本から設定の変更、文字のアウトライン化、フチ文字（袋文字）の設定方法などについて解説します。

▌文字の入力・設定

Chap03 ▶ S3-1-01.ai

Illustratorでの文字入力を実行してみましょう。その文字に対して、文字サイズ、フォント、色など基本的な設定変更の手順を解説します。

1 ▸ 文字ツールを選択する

ツールバーの文字ツールを長押しすると❶、サブメニューから文字ツールの種類を選択できます。ここでは、文字ツールをクリックします❷。

2 ▸ 文字を入力する①

アートボード上の文字を入力したい位置でクリックすると❶、カーソルが点滅し、同時にコンテキストタスクバーが表示されます❷。

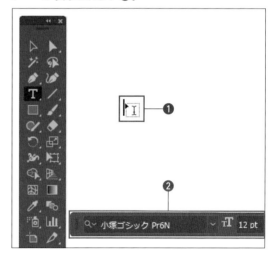

3 ▸ 文字を入力する②

文字を入力します❶。

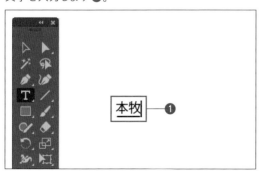

TIPS

縦書き文字の入力
文字を縦書きで入力する場合は、「文字（縦）ツール」を選択します。

---

4 › 文字サイズを変更する①

選択ツールをクリックすると❶、文字が選択状態に
なります。選択状態にならない場合は、文字をクリッ
クして選択状態にします。

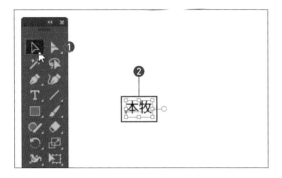

5 › 文字サイズを変更する②

コンテキストタスクバーの「フォントサイズを設定」の
右にある▽をクリックして❶、プルダウンメニューか
ら利用したいサイズをクリックします❷。これで文字
サイズが変更されます。

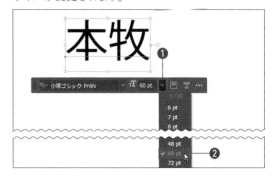

6 › フォントを選択する

文字を選択した状態で、コンテキストタスクバーの「フォ
ントファミリを設定」の右にある▽をクリックし❶、
プルダウンメニューからフォントを選択します❷。

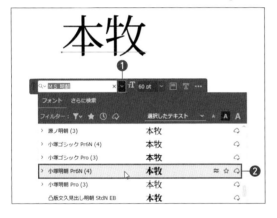

7 › フォントスタイルを選択する

選択したフォント名の左に ⟩ がある場合、クリックす
ると❶フォントスタイルのメニューが表示されるので、
スタイルを選択します❷。

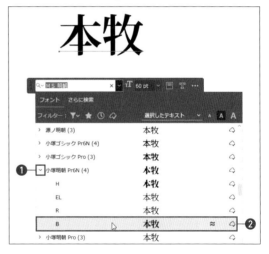

8 › 文字色を変更する

文字を選択した状態で、コントロールパネルの「塗り」
をクリックします❶。文字の色をクリックして選択し
ます❷。

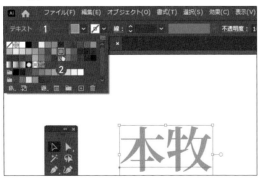

POINT

フォントスタイルについて

フォントの中には、「フォントスタイル」と呼ばれる太さが数種
類用意されているものがあります。フォントによって、用意さ
れているスタイルの種類が異なります。またフォントによって
はスタイルのないものもあります。スタイルの表記には、EL
（Extra Light）、L（Light）、R（Regular）、M（Medium）、
B（Bold）、H（Heavy）といった表記、あるいはW3、W9（W
はWeight）などがあります。

■ ドロップシャドウの設定

入力した文字に、ドロップシャドウを設定する方法を解説します。ドロップシャドウとは影をつける効果のことで、文字に奥行き感を出すことができます。

1 ▶ 文字を選択する

ツールバーの選択ツールをクリックし❶、影を設定したい文字をクリックします❷。

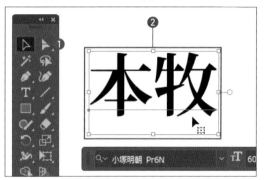

2 ▶ 「ドロップシャドウ」を選択する

メニューバーから、「効果」→「スタイライズ」→「ドロップシャドウ」をクリックします❶。

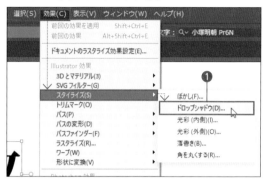

3 ▶ 影の具合を調整する

「ドロップシャドウ」ダイアログボックスが表示されます。「プレビュー」にチェックを入れてオンにします❶。影のオプションを設定して❷、「OK」をクリックします❸。

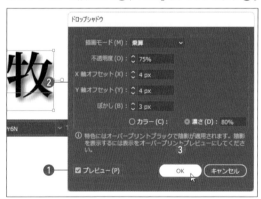

4 ▶ ドロップシャドウが設定された

文字に、ドロップシャドウの効果が設定されました。

TIPS

ドロップシャドウを削除する
設定したドロップシャドウを削除したい場合は、「アピアランス」パネルを表示し、削除したい「ドロップシャドウ」を選択します❶。パネル右下のゴミ箱型の「選択した項目を削除」をクリックします❷。

POINT

ドロップシャドウを再調整する
設定したドロップシャドウの設定を修正・変更する場合は、「アピアランス」パネルを表示して、「ドロップシャドウ」をダブルクリックします❶。設定パネルが再表示され、修正や変更ができます。

▌ フチ文字（袋文字）の設定

文字にフチ文字（袋文字）を設定します。アピアランスを利用して、塗りと線を追加します。

1 ▸ 文字を選択する

P.100 の方法で、文字を入力します❶。選択ツール
をクリックし❷、文字をクリックして選択します❸。

2 ▸ 色を「なし」に設定する

コントロールパネルの「塗り」をクリックし❶、文字
の色を「なし」に設定します❷。

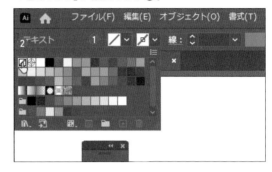

3 ▸ アピアランスを表示する

メニューバーから、「ウィンドウ」→「アピアランス」を
クリックします❶。

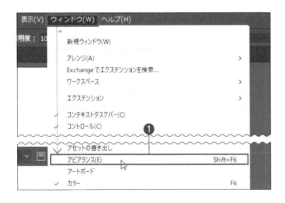

4 ▸ 塗りを追加する①

「アピアランス」パネルが表示されます。パネルメ
ニューをクリックし❶、「新規塗りを追加」をクリック
します❷。

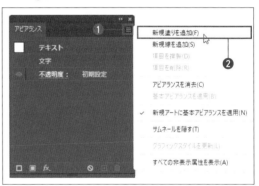

5 ▸ 塗りを追加する②

「アピアランス」パネルに、新しい「塗り」が追加され
ます。

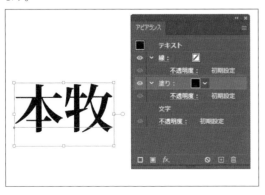

6 ▸ 線を追加する①

「アピアランス」パネルのパネルメニューから、「新規
線を追加」をクリックします❶。

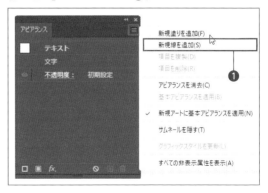

7 ▸ 線を追加する ②

これで、1つの「塗り」と2つの「線」で文字が構成されました。

8 ▸ 塗りを前面に移動する

「塗り」の名前部分をドラッグし❶、「アピアランス」パネルの先頭に移動します。

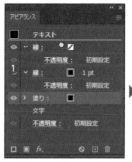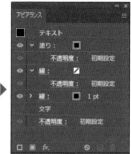

9 ▸ 「塗り」を設定する

「塗り」のカラーボックスをクリックし❶、文字の色をクリックします❷。

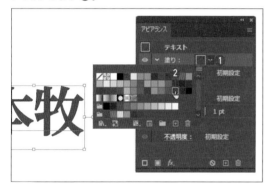

10 ▸ 線の色と線幅を設定する

「塗り」の下にある「線」の色を「白」❶、線幅を「5pt」❷に設定します。

11 ▸ 2つ目の線色と線幅を設定する

2つ目の「線」の色を、「塗り」と同じ色に設定し❶、線幅を「10pt」❷に設定します。

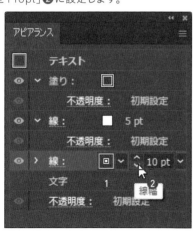

12 ▸ フチ文字が完成した

フチ文字が完成しました。なお、文字の角の形状を変更する場合は、P.47を参照してください。

▌文字のアウトライン化

ここでは文字をアウトライン化して、変形させる方法を解説します。

1▸ アウトラインを作成する

ツールバーの選択ツールをクリックし、アウトライン化したい文字をクリックします❶。コンテキストタスクバーの「テキストをアウトライン化」をクリックします❷。

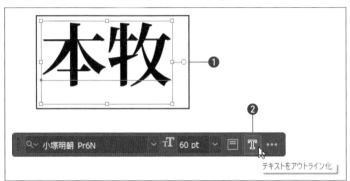

2▸ 文字を変形する①

ダイレクト選択ツールをクリックします❶。文字がアウトライン化され、アンカーポイントが表示されます❷。

> **POINT**
>
> **なぜ文字をアウトライン化するのか**
> 文字データは、「テキスト属性」を備えていることによって、文字として存在しています。アウトライン化は、文字からこのテキスト属性を削除し、図形として扱うことができるようにする操作です。これによって、図形として変形できます。ただし、アウトライン化すると文字データではなくなるため、フォントや文字サイズなどの変更ができなくなります。

3▸ 文字を変形する②

アンカーポイントをクリックすると❶、クリックしたアンカーポイントを操作できるようになります。

4▸ 文字を変形する③

アンカーポイントをドラッグで移動させることで❶、文字の形状を変形できます。

Illustrator

SECTION

3-2

名刺を作成する①
トンボとガイド

Illustratorで、名刺を作成する方法を解説します。ここでは、印刷時に利用する「トンボ」など、印刷物の制作に必要な知識についても解説します。

▌仕上がりサイズとトンボの設定

Chap03 ▶ S3-2-01.ai

ここでは、「トンボ」を設定した印刷物の例として、名刺を作成します。トンボとは、印刷した名刺を仕上がりサイズに裁断する際の目安となる線のことです。

1 ▸ 新規ドキュメントを作成する

ここでは、新規ドキュメントをA4サイズで作成します。印刷に利用可能なサイズであれば、どのようなサイズでもかまいません。

3 ▸ 長方形を作成する②

指定したサイズの長方形が作成されます。

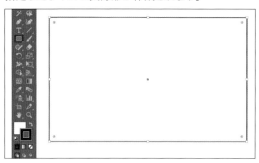

2 ▸ 長方形を作成する①

ツールバーの長方形ツールをクリックします❶。アートボード上でクリックすると❷、「長方形」ダイアログボックスが表示されます。ここで、下記のサイズを入力します❸。「OK」をクリックします❹。

横向きの名刺の場合：幅91mm×高さ55mm
縦向きの名刺の場合：幅55mm×高さ91mm

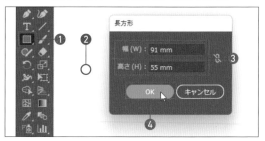

POINT

バウンディングボックス
Illustratorでオブジェクトを選択すると、□のハンドルと青い線が表示されます。これを、「バウンディングボックス」といいます。

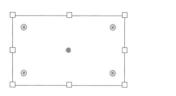

4▸「塗り」と「線」を設定する

作成した長方形の「塗り」❶と「線」❷を、どちらも「なし」に設定します。

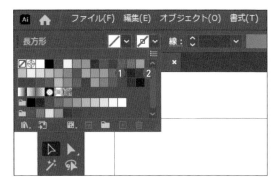

5▸トンボを設定する ①

印刷所へ入稿するには、「トンボ」という、裁断の目安となるマークを設定する必要があります。Illustratorでは、これを「トリムマーク」と読んでいます。「オブジェクト」→「トリムマークを作成」をクリックします❶。

6▸トンボを設定する ②

手順2で作成した長方形を基準として、トンボが作成されます。

7▸トンボをロックする

トンボが選択されている状態で、「オブジェクト」→「ロック」→「選択」をクリックします❶。作成したトンボが、編集できないようにロックされます。

POINT

トンボの見方
トンボとは、印刷物を仕上がりサイズに裁断するための、位置を示すマークのことです。トンボには2種類あり、仕上がりサイズの四隅にある「コーナートンボ」、中央を示す「センタートンボ」があります。

- **コーナートンボ（右画面赤枠）**
  仕上がり位置と裁ち落としの位置を示す。
- **センタートンボ（右画面青枠）**
  仕上がり位置の天地左右の中央を示す。

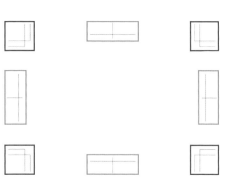

ガイドの設定

Illustratorのガイドは、オブジェクトの描画や仕上がりサイズを示すための目安となる補助線です。複数の設定方法がありますが、ここではオブジェクトをガイドに変更する方法について解説します。

仕上がりサイズ（外側）と配置領域（内側）のガイド

1 ▶ 長方形をコピーする ①

最初に、名刺の仕上がりサイズを示すガイドを作成します。P.106の手順2で描いた長方形を、選択ツールでクリックします❶。

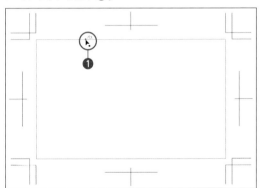

2 ▶ 長方形をコピーする ②

コンテキストタスクバーが表示されるので、「オブジェクトを複製」をクリックし❶（メニューバーから「編集」→「コピー」でもOK）、長方形をコピーします。

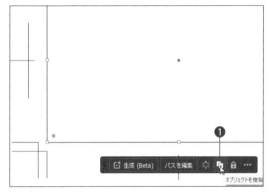

3 ▶ ガイドを作成する ①

手順1で選択した長方形をガイドに変換します。「表示」→「ガイド」→「ガイドを作成」をクリックします❶。

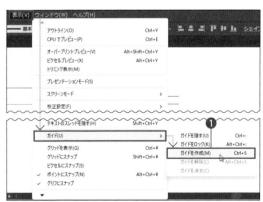

4 › ガイドを作成する ②

長方形がガイドに変換されます。長方形の選択を解除すると、シアン（水色）の線で表示されます。これが、名刺の仕上がりサイズになります。ガイドは印刷されません。

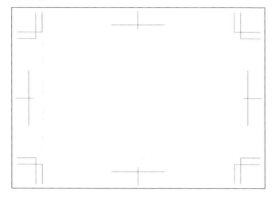

6 › 長方形をペーストする ②

手順2の操作でコピーした長方形が、同じ位置にペーストされます。長方形をクリックして選択状態にします❶。

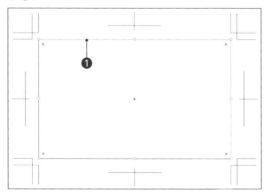

TIPS

パスのオフセットとは？

パスのオフセットは、名前だけではわかりづらい機能ですが、意外とよく利用する機能でもあります。オフセット（offset）とは、「基準となる位置からの差を表した値」という意味があるのですが、これではますます意味不明になりますね。

わかりやすく説明すると、選択したパスを基準に、そこから指定した位置（距離）に新しくパスを設定する機能です。ここでの操作でいえば、手順4で作成した仕上がりサイズのパスを基準に、次ページの手順8で指定した距離に新しくパスを設定する、ということになります。

5 › 長方形をペーストする ①

続いて、データを配置するための領域を示すガイドを作成します。配置領域のガイドは、仕上がりサイズよりも4mm内側に設定します。「編集」→「同じ位置にペースト」をクリックします❶。

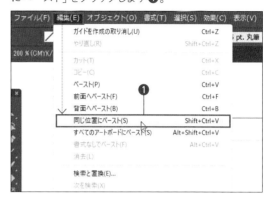

7 › データの配置範囲を設定する ①

ペーストした長方形が選択された状態で、「オブジェクト」→「パス」→「パスのオフセット」をクリックします❶。

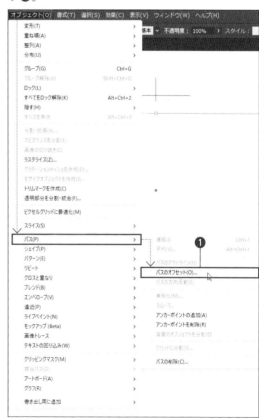

8 › データの配置範囲を設定する ②

「パスのオフセット」ダイアログボックスの「オフセット」に「-4mm」と入力し❶、「プレビュー」をオンにします❷。「OK」をクリックします❸。

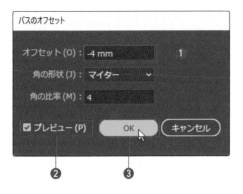

10 › ガイドを作成する ②

パスのオフセットで作成した四角形から、ガイドが作成されました。長方形の選択を解除すると、ガイドを確認できます。

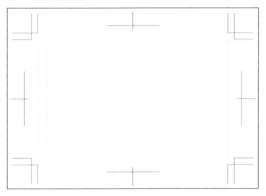

12 › 長方形を削除する ①

ガイドの作成に利用した仕上がりサイズの長方形をクリックし❶、[Delete]キーを押します❷。

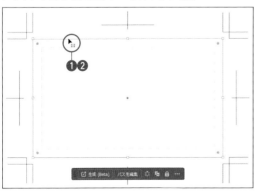

9 › ガイドを作成する ①

4mm内側に小さくなった長方形が作成されます。この長方形を、配置領域を指定するためのガイドに変換します。長方形を選択し❶、「表示」→「ガイド」→「ガイドを作成」をクリックします❷。

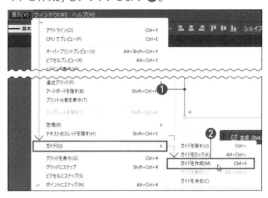

11 › ガイドをロックする

「表示」→「ガイド」→「ガイドをロック」をクリックし❶、ガイドを移動や編集ができないようにロックします。

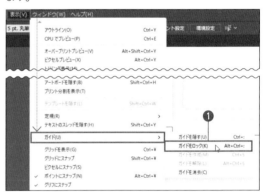

13 › 長方形を削除する ②

仕上がりサイズの長方形が削除され、2つのガイドが残ります。

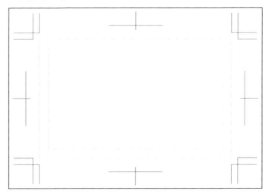

POINT

アートボードのコピー

名刺を作成中、たとえば複数のパターンで作成したいことなどがあったとします。その場合、アートボードを複製することで、1つのIllustratorファイル内で複数のアートボードを管理できるようになります。出力する際も、連続もしくは個別に印刷、PDF出力ができます。

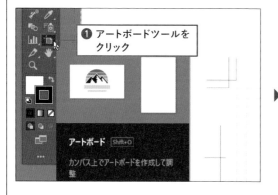

❶ アートボードツールをクリック

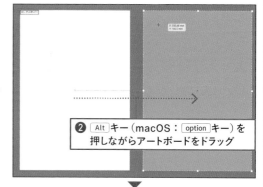

❷ Alt キー（macOS：option キー）を押しながらアートボードをドラッグ

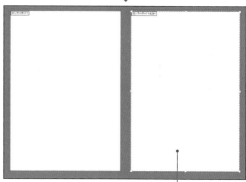

❸ アートボードが複製される

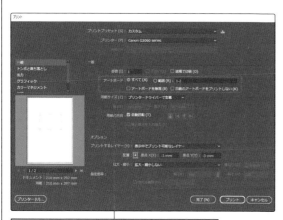

「プリント」でのアートボード関連のオプション

「書き出し」でのアートボード関連のオプション

名刺を作成する②
ロゴとテキスト

ここでは、Illustratorで作成したオブジェクトを名刺に配置し、ロゴマークとして利用する方法について解説します。また、名刺に必要なテキストデータも入力します。

▌ ロゴの配置

Chap03 ▸ S3-3-01.ai

SECTION2-11で解説した紅葉のデータなどを、名刺のロゴとして貼り込んでみましょう。

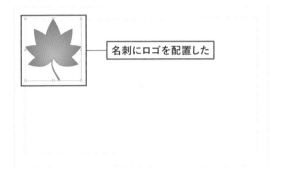

名刺にロゴを配置した

1 ▸ オブジェクトを開く

サンプルの「Momiji-G.ai」をダブルクリックして開きます❶。

2 ▸ オブジェクトをコピーする

選択ツールでオブジェクトをクリックして選択し❶、オブジェクト上で右クリックして「コピー」をクリックします❷。

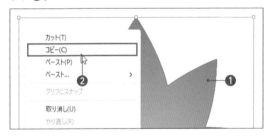

3 ▸ オブジェクトをペーストする

名刺の編集画面に切り替えます。「編集」→「ペースト」（ Ctrl + V キー）をクリックし、紅葉のオブジェクトを貼り付けます。

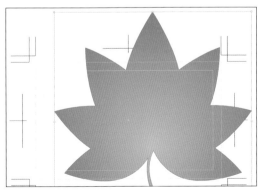

4 ▸ オブジェクトを縮小する

オブジェクトを縮小します。縮小方法は複数ありますが、サイズを指定して縮小するには、「ウィンドウ」→「変形」を選択し、「変形」パネルを表示します。「縦横比を固定」をクリックして有効にし❶、「W」に20mmと入力して❷、 Enter キーを押します。

5 ▸ オブジェクトを移動する

オブジェクトが縮小されます。縮小したオブジェクト
を、名刺の左上にドラッグして移動します❶。

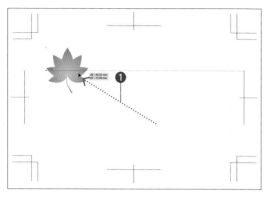

TIPS

オブジェクトの「変形」を利用する

オブジェクトの縮小に「オブジェクト」→「変形」→「拡大・縮小」
を利用する方法もあります。「拡大・縮小」専用のダイアロ
グボックスが表示され、拡大、縮小が実行できます。

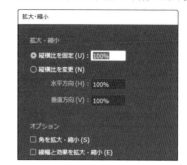

▋文字の配置

名刺には、必要な情報を読みやすくデザイン
することが重要です。文字のサイズや配置場
所をどこにするかがポイントになります。ここ
では、右の画面にあるような文字サイズで、
それぞれの位置に配置します。

名刺に文字を配置した

1 ▸ テキストをコピーする

サンプルの「address.txt」をメモ帳（Windows）やテ
キストエディタ（macOS）で開き、テキストをすべてコ
ピーします。

2 ▸ テキストをペーストする

名刺の編集画面に切り替えます。「編集」→「ペース
ト」をクリックし、テキストを名刺のオブジェクト上に
ペーストします。

3 › サイズ・フォントを設定する

テキストが選択された状態で、コンテキストタスクバーの「フォントサイズを設定」の ✓ をクリックして、メニューから「8pt」などを選択します❶。また、フォントを任意のフォントに設定します❷。

4 › 名前のサイズを設定する

文字ツールを選択します。名前の部分をドラッグして選択し❶、フォントサイズを「14pt」に設定します❷。

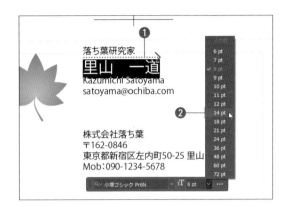

5 › メールアドレスの行送りを設定する

メールアドレスをドラッグして選択し❶、コントロールパネルの「文字」をクリックします。パネルが表示されるので、「行送り」を「12pt」に設定します❷。

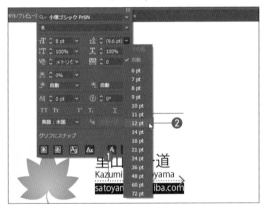

TIPS

「文字」パネルの表示
メニューバーから「ウィンドウ」→「書式」→「文字」を選択し、「文字」パネルを表示しても、設定が可能です。また、ツールバーを利用するのも一般的です。

6 › 社名のサイズを設定する

社名をドラッグして選択し❶、フォントサイズを「10pt」に設定します❷。

7 › 住所の行送りを設定する

郵便番号や住所、電話番号などをドラッグして選択し❶、「行送り」を「10pt」に設定します❷。

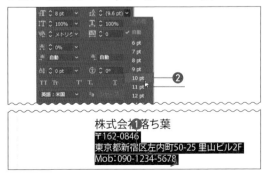

8 行間を調整する

メールアドレスと社名の間の行間を、改行などによって調整します❶。

9 表示位置を調整する

選択ツールでテキスト全体をクリックして選択し❶、バウンディングボックスの右上隅が名刺の文字領域ガイドの右上角に合うように、ドラッグして位置を合わせます❷。

10 ロゴに会社名を追加する

ロゴマークの下に、文字ツールを利用して会社名を入れます❶。文字の設定は、コンテキストタスクバー❷やコントロールパネル、「文字」パネルのどれでも可能です。

11 水平方向中央で揃える

選択ツールでドラッグし、ロゴマークと会社名の両方を選択します❶。コントロールパネルの「水平方向中央に整列」をクリックし❷、中央揃えにします。

12 仕上げの調整をする

ロゴや名前、住所などの位置を調整して仕上げます。

TIPS

Adobe Fontsの利用

社名のロゴや名前などに利用するテキストのフォントに、P.226やP.311で紹介しているAdobe Fontsを利用すると、よりオリジナリティあるデザインを実現することができます。

フライヤーを作成する

ここでは、A4サイズのフライヤーを作成する際のポイントについて解説します。写真を利用する場合のクリッピングマスクについて、よく理解してください。

▌背景とレイヤーの設定

Chap03 ▶ S3-4-01.ai

新聞の折り込みとして配布するチラシと異なり、フライヤーはイベントなどの宣伝によく利用されます。それだけに、どのようなイベントをいつ、どこで行うのかをわかりやすく伝える必要があります。また、集客が目的のため、デザイン性を重視したタイプが多いという特徴があります。

ここでは、右にあるようなイベントを告知するためのフライヤーを例として、作成のポイントについて解説します。

完成したフライヤー

1 ▶ 新規ドキュメントを作成する ①

フライヤーを作成するための新規ドキュメントは、「印刷」①の「A4」②、「縦」③に設定します。カラーモードは「CMYK」④、ラスタライズ効果は「高解像度（300ppi）」⑤に設定して「作成」をクリックします⑥。

2 ▶ 新規ドキュメントを作成する ②

A4、縦の新規ドキュメントが作成されます。

> **POINT**
>
> **ラスタライズ効果**
> 「ラスタライズ効果」というのは、ベクトルデータをビットマップに変更する機能です。印刷に利用する場合、解像度は高解像度（300ppi）に設定してください。

> **POINT**
>
> **「裁ち落とし」ライン**
> ドキュメントの外側に、赤いラインが表示されています。これを「裁ち落とし」といいます。裁ち落としは、印刷後に紙をサイズに合わせて裁断する際、写真などをドキュメントの仕上がり線ギリギリに配置すると、印刷後の紙裁断時に白地が発生してしまいます。これを防ぐため、写真などは裁ち落としの範囲に配置します。

3 › 四角形を描画する

長方形ツールをクリックして❶、用紙前面に四角形
を描きます❷。四角形は、ドキュメントの外側の赤
いライン（裁ち落とし）からドラッグして描画します。

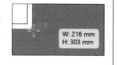

POINT

スマートガイドの利用
手順3でアートボードの隅までド
ラッグすると、ピンク色のスマート
ガイドで「交差」と表示されます。

W: 216 mm
H: 303 mm

4 › カラーピッカーで「塗り」を設定する

ツールバーの「塗り」をダブルクリックしてカラーピッ
カーを表示します❶。四角形の色に好みの色を設定
して❷、「OK」をクリックします❸。

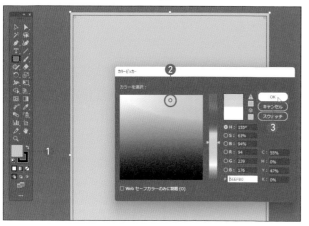

5 › 「線」を「なし」に設定する

ツールバーの「塗りと線」で「線」をクリックし❶、色
の設定は「なし」に設定します❷。

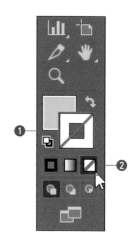

6 › レイヤー名を変更する

「ウィンドウ」→「レイヤー」をクリックして、「レイヤー」
パネルを表示します。ダブルクリックして、レイヤー
名を「Back」と設定します❶。

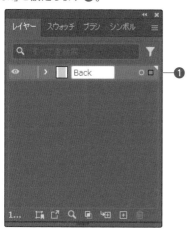

7 › レイヤーを追加する

「新規レイヤーを追加」をクリックして❶、新しい
レイヤーを追加します。追加したレイヤーの名前は
「Photo」とします❷。

▌写真の配置とクリッピング

通常、写真は撮影したままの状態で利用す
るということはありません。色補正や画像加
工などを行う他、トリミングといって必要な部
分を切り取る作業を行います。色補正などは
Photoshopで行いますが、Illustratorでトリミ
ングを行う場合は、クリッピング機能を利用し
ます。ここでは、P.202で解説している方法
で画像処理した画像データ（Photo-1.psd）
を利用して解説します。

1 ▸ 写真を配置する ①

「ファイル」→「配置」をクリックします❶。

2 ▸ 写真を配置する ②

利用したい写真を選びます❶。「リンク」のチェックを
クリックして❷、オフにします。「配置」をクリックしま
す❸。

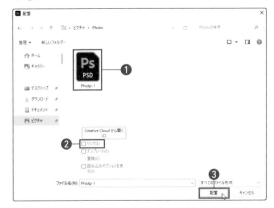

3 ▸ 写真を拡大・縮小する

表示された写真上で右クリックし、表示されたメニュー
から「変形」→「拡大・縮小」を選択します❶。「拡大・
縮小」ダイアログボックスが表示されるので、「縦横
比を固定」で縮小率を入力して「OK」をクリックしま
す。これで写真が縮小されます。

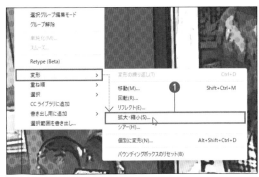

4 ▸ 写真を移動する

縮小された写真内にマウスポインター合わせてドラッ
グし❶、表示位置を調整します。配置した際、必要
があればサイズを再調整します。

5 ▸ 写真を回転させる

必要があれば、ツールバーから回転ツールをクリックし❶、写真の四隅のどれかをドラッグして❷回転させます。

6 ▸ クリッピング範囲を設定する ①

長方形ツールを選択し、裁ち落としのラインに合わせてドラッグし❶、長方形を描きます❷。「塗り」が背景と同じでわかりにくい場合は、コントロールパネルのスウォッチから「白」などを選んでください❸。

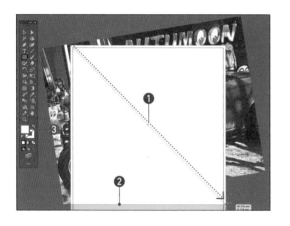

7 ▸ クリッピング範囲を設定する ②

選択ツールで、写真❶と長方形❷を、 Shift キーを押しながらクリックして両方選択します。このとき、背景の長方形を選択しないように注意してください。「レイヤー」パネルで「Back」レイヤーをロックすると良いでしょう❸。

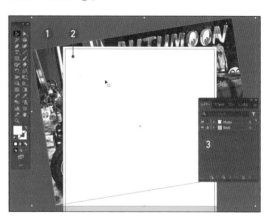

8 ▸ クリッピングマスクを作成する ①

「オブジェクト」→「クリッピングマスク」→「作成」をクリックします❶。

9 ▸ クリッピングマスクを作成する ②

長方形の範囲で、写真がトリミングされます。

▌テキストの配置

作成するフライヤーでは、メインタイトル、サブタイトル、そしてイベントを開催する日時と場所などの情報をテキストで入力・配置します。

1 ▸ メインタイトルを入力する

メインタイトル用のレイヤーを新規に作成します❶。文字ツールを選択し❷、メインタイトルを入力します❸。文字はP.103の方法で袋文字を作成しています。

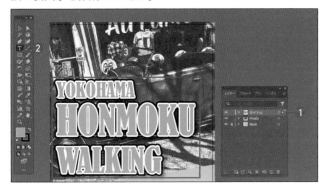

2 ▸ サブタイトルを入力する

続いて、サブタイトルを入力します。サブタイトルも新規にレイヤーを作成し❶、袋文字で作成します❷。さらに回転を加えています❸。

3 ▸ 日付や場所を入力する ①

同様の方法で、日付を入力します❶。なお、日付の数字と漢字は文字のサイズを変えているため、次ページのPOINTの方法でベースラインの調整を行っています。

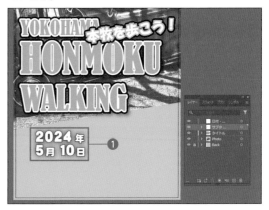

4 ▸ 日付や場所を入力する ②

時間や場所の文字を入力します❶。日付や時間、場所など重要な部分は大きく設定するなど、メリハリをつけることが重要です。

ベースラインの調整

日付と年月日で文字のサイズを変えた場合、ベースラインの調整が必要です。ここでは、「欧文ベースライン」を利用してみました。「文字」パネルのパネルメニューをクリックし❶、「文字揃え」→「欧文ベースライン」の順にクリックします❷。ベースラインというのは、文字の底辺と考えればよいでしょう。「欧文ベースライン」の場合、a、b、cといった欧文文字の底辺が、ベースラインに該当します。フォントによってベースラインの位置が異なる場合がありますが、文字の底辺という考え方は同じです。

文字を選択する

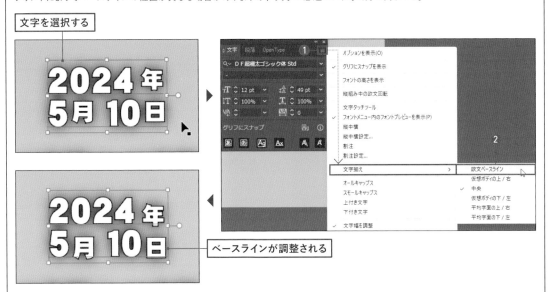

ベースラインが調整される

地図の配置

Chap03 ▶ S3-4-02.ai　Chap03 ▶ map.ai

フライヤーに地図などを配置する場合、「配置」で取り込む以外に、Illustratorの他のドキュメントからコピー＆ペーストで貼り込む方法もあります。ここでは、地図用の背景を設定し、そこに地図を貼り込んでいます。

1▸地図を用意する

地図は、Chapter2で解説した方法で作成した地図を、フライヤーの内容に合わせて修正したものを使用します。この場合、Illustratorの別プロジェクトとして地図（map.ai）を利用します。

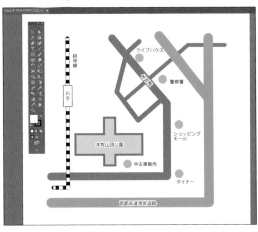

2▸レイヤーを作成する

フライヤーの「レイヤー」パネルで、地図用のレイヤー「マップ」を新規に追加します❶。「マップ」レイヤーを選択しておきます。

3 ▸ 地図の背景を作成する

地図のデータは背景が透明化されて配置されるので、地図用の背景を長方形ツールで作成します❶。必要に応じて、ドロップシャドウなどを設定します。

4 ▸ 地図をコピーする

地図のドキュメントで地図のパーツをすべて選択し、「編集」→「コピー」をクリックします。フライヤーのドキュメントに移り、「編集」→「ペースト」をクリックして貼り付けます❶。

5 ▸ 地図をグループ化する

地図のデータは、構成する各オブジェクトがバラバラになっています。貼り付け直後の選択状態にあるときに地図上で右クリックし❶、「グループ」をクリックします❷。

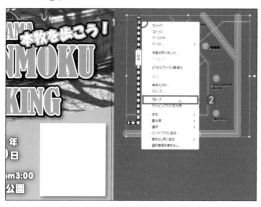

6 ▸ 地図のサイズを調整する

地図のサイズは、バウンディングボックスの□を Shift キーを押しながらドラッグして調整します❶。

7 ▸ 情報を追加する

最後に、文字ツールで情報を追加すれば完成です❶。

PDF出力する

ここでは、商用印刷用にPDFを出力する方法について解説します。PDFには
いくつかのタイプがあるので、その点に注意してください。

▌ 印刷用PDFの出力

Chap03 ▶ S3-5-01.pdf

IllustratorからPDF形式で出力する場合、PDFの形式を選択する必要があります。どの形式で
出力すればよいかを確認してから出力するようにします。

1 ▸ ファイルを開く

PDFとして出力したいファイルを開き、「ファイル」→
「別名で保存」をクリックします ❶。保存先は、「コ
ンピューターに保存」を選択します。

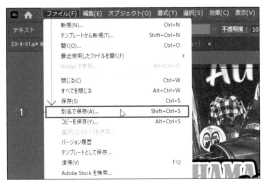

2 ▸ PDFを選択する

ファイルの保存先 ❶、ファイル名 ❷ を指定します。「ファ
イルの種類」（macOS：「ファイル形式」）で「Adobe
PDF」を選択し ❸、「保存」をクリックします ❹。

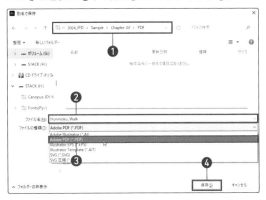

3 ▸ PDFを設定する

「Adobe PDFを保存」ダイアログボックスが表示され
ます。プリセットで「PDF/X-1a：2001」を選択し ❶、
「PDFを保存」をクリックします ❷。編集機能の一
部が使用できなくなるというメッセージが表示される
ので、「OK」をクリックします。これでPDFファイル
が作成されます。

TIPS

印刷会社に確認

PDFには、「PDF/X-1a」の他に、「PDF/X-3」、「PDF/
X-4」などいくつかの種類があります。どのPDFに対応して
いるのか、利用する印刷会社に必ず確認してください。

POINT

トンボが必要な場合

PDFにトンボが必要な場合は、ダイアログボックスの左に
ある「トンボと裁ち落とし」をクリックし ❶、「トンボ」で必要
な項目にチェックを入れます ❷。

パッケージ出力する

配置で「リンク」を有効にしてIllustratorファイルを出力する場合、リンク元の
データを忘れないように出力する必要があります。この場合、「パッケージ」
を利用します。

▌ パッケージの出力

「パッケージ」を利用すると、リンクを有効にしたIllustratorファイルを出力するとき、aiファイル
にリンクした画像データをフォルダーにまとめて出力することができます。

1 ▸「パッケージ」を選択する

リンクを利用したファイルを開き、「ファイル」→「パッ
ケージ」をクリックします❶。このとき、ドキュメント
の保存が必要な場合は、保存メッセージが表示され
ます。

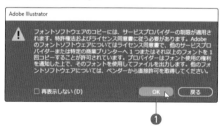

2 ▸ オプションを設定する

「パッケージ」ダイアログボックスが表示されるので、
保存場所❶とフォルダー名❷を設定します。また、
オプションの「リンクをコピー」をチェックしてオンに
する他❸、必要に応じて他のオプションもオンにしま
す。設定したら「パッケージ」をクリックします❹。

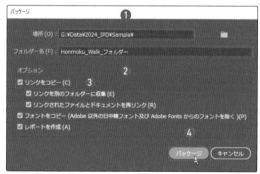

4 ▸ パッケージが出力される

パッケージを出力したという確認メッセージが表示さ
れるので、「OK」をクリックします❶。

3 ▸ フォントのコピーを確認する

フォントを埋め込んで出力する場合、フォントをコピー
することになります。そのため、フォントのコピーを
行うためのライセンスに同意したという確認を行う必
要があります。メッセージが表示されるので、「OK」
をクリックします❶。

5 ▸ フォルダー内を確認する

出力されたフォルダーには、Illustratorファイルの他
に、フォントは「Fonts」フォルダーに保存されていま
す。なお、画像や写真をリンク形式で配置した場合、
「Links」というフォルダーが作成されて保存されます。

Chapter 4

Photoshopの基本操作をマスターする

新規ドキュメントを作成する／画像ファイルを読み込む

Photoshopでの作業を開始するには、「新規ドキュメント」や「アートボード」を作成して画像を取り込む、あるいはダイレクトに画像を取り込む方法などがあります。

▌「ホーム」画面での操作

Photoshopを起動すると、最初に「ホーム」画面が表示されます。ここでは、最近Photoshopで編集したファイルを選択できる他、「新規ファイル」で新規ドキュメントを作成することもできます。

① 新しくドキュメントを作成する

② 既存のファイルを開く

③ 最近利用したファイルを開く

③の「最近使用したもの」は、右上にある切り替えボタンで、サムネイル表示、リスト表示が切り替えられます。デフォルトでは、サムネイル表示に設定されています。

サムネイル表示

リスト表示

POINT

情報の非表示

ホーム画面の上半分には、Photoshopの新機能やチュートリアルの紹介など、Adobeからの情報が表示されます。これらが不要な場合は、ホーム画面右上にある「情報を非表示」をクリックすると①、表示されなくなります。最近使用したファイルの情報を多く表示したい場合は、非表示にしてください。

POINT

リストを削除する

「最近使用したもの」のリストを削除したい場合は、メニューバーから「ファイル」→「最近使用したファイルを開く」→「最近使用したファイルのリストを消去」をクリックしてください①。

■ 新規ドキュメントの作成

「ホーム」画面で「新規ファイル」をクリックすると、「新規ドキュメント」画面が表示されます。ここで、ドキュメントの用途やサイズ、解像度、カラーモードなどを設定できます。「作成」をクリックすると、画像データのない白紙のドキュメントが表示されます。既存の画像を編集したい場合は、次ページの「ファイルを開く」を利用してください。

❶ 目的に合ったカテゴリーを選択

❷ 目的に合ったプリセットを選択

❺ ドキュメントの大きさ、方向を選択

❹ ファイル名を入力

❻ アートボードを作成

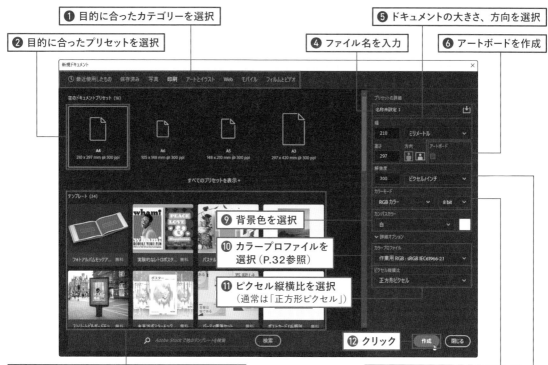

❾ 背景色を選択

❿ カラープロファイルを選択（P.32参照）

⓫ ピクセル縦横比を選択
（通常は「正方形ピクセル」）

⓬ クリック

❸ 場合によっては、利用したいテンプレートを選択

❽ カラーモード、ビット数を設定
画面表示用　　：RGBカラー
モノクロ印刷用：グレースケール
商業用印刷用　：CMYKカラー

❼ 解像度を設定（下記は推奨）
Web用画像　　：72pixel/inch
DTP用画像　　：300～350pixel/inch
ビデオ用画像：72pixel/inch

表示された新規ドキュメント

POINT

アートボードを利用する

「新規ドキュメント」の画面で「アートボード」のチェックボックスをオンにしてドキュメントを作成すると、アートボードが作成されます。通常、1つのドキュメントファイルでは1つのアートボードを利用していますが、「アートボード」をオンにすると、1つのドキュメントで複数のアートボードを利用できるようになります。なお、アートボードを追加する場合は、「レイヤー」パネルのパネルメニュー❶から「アートボードを新規作成...」❷をクリックします。

画像ファイルの読み込み

Chap04 ▶ S4-1-01.psd

ハードディスク上に保存されている画像ファイルを編集する場合は、「ホーム」画面で「開く」をクリックし、Photoshopに読み込みます。

1 ▶「開く」を選択する

「ホーム」画面で「開く」をクリックします❶。「ファイル」→「開く」を選択しても、画像ファイルを選択できます。

TIPS

クラウドドキュメントの利用

Photoshopでは、データの保存先に「クラウドドキュメント」を利用している場合、「開く」ウィンドウの「クラウドドキュメントを開く」をクリックして、クラウドドキュメントを利用します。

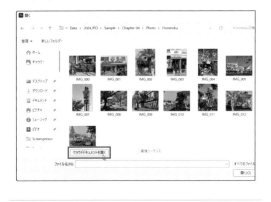

2 ▶ 画像ファイルを選択する

「開く」ウィンドウが表示されます。利用したい画像ファイルが保存されているフォルダーを開き❶、画像ファイルを選択します❷。「開く」をクリックします❸。

3 ▶ 画像ファイルが表示される

選択した画像ファイルが表示されます。これで編集を開始できます。

画像ファイルはこんな方法でも表示できる

Photoshopで画像ファイルを表示する方法には数種類ありますが、ここで紹介する方法なども筆者はよく利用します。

● **ドラッグ&ドロップで表示**

画像ファイルが保存されているフォルダーから、Photoshopのツールバー上などに画像ファイルをドラッグ&ドロップして表示する方法です。このとき、ドラッグしたアイコンには「コピー」と表示されます。

● **右クリックで表示**

フォルダー内にある画像ファイルを右クリックし❶、コンテクストメニューから「プログラムから開く」を選択すると❷、Photoshopが選択できます❸。ここでクリックすれば、画像ファイルを読み込みながらPhotoshopが起動します。

macOSの場合は、同じように右クリックから「このアプリケーションで開く」を選択し、Photoshopをクリックします。

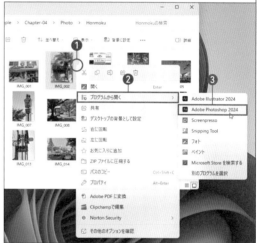

右クリックして表示されるメニューにPhotoshopの名前がない場合、コンテクストメニューで「別のプログラムを選択」をクリックし❶、表示される画面からPhotoshopを選択します❷。常時Photoshopを利用して起動したい場合は「常に使う」、今回だけPhotoshopから起動したい場合は「一度だけ」をクリックしてPhotoshopを起動します。

なお、この方法で一度Photoshopを起動すれば、次回以降メニューから選択できるようになります。

表示サイズを変更する

Photoshopに表示した画像は、ズームツールや表示倍率の変更によって、表示サイズを変更できます。ここでは、画像の表示サイズの変更方法について解説します。

ズームツールの利用

Chap04 ▶ **S4-2-01.psd**

Photoshopでの画像処理では、処理する箇所をズームイン、ズームアウトする操作を頻繁に行います。画面表示の拡大・縮小には、ズームツールを利用します。

1 ▶ 画像を表示する

Photoshopを起動して、画像を開きます。

2 ▶ ズームツールを選択する

ツールバーで、ズームツールをクリックします❶。

3 ▶ 画像を拡大表示する

画像にマウスポインターを合わせると❶、マウスポインターの形が 🔍 に変化します。その状態で右にドラッグすると❷、画像が拡大表示されます。また、画像の上でクリックしても、画像が拡大表示されます。

TIPS

左ボタンを押し続ける
マウスの左ボタンを押し続けても、拡大表示されます。

4 ▸ 画像を縮小表示する

画像を縮小表示したい場合は、マウスポインターが 🔍 の状態で左にドラッグします❶。すると、画像を縮小表示できます。

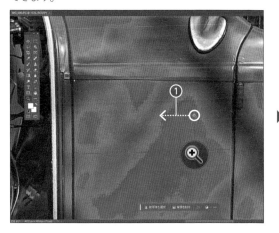
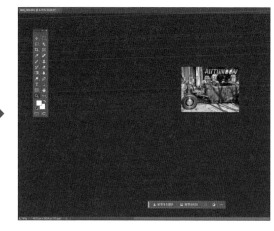

Chapter 4

Photoshopの基本操作をマスターする

▌表示倍率の指定

Photoshopでは、画面左下隅に「○○%」という数字が表示されています。これは画像の表示倍率です。たとえば25%と表示されている場合、画像を25%の大きさで表示しているという意味になります。この数値をキーボードから変更すると、画像の表示サイズが変更できます。

画像の表示倍率

数字を入力して Enter キーを押すと、画像の表示サイズが変更される

TIPS

画像を100%表示する
ツールバーのズームツールをダブルクリックすると、画像が100%表示されます。

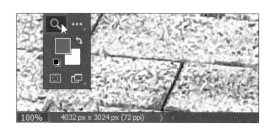

Photoshop

写真をトリミングする

SECTION
4-3

画像から必要な部分だけを切り抜く処理を、トリミングといいます。
Photoshopでは、切り抜きツールを使ってトリミングを行います。

▍切り抜きツールによるトリミング

Chap04 ▶ S4-3-01.psd

画像をそのままのサイズではなく、必要な部分を切り抜いて利用することを「トリミング」といいます。画像をトリミングするためのツールが切り抜きツールです。

1 ▸ 画像を表示する

Photoshopを起動して、画像を開きます。

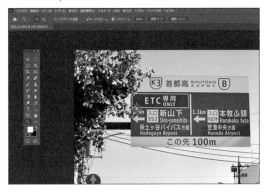

2 ▸ 切り抜きツールを選択する

ツールバーで切り抜きツールをクリックします❶。

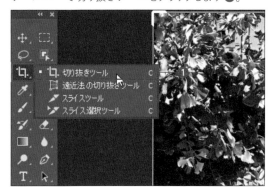

3 ▸ 境界を調整する ①

切り抜きツールを選択すると、画像の周囲にハンドルと境界線が表示されます。

4 ▸ 境界を調整する ②

ハンドルをドラッグして❶、境界を調整します。

TIPS

ボタンの長押し
切り抜きツールが表示されていない場合は、ボタンを長押ししてサブメニューを表示し、切り抜きツールをクリックします。

TIPS

ハンドルと境界線が表示されない
切り抜きツールを選択してもハンドルと境界線が表示されない場合は、必要な範囲をドラッグして選択すると表示されます。

5 ▸ トリミングを確定する

境界内をダブルクリックするか Enter キーを押すと、トリミングが確定します。

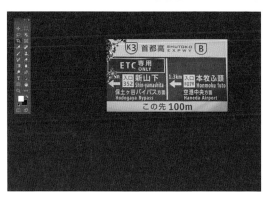

POINT

オプションバーで操作する
画面上部のオプションバーにある「○」(現在の切り抜き操作を確定)をクリックしても、トリミングが確定されます。

6 ▸ トリミングを元に戻す

オプションバーにある「切り抜いたピクセルを削除」がオフになっている場合❶、トリミング後の外側のピクセルデータは保持されます。トリミングを確定した後、「イメージ」→「すべての領域を表示」をクリックすると❷、トリミング前の状態に戻すことができます。なお、「切り抜いたピクセルを削除」がオンの状態でトリミングを実行すると、「すべての領域を表示」はアクティブになりません。

▼

▶

POINT

オプションバーの活用
オプションバーにある「設定」をクリックすると、切り抜きツールの各種オプションのオン/オフを設定できます。

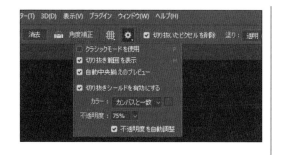

■ ドラッグによる範囲選択

切り抜きツールを選択して枠が表示されているとき、必要な範囲をドラッグしてトリミングすることも可能です。

1 ▸ 画像を表示する

トリミングしたい画像を、Photoshopに読み込みます。

2 ▸ 切り抜きツールを選択する

切り抜きツールを選択すると❶、画像にハンドルが表示されます❷。

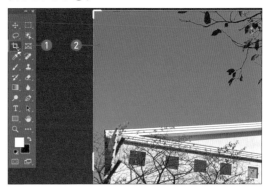

3 ▸ 必要な範囲をドラッグする

マウスポインターの形状が切り抜きツールに変わっているので、そのまま必要な範囲をドラッグします❶。

 ▶

4 ▸ 範囲が選択される

ドラッグした範囲が選択され、ハンドルが表示されます。

5 ▸ 枠内でダブルクリックする

選択した枠内でダブルクリックすると❶、トリミングが確定します。

■ 切り抜きコマンドによるトリミング

切り抜きツールの他に、「切り抜き」のコマンドも利用できます。切り抜き方法としては、前ページで解説した切り抜きツールによるドラッグ操作で範囲を指定する方法と似ています。

1 ▶ 長方形選択ツールで範囲を選択する

ツールバーで長方形選択ツールをクリックします❶。長方形選択ツールが表示されていない場合は、ボタンを長押ししてメニューを表示し、長方形選択ツールをクリックします。

2 ▶ 範囲を指定する

画像の上でドラッグし❶、切り抜きたい範囲を指定します。

3 ▶ 「切り抜き」を選択する

メニューバーから「イメージ」→「切り抜き」をクリックします❶。

4 ▶ トリミングされた

画像がトリミングされて、ドラッグした範囲が画像の範囲として残ります。

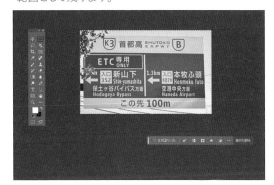

POINT

詳細ツールチップのオン／オフ

Photoshopでは、「詳細ツールチップ（リッチツールヒント）」という機能がデフォルトでオンになっています。そのため、マウスポインターがツールバーのボタンに触れると、ボタンの操作アニメーションが表示されます。この機能は、「編集」→「環境設定」（macOS:「Photoshop CC」→「環境設定」）をクリックして表示されるメニューの「ツール」にある「詳細ツールチップを表示」のチェックでオン／オフを切り替えることができます。

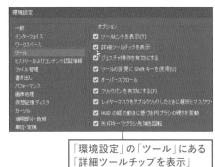

「環境設定」の「ツール」にある「詳細ツールチップを表示」

「ヒストリー」パネルの利用

● 取り消しはショートカットキーで

Photoshopに限らず、Creative Cloudのアプリケーションでは、直前の操作の「取り消し」あるいは「やり直し」は、編集メニューから選択するほか、ショートカットキーを利用することができます。

・取り消し
　`Ctrl`+`Z`キー（macOS：`command`+`Z`キー）
・やり直し
　`Shift`+`Ctrl`+`Z`キー（macOS：`Shift`+`command`+`Z`キー）

● ヒストリーを利用する

「取り消し」コマンドは、直前の操作を取り消すには大変便利なのですが、操作を遡（さかのぼ）ってやり直すことはできません。そのようなときに利用したいのが、「ヒストリー」です。メニューバーから「ウィンドウ」→「ヒストリー」を選択すると❶、「ヒストリー」パネルが表示されます❷。「ヒストリー」パネルには編集対象の画像を開いたときからの操作がすべて記録されており、戻りたい操作名をクリックすると❸、その操作までジャンプして戻ることができます。

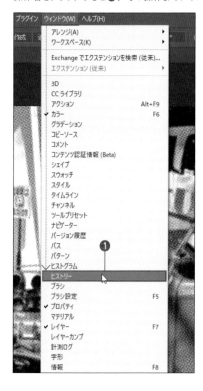

なお、操作名で右クリックすると❹、操作の削除などを実行できます。

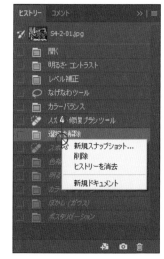

「明るさ・コントラスト」を 調整する

「色調補正」の「明るさ・コントラスト」では、画像全体の露光量を調整し、画像の明暗とコントラストを調整することができます。

色調補正について

利用したい画像が、全体的に暗い、あるいは明るい、色が鮮やかでないといった場合があります。こうした画像を、思い通りの明るさやコントラスト、色合いに調整する作業を「色調補正」といいます。

Photoshopでの色調補正は、メニューバーの「イメージ」→「色調補正」でサブメニューを表示し、ここから実行します。色調補正は、画像に対して直接適用する方法と、次に解説する「調整レイヤー」を利用して画像データを変更せずに調整する方法があります。

色調補正のサブメニュー

調整レイヤーについて

画像データに対して直接色調補正を行うと、元データを変更することになります。しかし「調整レイヤー」を利用すると、元の画像データは変更することなく、色調補正の効果を画像に反映させることができます。調整レイヤーを使って行う操作は、「レイヤー」パネルの「塗りつぶしまたは調整レイヤーを新規作成」をクリックし、表示されたメニューから選択します。

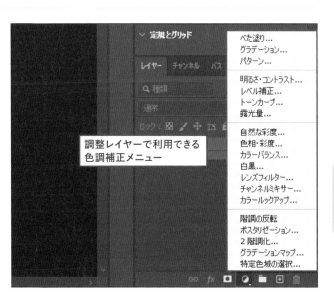

調整レイヤーで利用できる
色調補正メニュー

▌「明るさ・コントラスト」の調整

利用したい写真が、そのままの状態で印刷物やWebサイトで利用できるのなら問題ありません。しかし、明るすぎたり暗すぎたりするケースもあります。この場合、「明るさ・コントラスト」を利用して明るさを調整します。

● 調整前

▶

● 調整後

1 ▶ 画像を表示する

明るさとコントラストを調整したい画像を表示します。

2 ▶ 調整したいレイヤーを選択する

「レイヤー」パネルで、画像のレイヤーをクリックします❶。

3 ▶ 調整レイヤーを選択する

「レイヤー」パネルの右下にある「塗りつぶしまたは
調整レイヤーを新規作成」をクリックし❶、メニュー
から「明るさ・コントラスト」をクリックします❷。

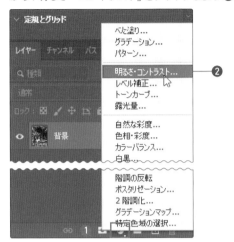

5 ▶「プロパティ」パネルを操作する

「プロパティ」パネルが表示されるので、「明るさ」の
スライダー❶と「コントラスト」のスライダー❷をド
ラッグして、それぞれ調整します。

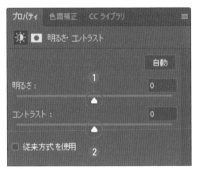

POINT

複数の調整レイヤーを利用する
調整レイヤーは、複数を併用して利用できます。たとえば、
「明るさ・コントラスト」に加えて、「レベル補正」や「トー
ンカーブ」などの調整レイヤーを重ねて利用できます。こ
れによって、複数の効果を画像に重ねて適用できます。

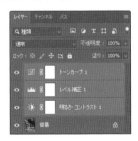

4 ▶ 調整レイヤーが追加される

「レイヤー」パネルに、調整レイヤーが追加されます。
調整レイヤーは、選択したレイヤーの1つ上に設定
されます。

6 ▶ 明るさとコントラストが変更された

画像の明るさとコントラストが変更されました。

TIPS

スライダーのドラッグ
「明るさ」は、右にドラッグすると明るく、左にドラッグする
と暗くなります。「コントラスト」は、右にドラッグするとコン
トラストが強く、左にドラッグするとコントラストが弱くなり
ます。

「露光量」を調整する

色調補正の「露光量」コマンドは、カメラでいえば絞りによってレンズに入る
光の量を調整する「露出」と同じ役割を担っています。

「露光量」の調整

Chap04 ▶ S4-5-01.psd

「露光量」を調整して画像を明るく変更してみましょう。

1 ▶ 画像を表示する

露光量を調整したい画像を表示します。

2 ▶ 「露光量」を選択する

メニューバーから「イメージ」→「色調補正」→「露光
量」をクリックします❶。

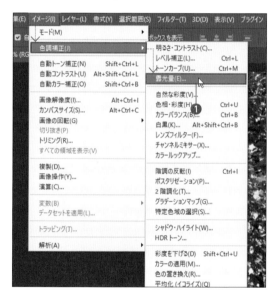

3 ▶ オプションを操作する

「露光量」ダイアログボックスが表示されます。ここで
パラメータを変更し、画像の明るさを調整します。

・ 露光量
　画像のもっとも暗い部分に対する影響を最小限に抑えなが
　ら、明るい部分の明るさを調整する。
・ オフセット
　画像のもっとも明るい部分に対する影響を最小限に抑えなが
　ら、暗い部分の明るさを調整する。
・ ガンマ
　中間調の明るさを調整する。中間調というのは、ハイライト
　とシャドウの中間値。中間値がシャドウに近づくと全体が明
　るくなり、ハイライトに近づくと全体が暗くなる。

> **TIPS**
>
> **「プレビュー」のチェックボックス**
> 「プレビュー」のチェックボックスをオンにしておくと、パラメー
> タの修正が即座に画像に反映され、効果を確認できます。

4 明るさを調整する ①

「露光量」のスライダーを右にドラッグして❶、明るさを調整します。

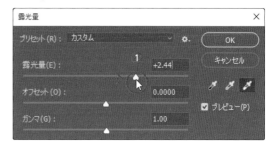

POINT

スポイトによる調整
「露光量」ダイアログボックスでスポイト機能を利用すると、
画像内のクリックした位置を基準にして明るさが調整されます。

❶ クリックした位置を
　黒の基準として明るさを調整

❷ クリックした位置を
　グレーの基準として明るさを調整

❸ クリックした位置を
　白の基準として明るさを調整

たとえば歩道の明るさを白の基準点として調整すると、次
の画面のようになります。

② クリック

① クリック

5 明るさを調整する ②

画像が明るく調整されます。

「レベル補正」で色調補正する

色調補正の「レベル補正」は、ヒストグラムを利用して画像の明るさや色合いを調整するコマンドです。

ヒストグラムについて

Chap04 ▶ S4-6-01.psd

「ヒストグラム」は、画像のRGB各チャンネルごとに、明るい色から暗い色までを256階調に分け、それぞれの階調にどれくらいのピクセルがあるのかを縦の棒グラフとして表現したものです。

ヒストグラムには、白い山なりのグラフが表示されています。このうち、尖っている山がもっともピクセルの多い階調になります。下の画像では、中間色から暗い色にかけてピクセルが多く、明るい色のピクセルはほとんどないことがわかります。

ヒストグラムは、左側の黒い▲の位置が階調の「0」番でもっとも暗く❶、右側の△が階調番号「255」番でもっとも明るい階調になります❷。真ん中の「1.00」と表示されているグレーの△は中間調を表していて、階調の番号でいうと「128」番になります❸。これらは、ヒストグラムの下にある黒から白へのグラデーションに対応しています❹。

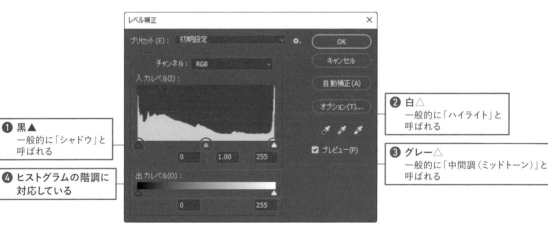

❶ 黒▲
一般的に「シャドウ」と呼ばれる

❹ ヒストグラムの階調に対応している

❷ 白△
一般的に「ハイライト」と呼ばれる

❸ グレー△
一般的に「中間調（ミッドトーン）」と呼ばれる

POINT

チャンネルごとのヒストグラム
ヒストグラムは、RGB全チャンネルの他、各チャンネルごとのヒストグラムを表示することができます。表示は、「チャンネル」メニューで切り替えます。

■ ヒストグラム操作の基本

ヒストグラムでは、黒、グレー、白それぞれの△を左右にドラッグして、明るさを調整します。右にドラッグすると画像が暗くなり、左にドラッグすると明るくなります。

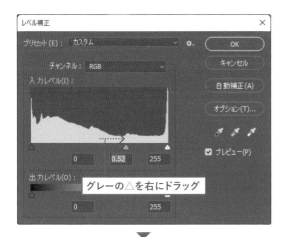

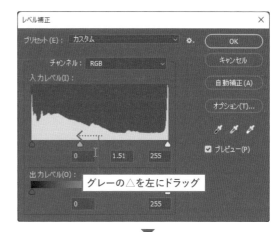

■ 「レベル補正」の調整

ヒストグラムを使って、実際に明るさを調整してみましょう。ここでのサンプル画像では、ヤシのような植物の明るさをアップさせます。なお、ここではコマンドを利用しますが、調整レイヤーでも同じ調整が可能です。

1 画像を表示する

レベル補正で色調補正したい画像を表示します。

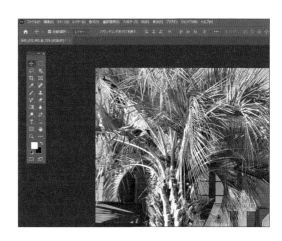

2 ▸「レベル補正」を表示する①

メニューバーから「イメージ」→「色調補正」→「レベル補正」をクリックします❶。

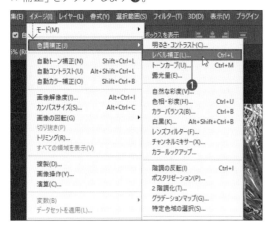

3 ▸「レベル補正」を表示する②

「レベル補正」ダイアログボックスが表示されます。

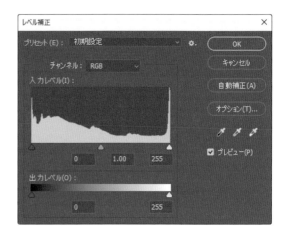

4 ▸ ハイライト部分を調整する

白の△を左にドラッグして、180にします❶。180よりも左側にあるピクセルが白に設定され、トーンを保ちながら、画像全体が明るくなります。

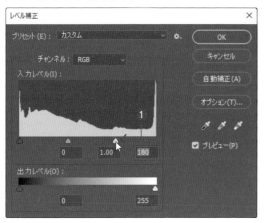

5 ▸ 調整を確定する

「OK」をクリックして❶、調整を確定します。

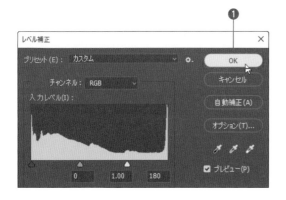

6 ▸ ヒストグラムを確認する

再度「レベル補正」ダイアログボックスを表示すると、先ほどの0〜180の範囲が0〜255に引き延ばされています。

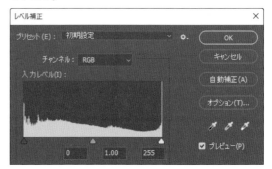

7 中間調を調整する ①

スライダーの中央にあるグレーの△を右にドラッグ
し❶、中間調を調整します。

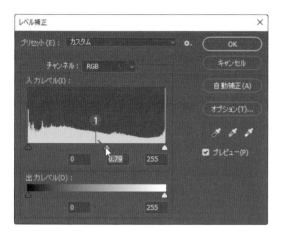

8 中間調を調整する ②

中間調が暗く調整されました。中間調のスライダーを
1より小さくすると（右にドラッグ）、画像が暗くなりま
す。これによって、コントラストを強めることができ
ます。

Chapter 4
Photoshop の基本操作をマスターする

POINT

自動補正を利用する

「レベル補正」ダイアログボックスで「自動補正」をクリックす
ると❶、明るさ、コントラストが自動的に調整されます❷。
この場合、画像の中でもっとも明るいピクセルが255（白）に
設定され、もっとも暗いピクセルが0（黒）に設定されます。
そして、その間にあるピクセル値は、その設定に応じて再分
布されます。これによって、明るさ、コントラストが、画像自
身が持つピクセル情報によって自動調整されます

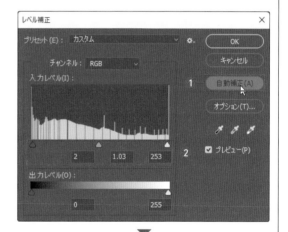

「トーンカーブ」で色調補正する

「トーンカーブ」は、明るさやコントラストを調整する上でもっとも使いやすく、
操作のしやすいツールです。

■ トーンカーブについて

Chap04 ▶ S4-7-01.psd

トーンカーブでは、「明るさ・コントラスト」や「レベル補正」で行える調整を、より高い精度で行うことができます。トーンカーブは、横軸が入力値、縦軸が出力値に対応しています。カーブの形状をドラッグして変更することで、画像の明るさやコントラストを変更できます。以下の画面では、カーブを上側に調整したことによって、中央にあるグレーが、出力ではより明るく振られることがわかります。なお、トーンカーブはRGB全チャンネルと、RGB各チャンネルごとに表示・調整できます。また、トーンカーブをドラッグした際にできる白いドットを「コントロールポイント」と呼びます。

● カーブで見る入力と出力

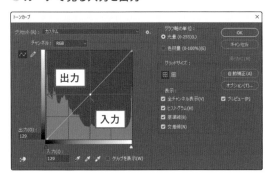 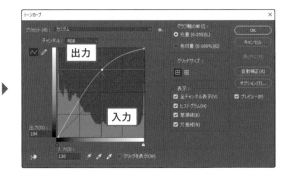

● 明るく補正

トーンカーブのハイライト部を若干上にアップさせます。これで画像全体が明るくなります。

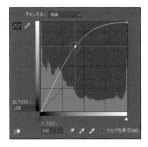

● 暗く補正

トーンカーブのハイライト部を若干下にダウンさせます。これで画像全体が暗くなります。

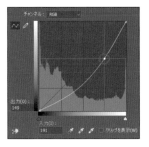

● コントラストを高く補正

まず画像を明るく調整し❶、さらにシャドウ部にコントロールポイントを設定して下にドラッグします❷。この場合、S字のようなカーブになります。

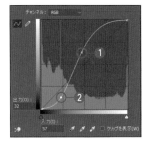

● コントラストを低く補正

画像をやや明るめに設定し❶、さらにシャドウ部に追加したコントロールポイントを上にアップすると❷、コントラストが低くなります。

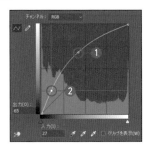

■ 明るさの調整

トーンカーブを利用して明るさとコントラストを調整する場合、最初に明るさから調整すると、コントラストが調整しやすくなります。なお、ここではコマンドを利用して補正する方法について解説します。もちろん、調整レイヤーを利用しても補正可能です。

1 ▶ 画像を表示する

トーンカーブで色調補正したい画像を表示します。

2 ▶ トーンカーブを表示する

補正したい画像を表示して、メニューバーから「イメージ」→「色調補正」→「トーンカーブ」をクリックします。「トーンカーブ」ダイアログボックスが表示されます。

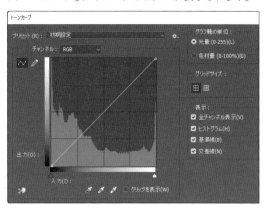

3 ▶ トーンカーブを上に調整する

暗い画像を明るくするために、トーンカーブを上側にドラッグします❶。

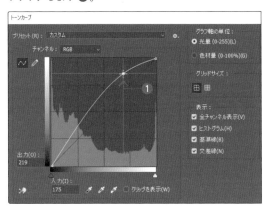

4 ▶ 画像が明るく補正される

暗かった画像が、明るく補正されます。

POINT

コントラストを強調するポイント
トーンカーブでは、最初に画像の明るい部分をより明るく、そして暗い部分をより暗くすることで、コントラストの強いメリハリのある画像に補正できます。

▌ コントラストの調整

明るさを調整したら、続いてコントラストを調整します。トーンカーブのシャドウ部分を下にドラッグしてS字カーブを設定し、暗い部分を引き上げて強調することで、メリハリのあるコントラストを設定します。

1 ▸ シャドウ部分を調整する ①

前ページからの続きです。トーンカーブのシャドウ部分を下側にドラッグし❶、S字カーブを作ります。

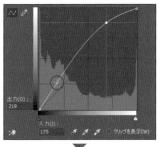

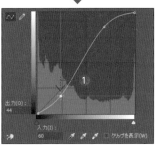

2 ▸ シャドウ部分を調整する ②

シャドウ部分が暗く調整され、コントラストの高い画像になりました。

3 ▸ シャドウ部分をさらに調整する ①

シャドウ部分の左端を右にドラッグします❶。すると、カーブの角度が立ってきます。

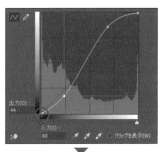

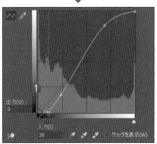

4 ▸ シャドウ部分をさらに調整する ②

これにより、さらにコントラストが強くなります。

指先ツールアイコンによる調整

「トーンカーブ」ダイアログボックスにある指先ツールアイコンを利用すると、トーンカーブの調整を画像の中で行うことができます。ここでは、指先ツールアイコンを使った調整方法について解説します。

1 ▸ 指先ツールアイコンをクリックする

「トーンカーブ」ダイアログボックスの左下にある指先ツールアイコンをクリックします❶。

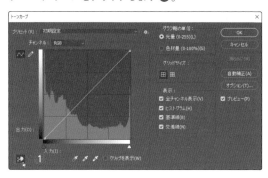

2 ▸ 点を設定する①

画像の中の明るい部分に、マウスポインターを合わせます。マウスポインターがスポイトの形に変わります❶。マウスの左ボタンを押し、そのまま上方向にカーブの変化を見ながらドラッグします❷。

3 ▸ 点を設定する②

ドラッグした長さに合わせて、トーンカーブが変形します。同時に、調整内容が画像に反映されます。

4 ▸ 別の点を設定する

続いて画像の暗い部分にマウスポインターを合わせて、そのまま右方向にカーブの変化を見ながらドラッグします❶。カーブが自動的に変更され、暗い部分の調整が行われます❷。

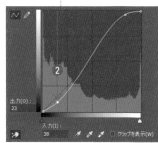

ホワイトバランスを調整する

ホワイトバランス調整は、照明や自然光といった環境光の影響で、本来白いはずの部分に色がつく「色かぶり」の状態を、本来の白として表示させるための補正機能です。

▌「自動カラー補正」でホワイトバランス調整

Chap04 ▸ S4-8-01.psd

もっとも簡単にホワイトバランスを調整するには「自動カラー補正」機能を利用します。Photoshopが、適切なホワイトバランスに自動調整してくれます。

1 ▸ 画像を表示する

ホワイトバランスを調整したい画像を表示します。サンプルの画像は、やや黄色かぶりの状態にあります。

2 ▸「自動カラー補正」を選択する

メニューバーから、「イメージ」→「自動カラー補正」をクリックします ❶。

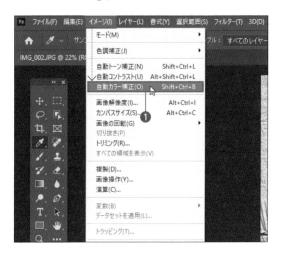

3 ▸ 自動調整が実行された

自動的にカラー補正が実行されます。これで、ホワイトバランスが自動調整されました。

TIPS

レンズフィルターでホワイトバランス調整
調整レイヤーを使ってホワイトバランスを調整する場合は、調整レイヤーのメニュー（P.137参照）にあるレンズフィルターを利用します。青みが強い画像は、フィルターの「Warnning Filter（85）」、黄みや赤みが強い画像は「Cooling Filter（80）」を選択して調整します。

■「トーンカーブ」でホワイトバランス調整

「トーンカーブ」ダイアログボックスには、「画像内でサンプルして白色点を設定」という機能があります。この機能を利用したホワイトバランスの調整方法を解説します。

1 ▶ トーンカーブを表示する

ホワイトバランスを調整したい画像を表示し、メニューバーから「イメージ」→「色調補正」→「トーンカーブ」をクリックします❶。

2 ▶ スポイトでクリックする ①

「トーンカーブ」ダイアログボックスで、白点を選択するスポイトをクリックします❶。

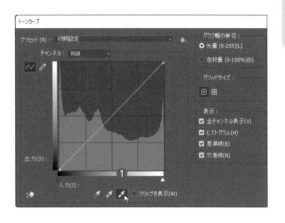

3 ▶ スポイトでクリックする ②

画像の中で、白く表示したい部分をクリックします❶。

4 ▶ 調整が終了する

クリックした部分が白く表示され、それに合わせて全体の色みが調整されました。

TIPS

どこをクリックすればよい?
スポイトの機能では、画像のどこをクリックするかによって、結果が大きく異なります。いくつかの場所でクリックしてみて、最適な場所を見つけましょう。また、ズームツールで画面表示を拡大しておくと、操作がしやすいです。

「カラーバランス」で
色調補正する

「カラーバランス」コマンドを利用すると、画像全体の色を自分のイメージする色調に調整することができます。

色みの調整

Chap04 ▶ S4-9-01.psd

ホワイトバランス調整で白を白として補正できたら、次に自分の好みの色合いに補正します。たとえば、温かみのある暖色系に調整したい、あるいは寒色系に調整したい場合は、「カラーバランス」を利用します。

1 画像を表示する

カラーバランスを調整したい画像を表示します。画面は、P.150の方法ですでにホワイトバランス調整を実行した画像です。

> **TIPS**
>
> **事前に調整しておく**
> カラーバランスを調整する画像は、事前に明るさやコントラスト、ホワイトバランスなどを調整したものを利用すると、希望する色に調整しやすくなります。

2 「カラーバランス」を選択する①

「レイヤー」パネルの「塗りつぶしまたは調整レイヤーを新規作成」をクリックし❶、「カラーバランス」をクリックします❷。

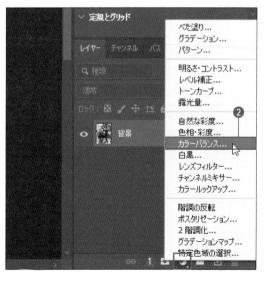

3 「カラーバランス」を選択する②

「レイヤー」パネルに、「カラーバランス」の調整レイヤーが追加されます。クリックして選択します❶。

> **TIPS**
>
> **調整レイヤーを利用する理由**
> カラーバランスのように色を扱う調整では、さまざまな調整を試しては、再度元に戻すといったことがよくあります。この場合、調整レイヤーを利用することで、元の状態に戻しやすくなります。

4 ▶ 階調を選択する

「プロパティ」パネルに、「カラーバランス」が表示されます。「カラーバランス」では、「シャドウ」「中間調」「ハイライト」の階調ごとに色合いを調整できます。ここでは、「中間調」を選択します❶。

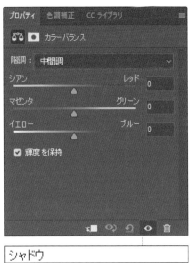

5 ▶ カラーを調整する①

「シアン」❶、「マゼンタ」❷、「イエロー」❸の各カラーバーのスライダーをドラッグし、色を調整します。これは、緑系の色を強くした例です。

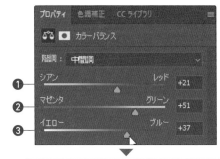

6 ▶ カラーを調整する②

色調は、イメージ通りに調整できます。これは、赤味を強くして夕方の雰囲気に調整した例です。

「色相・彩度」で色調補正する

「色相・彩度」では、画像全体の色調を調整する「カラーバランス」と似た機能を利用できます。また、色をまったく別の色に変更することもできます。

▌色相について

Chap04 ▶ S4-10-01.psd

「色」は、「色相」「彩度」「明度」という「色の3要素」で構成されています。そのうちの1つである「色相」は、赤、黄、緑、青といった言葉で区別できる、「色の性質」のことをいいます。Photoshopでこの3つの要素を調整できるのが、「色相・彩度」です。

色は、それぞれが独立したものではなく、お互いが連続してつながっており、「色相環」という色相の輪によって表現されます。たとえば赤色と緑色の間には、両方の要素を含む色が無数に存在しています。Photoshopでは、この色相環を、カラーホイールや1本のバーの状態で表示しています。色相は、カラーピッカーで色を選択するときのレインボーバーにも適用されています。

● 色相環を表すカラーホイール

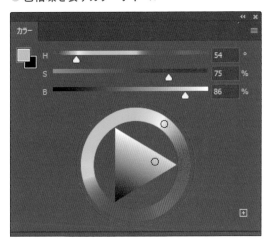

● Photoshop の色相表示

● カラーピッカーのレインボーバー

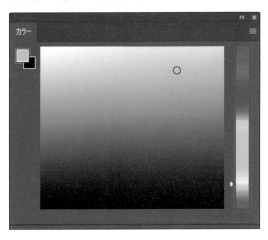

POINT

色の3要素
色は、「色相」「彩度」「明度」という3つの要素の組み合わせによって作られています。色の3要素は、それぞれ次のような意味を持っています。

・ 色相：赤、青などの色合いのこと。
・ 彩度：色の鮮やかさのこと。
・ 明度：色の明るさの度合いのこと。

▌別の色への変更

ある色を別の色に変えるというのは、色補正の醍醐味でもあります。Photoshopでは、この作業を「色相・彩度」で行います。

1 ▸ 画像を表示する

色相を変更したい画像を表示します。

> **TIPS**
>
> **事前に調整しておく**
> 色相を調整する画像は、事前に明るさやコントラスト、ホワイトバランスなどを調整したものを利用すると、希望する色に調整しやすくなります。

2 ▸ 「色相・彩度」を選択する

「レイヤー」パネルの「塗りつぶしまたは調整レイヤーを新規作成」をクリックし❶、「色相・彩度」をクリックします❷。調整レイヤーが追加されます。

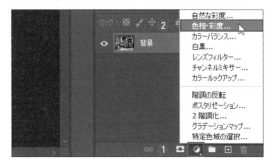

> **TIPS**
>
> **調整レイヤーを利用する理由**
> 「色相・彩度」のように色を扱う調整では、さまざまな調整を試しては、元に戻すといったことがよくあります。調整レイヤーを利用することで、元の状態に戻しやすくなります。

3 ▸ 色相を変更する ①

「プロパティ」パネルに、「色相・彩度」が表示されます。「色相」のスライダーをドラッグします❶。右方向にドラッグすると、たとえば赤は黄色→緑へと変化します。

4 ▸ 色相を変更する ②

逆に、スライダーを左方向にドラッグすると❶、今度は赤が紫→青に変化します。特定の色だけを変更したい場合は、指先ツールアイコンをクリックし❷、変更したい色の上でクリックして選択します。

カラー写真を単色に変更する

「色相・彩度」を利用すると、カラー写真をモノクロに変更したり、セピアカラーに変更したりできます。

▍モノクロへの変更

Chap04 ▶ S4-11-01.psd

カラー写真をモノクロに変更するには、色の3要素の「彩度」を調整します。

1 ▶ 画像を表示する

モノクロに変更したい画像を表示します。

2 ▶ 「色相・彩度」を選択する ①

「レイヤー」パネルの「塗りつぶしまたは調整レイヤーを新規作成」をクリックし❶、「色相・彩度」をクリックします❷。

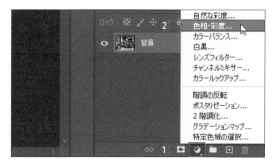

3 ▶ 「色相・彩度」を選択する ②

「レイヤー」パネルに調整レイヤーが追加されます❶。また、「プロパティ」パネルに「色相・彩度」が表示されます❷。

4 ▶ 彩度を調整する

「プロパティ」パネルにある「彩度」のスライダーを、左端までドラッグします❶。これで、画像がモノクロ化されます。

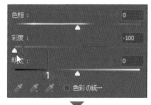

セピアカラーへの変更

カラー写真をセピアカラーに仕上げるには、彩度でモノクロを作成し、次に色相で好みの色を設定します。

1 ▸ 調整レイヤーを追加する

前ページの方法で、「色相・彩度」の調整レイヤーを追加します。

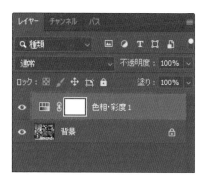

2 ▸ オプションを調整する

「プロパティ」パネルにある「色彩の統一」のチェックボックスをクリックして、オンにします❶。「彩度」のスライダーを左にドラッグして❷、彩度を下げます。続いて「色相」のスライダーをドラッグして、好みの色に調整します❸。

TIPS

コマンドの「色相・彩度」

調整レイヤーを利用しないで色相や彩度を調整する場合は、メニューバーから「イメージ」→「色調補正」→「色相・彩度」を選択します❶。これで「色相・彩度」のダイアログボックスが表示されます。設定オプションは、調整レイヤーでのオプションと同じ構成で、操作方法も同じです。

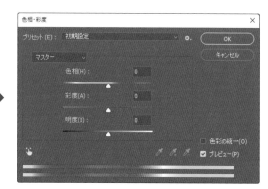

グラデーションツールの基本操作

ここでは、Photoshopのグラデーション機能を利用するための、基本的な操作方法について解説します。旧バージョンとの違いなどについても解説します。

■ グラデーションツールの使い方の基本

Chap04 ▶ S4-12-01.psd

最初に、グラデーションツールの使い方の基本をマスターしましょう。

1 ▶ グラデーションツールを選択する

Photoshopを起動して新規ドキュメントを表示します❶。ツールバーの「グラデーションツール」をクリックします❷。オプションバーがグラデーションバージョンに変わります。

2 ▶ 色を確認する

オプションバーのグラデーション色の▼をクリックします❶。選択メニューから「基本」の▼をクリックし❷、基本の現在の色を確認します❸。

3 ▶ 色を設定する

ツールバーの「描画色」❶、「背景色」❷をダブルクリックし、カラーピッカーで色を設定します❸。設定した色は基本の色に反映されます❹。

4 ▶ グラデーションを設定する

ツールバーでグラデーションの形を「直線」をクリックし❶、ドキュメントで左から右にドラッグすると❷、グラデーションバーという直線と共にグラデーションが設定されます。

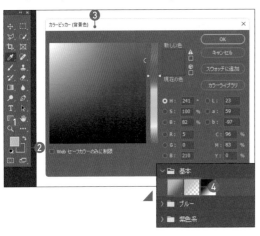

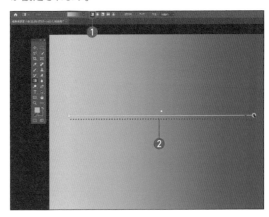

■「グラデーション」の基本操作

最新のPhotoshopには、グラデーション機能に「グラデーション」と「クラシックグラデーション」の2種類が搭載されています。ざっくりとした違いは、次の点です。

● **グラデーション**
後からグラデーションの色を変更できる。事前に色設定はできない。マスクが利用できる

● **クラシックグラデーション**
事前に色を設定する。後から色の変更ができない

最初に、グラデーションの利用方法を見てみましょう。

1 ▶ グラデーションツールを切り替える

「グラデーション」と「クラシックグラデーション」を切り替えるには、オプションバーのグラデーション名の ✔ をクリックし❶、表示されたメニューから選択します❷。

2 ▶ 色を選択する

「グラデーションの色」の ✔ をクリックし❶、表示されたメニュー（グラデーションプリセット）から色のフォルダーを開いて色を選択します❷❸。なお、事前に色は設定できませんが、基本に描画色、背景色を設定しておくことは可能です。

3 ▶ グラデーションを設定する

グラデーションの形を選択し❶、ドキュメント上でドラッグすると❷、カラーバーグラデーションが設定されます。

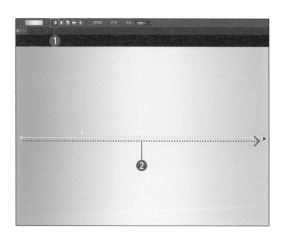

4 ▶ 色を変更する

「グラデーション」では、一度設定したグラデーションの色を、後から変更できます。グラデーションバーの左右にある○をダブルクリックします❶。カラーピッカーが表示されるので、色を選択して「OK」をクリックします❷。

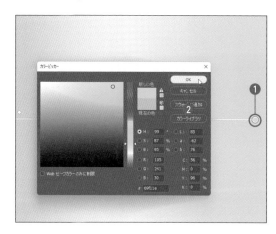

5 › 色を追加する

左右の途中、中央あたりに別の色を追加します。グラデーションバーの中央をクリックすると❶、別の色の○が表示されます。

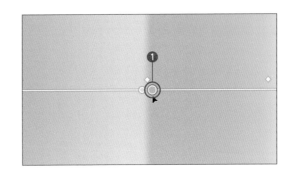

6 › 色の割合を調整する

グラデーションバーの上にある◇をドラッグすると❶、色の表示比率を変更できます。

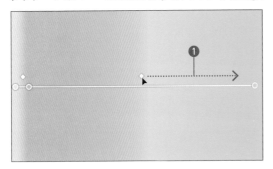
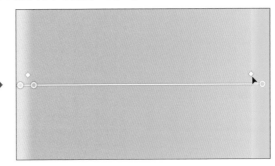

▎グラデーションを利用する

Chap04 ▸ S4-12-01.psd

写真などの画像に「グラデーション」を設定し、利用してみましょう。

1 › 画像を表示する

写真など、グラデーションを設定したいデータをPhotoshopに読み込んで表示します。

2 › グラデーションを設定する

グラデーションプリセットから色を選択し❶、グラデーションを設定します❷。

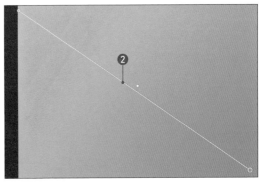

3 ▸ 不透明度を調整する

ワークスペースの右にある「プロパティ」パネルの
オプションから、右のスライダーをドラッグして❶、
「不透明度」を表示します❷。この数値を変更する
か、☑をクリックしてスライダーを表示し、不透明度
を調整します❸。

4 ▸ グラデーションが設定される

画像にグラデーションが設定されます。

5 ▸ マスクを選択する

「グラデーション」では、マスクが利用できます。レイ
ヤーパネルに「グラデーション1」というグラデーショ
ンのレイヤーが作成されており、右の白いサムネイ
ルをクリックすると、レイヤーマスクが選択された状
態になります。

6 ▸ マスクを適用する

ツールバーからブラシツールを選択し❶、「グラデー
ションレイヤー1」が選択された状態で画像をドラッ
グすると、マスクが適用されます❷。なお、「描画色」
は黒に設定しておきます❸。

「クラシックグラデーション」の利用方法

「クラシックグラデーション」は、従来のPhotoshopのグラデーション機能です。なお、後から色や不透明度を変更することはできませんが、追加することはできます。

1 グラデーションを選択する

「クラシックグラデーション」に切り替え❶、最初に描画色の色などを設定してグラデーションプリセットから色を選択します。このとき、不透明度のグラデーションを利用する場合は、プリセットで不透明度のグラデーションを選び❷、「透明部分」をオンにします❸。

2 グラデーションを設定する

オブジェクト上をドラッグして❶、グラデーションを設定します。

3 グラデーションを追加する

描画色に別の色を設定し❶、別の逆方向からグラデーションを設定して追加してみました。

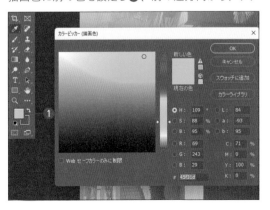
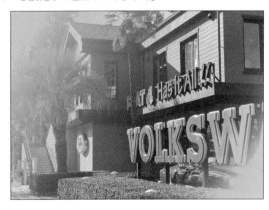

SECTION

4-13

不要な要素を削除する／「生成塗りつぶし」で削除する

画像の中に不要なものが映り込んでしまったというのは、よくあることです。スポット修復ブラシツールのほか、新機能の「生成塗りつぶし」を使うと不要なものを画像から削除できます。

不要な要素の削除

Chap04 ▶ S4-13-01.psd

スポット修復ブラシツールは、画像内の不要な範囲をブラシでドラッグし、その範囲内を修正するツールです。これは、従来からある削除機能です。

1 画像を表示する

不要な映り込みを修正したい画像を表示します。ここでは、画像の左下にいる、二人の人物を削除してみます。

2 スポット修復ブラシツールを選択する

ツールバーから、スポット修復ブラシツールをクリックします❶。他のツールが表示されている場合は、ボタンを長押ししてメニューを表示し、選択します。

3 ブラシの太さを変更する

オプションバーから、ブラシの太さを変更するボタンの ⌄ をクリックします❶。「直径」のスライダーをドラッグし❷、ブラシの太さを設定します。消したいと思う対象よりもやや小さなブラシに設定すると、きれいに修復ができます。

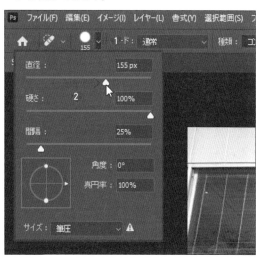

163

4 ▶ 消したい範囲をドラッグする

画像の中の消したい部分を、ブラシでドラッグします❶。これで、指定した範囲の被写体が削除されます。

5 ▶ 他の要素も削除する

画像の中にある他のものも、ドラッグして消すことができます❶。

TIPS

コンテンツに応じる

各種選択ツールで範囲を選択後、「編集」→「塗りつぶし」を選択して表示される「塗りつぶし」ダイアログボックスにある「コンテンツに応じる」を利用すると、選択した対象の近くにある要素を利用して、不要なものを削除してくれます。たとえば下の例では、ウィンドウにあるロゴタイトルを、長方形ツールで範囲選択して消しています。複数の箇所を選択する場合は、 Shift キーを押しながら範囲指定します。

❶ 長方形選択ツールで範囲を選択

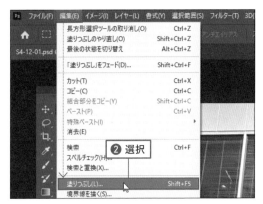

② 選択

③「コンテンツに応じる」 ⑤ クリック

④「カラー適用」はオン

164

▌「生成塗りつぶし」での削除

「生成塗りつぶし」は、P.169で解説してあるように、指定した範囲を別のイメージに変更して新しい画像を生成する機能です。この機能では実はプロンプトを利用しない場合、指定した範囲を削除することができます。先と同じ画像を利用して「生成塗りつぶし」で不要な部分を削除してみましょう。

1 範囲を指定する①

画像を表示し、ツールバーから長方形選択ツールをクリックします❶。

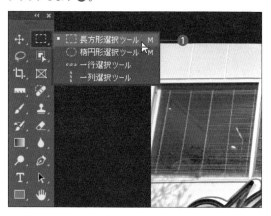

2 範囲を指定する②

長方形選択ツールで、削除したい範囲を選択します❶。

Chapter 4

Photoshop の基本操作をマスターする

3 「生成塗りつぶし」を実行する

コンテキストタスクバーの「生成塗りつぶし」をクリックすると❶、タスクバーがプロンプトの入力モードに変わります❷。ここではプロンプトをなにも入力せずに、右の「生成」をクリックします❸。

4 ▸「生成塗りつぶし」が実行される

生成塗りつぶしが実行され、表示されたダイアログボックスで進捗状況を確認できます。

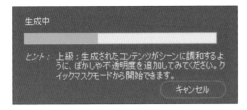

5 ▸ 削除が完了する

AI機能によって指定した範囲の周辺を調べ、違和感無く指定した範囲の人物が塗りつぶされます。

6 ▸ バリエーションを確認する

「プロパティ」パネルで「バリエーション」を変更し、最適な塗りつぶしパターンを選択します❶。画面では、テーブルが別バージョンに変わっています。

画像の傾きを補正する

撮影の失敗で多いのが、傾いてしまった写真です。そのような画像も、ものさしツールを利用すると、簡単に補正できます。

▌ 傾きの補正

Chap04 ▶ S4-14-01.psd

傾きの修正方法は複数ありますが、修正操作の基本をマスターするなら、ものさしツールがおすすめです。

1 ▶ 画像を表示する

傾きを修正したい画像を表示します。この例では、画像が右に傾いています。この傾きを補正します。

2 ▶ ものさしツールを選択する

ツールバーからものさしツールをクリックします❶。他のツールが表示されている場合は、ボタンを長押ししてメニューを表示し、選択します。

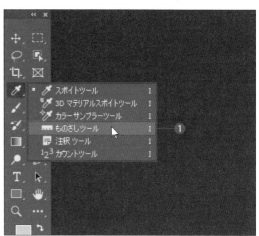

3 ▶ 傾きに合わせてドラッグする

画像の中で、水平または垂直にしたいラインをドラッグします❶。画面では、看板のポールに沿ってドラッグしています。

4 ▶ 角度補正を実行する

オプションバーにある「レイヤーの角度補正」をクリックします❶。

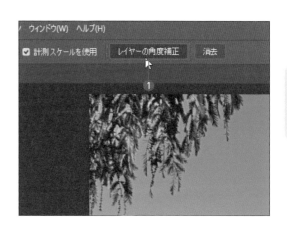

5 ▶ 傾きが補正された

手順3でドラッグした線に沿って、画像の傾きが補正されます。なお、写真が補正のために回転した分、四隅に余白ができています。

6 ▶ 切り抜きツールでトリミングする

四隅の余白をカットするように、切り抜きツール（P.134参照）でトリミングします❶。

（P.134参照）

TIPS

切り抜きツールによる傾き補正
P.134で解説した切り抜きツールを利用しても、傾きを補正することができます。切り抜きツールを選択し❶、オプションバーの「角度補正」❷をクリックします。垂直にしたい看板のポールなどに沿ってドラッグします❸。これで、傾きの補正と同時に、切り抜きも自動的に行ってくれます。

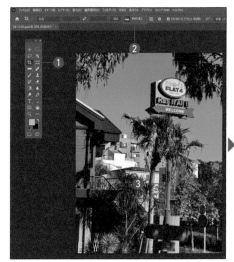

生成塗りつぶし機能を利用する

「生成塗りつぶし」機能を利用すると、メインとなるイメージと、AIが自動生成してくれたイメージを自然に合成してくれます。

「生成塗りつぶし」による画像の生成

Chap04 ▶ S4-15-01.psd

新機能の「生成塗りつぶし」を利用すると、1枚の画像から自分の思い通りの画像を新たに作成することができます。

● 元画像

● 生成塗りつぶし後の画像 パターン1

● 生成塗りつぶし後の画像 パターン2

1 画像を表示する

「生成塗りつぶし」を実行したい画像を表示します。

TIPS

「生成塗りつぶし」について
「生成塗りつぶし」は、テキスト入力されたデータからユーザーが必要とするイメージに最適な画像をAIを利用して生成する機能で、「Firefly」とも呼ばれています。Fireflyでは、Adobe Stockの1億点以上もの高解像度画像を利用して、商用利用可能なコンテンツが生成できます。

2 ▶ 範囲を選択する

ツールバーから長方形選択ツールをクリックします❶。範囲指定しやすいように、最初に看板部分を長方形選択ツールを利用して範囲選択します。

3 ▶ 選択範囲を反転する

塗りつぶしによって画像を生成するのは看板以外の部分なので、選択範囲を反転します。画面上で右クリックし、「選択範囲を反転」❶をクリックします。これで、選択範囲が反転します❷。

4 ▶ 「生成塗りつぶし」をクリックする

コンテキストタスクバーの「生成塗りつぶし」をクリックします❶。

5 ▶ プロンプトを入力する

コンテキストタスクバーがプロンプトの入力モードに変わるので、「生成したいものを入力してください」というボックスに、テキストを入力します❶。

TIPS

「プロンプト」について
「プロンプト」というのは、AIと対話する際にユーザーが入力する質問や指示のことをいいます。「生成塗りつぶし」ではテキスト（文字）で生成したいものを入力することから、「テキストプロンプト」とも呼ばれています。

6 生成を実行する

コンテキストタスクバーの右端にある「生成」をクリックします❶。

7 「生成」が実行される

生成が実行され、表示されたダイアログボックスで進捗状況を確認できます。

8 画像が表示される

AIで生成された画像が表示されます。

9 バリエーションを変える

「プロパティ」パネルの「バリエーション」で別のサムネイルをクリックすると❶、別バージョンの画像が表示されます❷。パネルの「生成」をクリックすると❸、さらに別バージョンのバリエーションが生成されます。

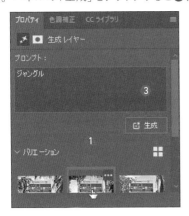

10 プロンプトを再入力する

コンテキストタスクバーで別のプロンプトを入力して「生成」をクリックすると❶、再入力したテキストに応じた画像を生成してくれます。

▌「生成拡張」の利用

「生成拡張」は、生成塗りつぶしで生成した背景などの画像をさらに大きく広げることができる機能です。たとえば、画像のカンバスサイズを大きくすることで、拡大された範囲にも画像が生成されます。

2 ▸ 切り抜きツールで範囲を拡張する

切り抜きツールをクリックして❶、境界線を表示します❷。表示された境界線をドラッグして拡張します❸。

3 ▸ プロンプトを入力して生成する

手順1と同じプロンプトを入力して❶、「生成」をクリックし❷、生成を実行します。

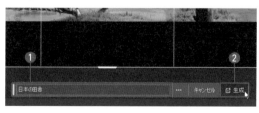

1 ▸ 「生成塗りつぶし」を実行する

「生成塗りつぶし」で、画像を生成します。

4 ▸ 拡張表示される

拡張したエリアにも、さらに画像が拡張されて再表示されます。

Chapter 5

Photoshopの
応用操作を
マスターする

スマートオブジェクトを
利用する

画像データは、画像処理を施すほど、画質が劣化します。「スマートオブジェクト」を利用すると、画質を劣化させずに、さまざまな加工処理を加えることができます。

スマートオブジェクトへの変換

Chap05 ▶ S5-1-01.psd

画像データには、「ビットマップ形式」と「ベクトル形式」の2つの種類があることは、P.28で解説した通りです。デジカメやスマートフォンで撮影したJPEG形式の画像ファイルはビットマップ形式のため、拡大・縮小を行うと画質が劣化してしまいます。しかし、この画像ファイルを「スマートオブジェクト」に変換すると、拡大・縮小を繰り返しても画質が劣化しなくなります。これは、Photoshopが元の情報を保持してくれるからです。ただし、データを保持する分、画像ファイルのサイズは大きくなります。

1 画像を表示する

スマートオブジェクトに変換したい画像を表示し、レイヤーが選択状態なのを確認します❶。

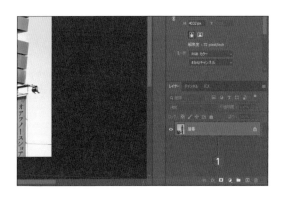

2 スマートオブジェクトに変換する

「レイヤー」パネルで画像のレイヤー「背景」を右クリックし❶、「スマートオブジェクトに変換」をクリックします❷。

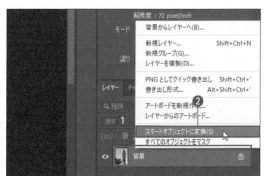

3 レイヤー表示を確認する

画像がスマートオブジェクトに変換されます。レイヤーのアイコンに、スマートオブジェクトであることを示すマークが表示され❶、レイヤー名が「背景」から「レイヤー0」に変更されています❷。

スマートオブジェクトとして配置する
画像を直接表示するのではなくドキュメントに画像を配置する場合、画像を配置する際、「ファイル」→「リンクで配置」または「埋め込みで配置」を選択すると、最初からスマートオブジェクトとして画像が配置されます。「埋め込みで配置」は画像情報をドキュメントに埋め込む方法で、ファイルサイズが大きくなります。「リンクで配置」はデータの参照先情報だけを利用する方法で、ファイルサイズを小さくできますが、リンク先のデータを一緒に保存しておく必要があります。

スマートオブジェクトの解除

ビットマップ画像は、「ラスター画像」とも呼ばれます。スマートオブジェクトは拡大・縮小による画質劣化を防ぐことができますが、「塗りつぶし」などのペイント処理や色の変更などが施せません。画像をペイント編集したい場合は、スマートオブジェクトを解除する必要があります。Photoshopでは、この処理を「ラスタライズ」といいます。

1 レイヤーをラスタライズする

「レイヤー」パネルにあるスマートオブジェクトに変換されたレイヤーを右クリックし❶、「レイヤーをラスタライズ」をクリックします❷。

2 スマートオブジェクトが解除される

レイヤーのアイコンから、スマートオブジェクトであることを示すマークが消えます。レイヤー名は変更されません。これで、画像に対してペイント編集を行うことができます。

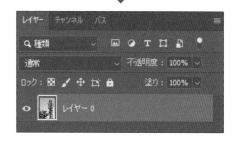

POINT

スマートオブジェクトの解除

メニューバーからスマートオブジェクトを解除する場合は、「レイヤー」→「ラスタライズ」→「スマートオブジェクト」を選択してください。この操作で、スマートオブジェクトを解除することができます。

なお、ラスタライズされた画像をもう一度スマートオブジェクトに変更することはできますが、ラスタライズに戻したときに画像を拡大・縮小すると、画像が粗くなってしまいます。その状態でスマートオブジェクト化しても、元の画質に戻すことはできません。

ベクトルスマートオブジェクトを利用する

IllustratorのデータをPhotoshopに取り込む場合、「ベクトルスマートオブジェクト」として貼り付けると、あとからIllustratorでの修正などが簡単に行えます。

▌ ベクトルスマートオブジェクトでの貼り付け　Chap05 ▶ S5-2-01.psd　Chap05 ▶ Momiji-G.ai

Illustratorで作成したオブジェクトを、コピー&ペーストでPhotoshopに貼り付けます。このとき、ベクトルスマートオブジェクト形式で貼り付けます。

1 ▶ Illustratorでオブジェクトをコピーする

Illustratorで貼り付けたいオブジェクトを開き、選択ツールでクリックします❶。「編集」→「コピー」をクリックします❷。

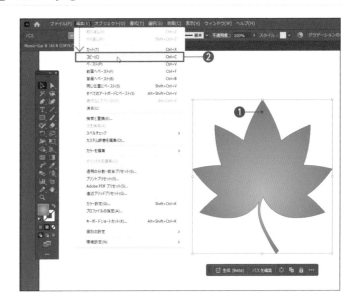

2 ▶ Photoshopで画像を表示する

Illustratorのオブジェクトと合成したい画像を、Photoshopで表示します。

3 ▶ ペースト形式を選択する

メニューバーで「編集」→「ペースト」を選択します。「ペースト」ダイアログボックスが表示されるので、「スマートオブジェクト」をクリックし❶、「OK」をクリックします❷。

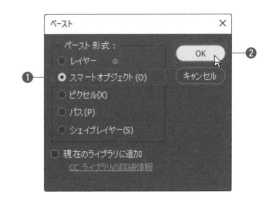

4 ▸ オブジェクトを配置する①

コピーしたIllustratorのオブジェクトが、選択された
バウンディングボックスの状態でPhotoshop画像に
貼り付けられます。□のハンドルをドラッグしてサイ
ズを調整し❶、オブジェクトをドラッグして表示位置
を調整します❷。オブジェクトをダブルクリックし❸、
貼り付けを確定します。

5 ▸ オブジェクトを配置する②

「レイヤー」パネルに「ベクトルスマートオブジェクト」
という名前でレイヤーが追加されます❶。アイコン
には、スマートオブジェクトのマークが表示されてい
ます。

POINT

パス、シェイプレイヤーでペーストした場合

Illustratorのオブジェクトをペーストする場合、
「ペースト」ダイアログボックスで「パス」でペース
トした結果と「シェイプレイヤー」でペーストした結
果、それぞれを見てみましょう。パスでペーストし
た場合、サイズの調整は「編集」→「パスを自由変
形」や「パスを変形」で調整します。シェイプレイ
ヤーでペーストした場合、サイズの調整は「編集」
→「自由変形」などで調整します。なお、シェイプ
レイヤーでペーストした場合、オブジェクトの色は
Photoshopの現在の「描画色」が適用されます。

「パス」でペースト

「シェイプレイヤー」で
ペースト

▌ Illustratorでの再編集

Photoshopに貼り付けたIllustratorのベクトルスマートオブジェクトは、必要に応じてIllustrator
で再編集することができます。再編集した内容は、Photoshopのファイルにも反映されます。

1 ▸ マークをダブルクリックする

ベクトルスマートオブジェクトのレイヤーにある、ス
マートオブジェクトのマーク（スマートオブジェクトサ
ムネイル）をダブルクリックします❶。

2 ▸ 「OK」をクリックする

Illustratorで編集後、コンテンツを保存すると編集
結果が反映されるというメッセージが表示されるの
で、「OK」をクリックします❶。

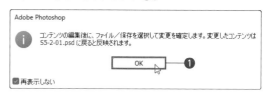

Chapter
5

Photoshopの応用操作をマスターする

177

3 ▶ Illustratorが起動する

Illustratorが、オブジェクトを読み込んだ状態で起動します。

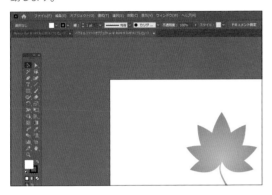

4 ▶ Illustratorで修正する

Illustratorでデータを修正し、「ファイル」→「保存」で上書き保存をします。

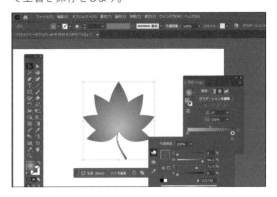

5 ▶ Photoshopに反映される

Illustratorで行った修正は、上書き保存すると即座にPhotoshopのオブジェクトに反映されます。

TIPS

警告を再表示させる

操作手順2の警告表示で「再表示しない」がチェックされています。この場合、次回から警告が表示されません。警告を再表示させたい場合は、「環境設定」の「一般」を表示し、「すべての警告ダイアログボックスをリセットする」をクリックしてください。

▌ カラーオーバーレイの利用

上記の再編集方法では、色を修正する場合にいちいちIllustratorを起動する必要があります。そこで、Illustratorを起動せずにPhotoshopで色変更などをする場合は、単色なら「レイヤースタイル」の「カラーオーバーレイ」、グラデーションなら「グラデーションオーバーレイ」を利用します。ここでは、単色の「カラーオーバーレイ」の利用方法を解説します。

1 ▶ レイヤーをダブルクリックする

「ベクトルスマートオブジェクト」のレイヤーをダブルクリックします❶。

2 ▶ 「カラーオーバーレイ」を選択する

「レイヤースタイル」ダイアログボックスが表示されます。ここで「カラーオーバーレイ」をクリックします❶。

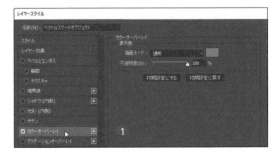

3 › 描画モードを選択する

「カラーオーバーレイ」の「描画モード」で、「乗算」を
選択します❶。

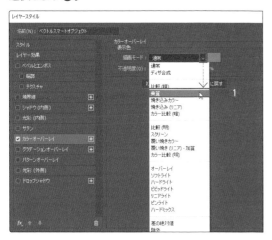

5 › カラーを設定する②

カラーピッカーで色❶と明るさ❷を選択し、「OK」を
クリックします❸。

4 › カラーを設定する①

「描画モード」のカラーボックスをクリックして❶、カ
ラーピッカーを表示します。

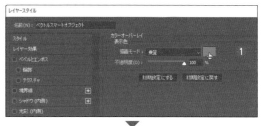

6 › カラーを設定する③

「レイヤースタイル」ダイアログボックスに戻るので、
「OK」をクリックします❶。すると、紅葉に単色が
設定されます。

> **POINT**
>
> **グラデーションを活かしたい**
> グラデーションを反映させたい場合は、P.178
> の手順の操作で、「グラデーションオーバーレ
> イ」を選択してください❶。グラデーションを活
> かした色変更が可能です。

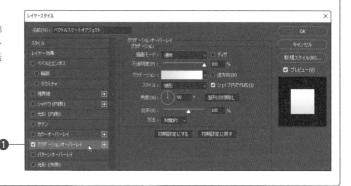

選択範囲ツールを利用する

Photoshopには、さまざまな種類の選択ツールが搭載されています。ここでは、どのような選択ツールがあるのか、選択ツールのバリエーションをご紹介します。

▌選択範囲の重要性

Photoshopでの画像処理では、選択処理ができるかどうかが使いこなしの重要ポイントといえます。たとえば右の画像は、看板の青い文字を黄色に変更しています。この場合、文字だけの範囲を指定できないと、このような処理を実現できません。

● 画像処理前

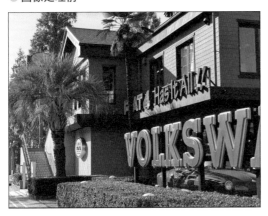

● 画像処理後

▌Photoshopの選択範囲ツール

Photoshopには、選択のためのさまざまなツールが搭載されています。利用目的に応じてツールを使い分けることが、範囲選択を上手に行うためのポイントになります。たとえばツールバーに用意された選択ツールには、右のようなものがあります。

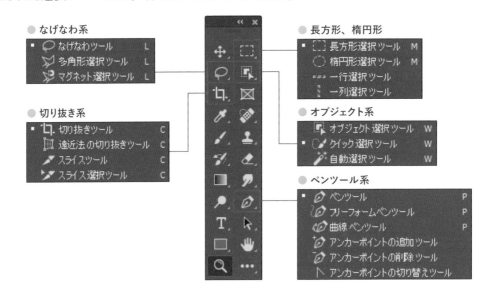

● 長方形、楕円形

長方形選択ツール、楕円形選択ツールは、長方形
や楕円形の形に範囲を選択するツールです。ザック
リとした範囲指定に適しています。

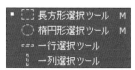

● ペンツール系

ペンツールは、境目がはっきりしない、形が複雑など、
複雑な範囲指定に適したツールです。ベジェ曲線を
利用すれば、詳細な範囲指定ができます。

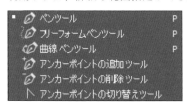

● オブジェクト系

オブジェクト選択ツール（P.184参照）は、色調に変
化の少ない画像でも、簡単に範囲指定ができます。
同様に、クイック選択ツール（P.186参照）、自動選
択ツールも、色調に変化の少ない画像での範囲選
択に適したツールです。

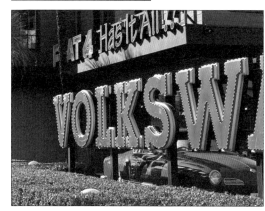

● なげなわ系

なげなわツールは、複雑な対象を、任意の形でザッ
クリと範囲指定するときに適したツールです。多角
形選択ツールは直線的な形状の範囲指定に、マグ
ネット選択ツールはエッジのはっきりとした形状の範
囲指定に適しています。

● 切り抜き系

切り抜きツールは、P.132で解説したトリミングによっ
て範囲を指定するツールです。範囲指定した部分だ
けを画像として残したいときなどに利用します。

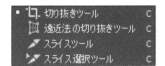

● メニューバーの選択ツール

メニューバーの「選択範囲」には、AI機能（Adobe Sensei）を利用した「被写体を選択」（P.188参照）や、写真
の中をクリックすると、クリックした場所と同じ色の部分を自動で選択してくれる「色域指定」、画像の中でピント
の合っている部分を選択する「焦点領域」など、高度な技術を利用した選択ツールが用意されています。

「被写体を選択」で
選択した

選択範囲の表示方法

選択範囲は、他の場所と違うということを示すために、さまざまな方法で違いを表示することができます。この表示方法は、メニューバーから「選択範囲」→「選択とマスク」を選択してカスタマイズできます。表示された「属性」パネルの「表示モード」で、表示方法を選択します❶。

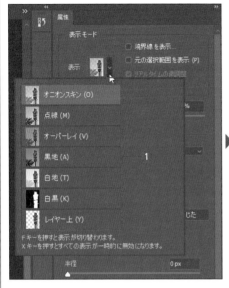

● オニオンスキン

● 点線

● オーバーレイ

● 黒地

● 白地

● 白黒

● レイヤー上

Chapter 5

Photoshop の応用操作をマスターする

オブジェクト選択ツールで選択する

オブジェクト選択ツールは、髪の毛など選択が難しい被写体でも自動選択ができる、一押しの選択ツールです。そのツールが進化しました。

▌オブジェクト選択ツールで選択

Chap05 ▶ **S5-4-01.psd**

画像の中から、人や花、車、ペット、家具など1つのオブジェクト、またはオブジェクトの一部を選択する場合に便利なのが、オブジェクト選択ツールです。ここでは、進化したオブジェクト選択ツールの基本的な利用方法を解説します。

1 ▸ 画像を表示する

被写体を選択したい画像を表示します。画像中に車が一台ありますが、この車だけが、オブジェクト選択ツールを使うと短時間で選択できます。

2 ▸ オブジェクト選択ツールを選択する

ツールバーから、オブジェクト選択ツールをクリックします❶。他のツールが表示されている場合は、ボタンを長押ししてメニューを表示し、選択します。

3 ▸ ドラッグして囲む

選択したい被写体の中にマウスポインターを合わせると❶、対象の被写体がピンクの枠で仮選択された状態で表示されます❷。この状態でクリックします。

4 ▸ 範囲が選択される

仮選択されているピンクのラインに沿って被写体が自動的に選択され、選択された範囲は破線で表示されます。

選択範囲の追加・削除

自動選択された範囲は、完全というわけではありません。必要に応じて、選択範囲を削除したり、追加したりします。この操作は、オブジェクト選択ツールを選んでいる状態で行います。

1 ▸ 選択範囲を削除する ①

選択範囲の一部を削除したい場合は、Alt キー（macOS：option キー）を押しながら、削除したい範囲をドラッグします❶。このとき、マウスポインターの右下に「-」マークが表示されます❷。

2 ▸ 選択範囲を削除する ②

選択した範囲の中から、削除したい部分だけが自動選択され、選択が解除されます。削除しきれない部分があった場合は、同じ操作を繰り返します。

3 ▸ 選択範囲を追加する ①

必要な部分が欠けて選択された場合は、Shift キーを押しながらドラッグして❶、追加したい選択範囲を指定します。このとき、マウスポインターの右下に「+」マークが表示されます❷。

4 ▸ 選択範囲を追加する ②

すると、選択範囲が追加されます。必要な範囲が選択できなかった場合は、同じ操作を繰り返します。

クイック選択ツールで
選択する

オブジェクト選択ツールによく似た選択ツールに、クイック選択ツールがあります。被写体をドラッグすると、境界線を自動で見つけて範囲を指定してくれます。

▌クイック選択ツールで選択

Chap05 ▶ **S5-5-01.psd**

クイック選択ツールを利用すると、クリックした位置やドラッグした範囲と似ている色の範囲を、自動的に選択してくれます。これにより、すばやい選択が可能になります。

1 ▶ 画像を表示する

クイック選択ツールで被写体を選択したい画像を表示します。

2 ▶ クイック選択ツールを選択する

ツールバーから、クイック選択ツールをクリックします❶。他のツールが表示されている場合は、ボタンを長押ししてメニューを表示し、選択します。

3 ▶ ブラシサイズを調整する

オプションバーをクリックします❶。「直径」でブラシサイズを❷、「硬さ」でブラシエッジのぼかし具合を調整します❸。調整を終了したら、ピッカー以外の場所でクリックして❹、ピッカーを閉じます。

4 ▶ クリックして選択する

選択したい被写体の上でクリックすると❶、クリックした位置のピクセル情報を元に、範囲が自動選択されます。

5 ▸ ドラッグして選択する

クリック後にドラッグすると❶、ドラッグした位置の
色情報を基準に範囲が自動的に拡張選択されます。

6 ▸ 範囲が選択された

引き続きドラッグを行い❶、被写体を選択します。
これまでドラッグした色情報を元に、より広い範囲
が選択されます。

▌ 選択範囲の追加・削除

クイック選択ツールによる範囲選択も、完全ではありません。選択範囲を追加したり、選択した
範囲を削除する操作が必要になります。

1 ▸ 選択範囲を追加する

他の部分をさらに追加して選択する場合は、選択
したい部分をクリックやドラッグします。このとき、
Shift キーを押す必要はありません。

2 ▸ 選択範囲を削除する

選択範囲の一部を削除したい場合は、Alt キー（macOS：option キー）を押しながら、削除したい範囲をクリッ
ク、ドラッグします。画面では、「K」の部分を削除、調整しています。

▶

「被写体を選択」で選択する

「選択範囲」メニューにある「被写体を選択」は、AdobeのAI機能「Adobe Sensei」を利用した選択ツールです。ピントの合っている被写体を自動的に検出し、選択してくれます。

▌「被写体を選択」で選択

Chap05 ▶ S5-6-01.psd

コンテキストタスクバーから「被写体を選択」コマンドを選択すると、表示している画像中から、ピントの合っている主要な被写体を自動で認識し、選択してくれます。

1 ▶ 画像を表示する

範囲を選択したい画像を表示します。

3 ▶ 被写体が自動選択される

画像の中でピントの合っている部分が認識され、自動的に選択されます。画面では、ポールサインの部分が範囲選択されています。

2 ▶ 「被写体を選択」を選択する

コンテキストタスクバーに表示されている「被写体を選択」をクリックします①。あるいは、メニューバーの「選択範囲」→「被写体を選択」、オブジェクト選択ツールやクイック選択ツールのオプションバーからも実行できます。

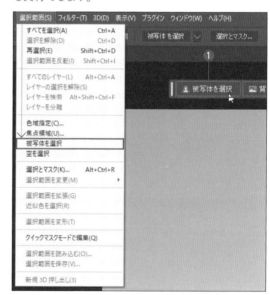

POINT

選択範囲の微調整
「被写体を選択」で選択された範囲の微調整は、次のショートカットで実行できます。

・範囲の追加
　[Shift]キーを押しながらドラッグ
・選択範囲の削除
　[Alt]キー（Mac：[option]キー）を押しながらドラッグ

選択範囲を微調整する

自動的に選択された範囲がきれいに選択されていない場合、マスクを利用して調整すると、きれいに調整できます。

▌「レイヤーマスク」で選択範囲を調整

Chap05 ▶ S5-7-01.psd

「レイヤーマスク」を利用すると、きちんと選択できなかった範囲の修正や選択範囲の輪郭の修正などが可能です。選択範囲の追加／削除、そして微調整を含めて利用できます。

1 ▶ 修正範囲を拡大する

画像の中の車を選択しておきます。ズームツールを選択して❶、選択範囲を拡大表示します。

2 ▶ 修正部分を確認する

車のボディーの背後に、不要な部分が選択されています。

3 ▶ レイヤーマスクを選択する ①

「レイヤー」パネルで、「レイヤーマスク」をクリックします❶。レイヤーマスクが作成されます❷。

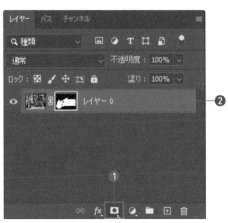

4 ▶ レイヤーマスクを選択する ②

画像にマスクが適用され、不要な部分が確認できます。

5 ▸ ブラシツールを選択する①

ブラシツールを選択します**❶**。

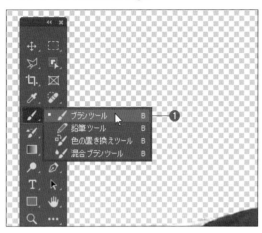

6 ▸ ブラシツールを選択する②

オプションバーでブラシの ✓ をクリックして**❶**ピッカーを表示し、「直径」でブラシサイズを**❷**、「硬さ」でブラシエッジのぼかし具合を設定します**❸**。設定を終了したら、ピッカー以外の場所でクリックして**❹**、ピッカーを閉じます。

7 ▸ 描画色を選択する

描画色を、「白」または「黒」に設定します**❶**。選択範囲を削除する場合は「黒」、追加する場合は「白」に設定します。ここでは選択範囲を削除するため、「描画色と背景色の入れ替え」で描画色を「黒」に設定しています。

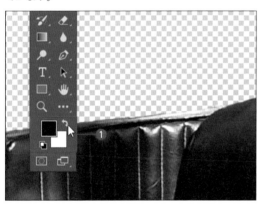

8 ▸ 選択範囲を修正する

修正したい選択部分をドラッグします**❶**。ブラシが黒の場合は選択範囲が削除され、白い場合は範囲が追加されます。

9 ▸ 選択範囲が修正された

選択範囲が修正されました。

POINT

「レイヤーマスク」とは
「レイヤーマスク」とは、画像の上にかぶせるカバーだと考えてください。カバーは白と黒で構成され、ここの例では、全体を黒いカバーで覆い、そのカバーの上に車の形の白いカバーをかぶせてあるのです。
車の形をした白い部分には下の画像が表示され、黒い部分には画像が表示されません。手順7、手順8の操作では、描画色でマスクの黒い部分を増やせば表示される部分が削除され、白い部分を増やせば、表示される部分が追加されています。これは、黒の部分が透明化され、白の部分が不透明化されるからです。

▍境界のぼかし

選択範囲の境界をより自然に仕上げるには、境界の「ぼかし」を利用します。手間は掛かりますが、それだけ自然な感じに仕上げることができます。

1 サムネイルを選択する

「レイヤー」パネルに表示されているレイヤーマスクのサムネイルをクリックします❶。

2 「ぼかし」を調整する①

「プロパティ」パネルのオプションが表示されるので、「ぼかし」のスライダーをドラッグします❶。

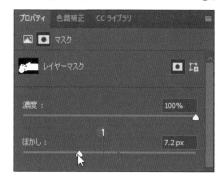

3 「ぼかし」を調整する②

マスクの境界をぼかすことができます。

▍レイヤーマスクの解除

レイヤーマスクのオン／オフを切り替えることによって、選択範囲の境界の状態を確認しやすくなります。

1 レイヤーマスクを解除する①

画像に設定したレイヤーマスクを解除する場合は、レイヤーマスクのサムネイルを右クリックし❶、「レイヤーマスクを使用しない」をクリックします❷。

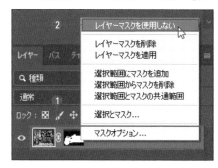

2 レイヤーマスクを解除する②

これでレイヤーマスクが解除されます。レイヤーマスクのサムネイルに、「×」が表示されます❶。

3 ▸ レイヤーマスクを再有効にする

解除したレイヤーマスクを再度有効にするには、レイヤーマスクのサムネイルを右クリックし❶、「レイヤーマスクを使用」をクリックします❷。

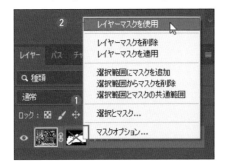

4 ▸ レイヤーマスクが再設定される

これで、レイヤーマスクが再設定されます。

POINT

「選択とマスク」を利用して微調整する

オブジェクト選択ツールで範囲選択した場合、「選択とマスク」を利用しても、レイヤーマスクと同じように選択範囲の調整や輪郭のボケ具合の調整などができます。

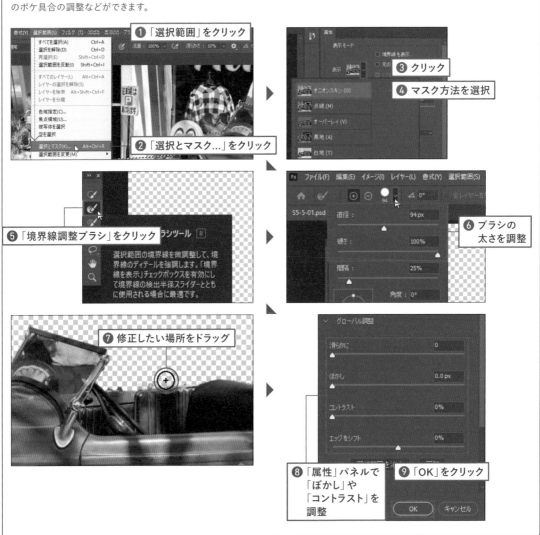

選択範囲の色を変更する

選択した範囲に対しては、さまざまな画像処理を施すことができます。たとえば、別の色に変更するといった処理も頻繁に利用されます。

▌特定の色を別の色へ変更

Chap05 ▶ S5-8-01.psd

選択した範囲の色を別の色に変更することが可能です。画面では、赤色の車のボディを緑色に変更しています。

1 ▶ 範囲を選択する

選択ツールを利用して、色を変更したい範囲を選択します❶。画面では、オブジェクト選択ツールを利用して選択しています。

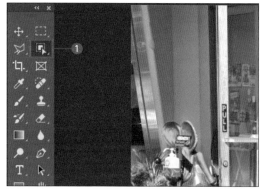

2 ▶ 範囲を微調整する

選択した範囲を微調整し、選択範囲を追加、削除します。画面では、車のエンジン部分の未選択部分を、クイック選択ツールで Shift キーを押しながらドラッグして、範囲を追加しています❶。

3 ▶ 「色相・彩度」を選択する

メニューバーから「イメージ」→「色調補正」→「色相・彩度」を選択します❶。

4 ▶ 「色相」のスライダーを
ドラッグする

「色相・彩度」ダイアログボックスが表示されるので、「色相」のスライダーを左右にドラッグします❶。これで、選択範囲の色を変更できます。

● 左側にドラッグ

● 左端までドラッグ

● 右側にドラッグ

● 右端までドラッグ

5 ▶ 「彩度」を調整する

「彩度」のスライダーを左右にドラッグすると❶、彩度を調整して選択範囲だけをモノクロなどに修正できます。

 ▶

6 ▶ 「明度」を調整する

「明度」のスライダーを左右にドラッグすると❶、選択範囲だけ明るさを調整できます

 ▶

SECTION 5-9

「生成塗りつぶし」で空を塗りつぶす

新機能の「生成塗りつぶし」を利用すると、選択した範囲をFireflyの生成AI機能を利用して、新しい画像を生成することが可能です。

■ 「生成塗りつぶし」での塗りつぶし

Chap05 ▶ S5-9-01.psd

生成塗りつぶしのポイントは、現在の画像を別の画像で塗りつぶすことです。それだけに、どこの範囲を塗りつぶすか、その範囲指定が重要です。ここでは、「空を選択」で実行してみます。

1 ▶ 画像を表示する

「空を選択」で範囲を選択したい画像を表示します。

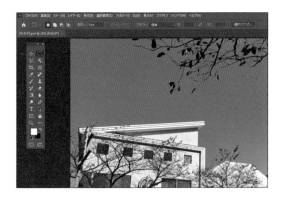

2 ▶ 「空を選択」を選択する

メニューバーから「選択範囲」→「空を選択」をクリックして選択します❶。

3 ▶ 空が選択される

画像の中で、空の部分が選択されます。必要に応じて、クイック選択ツールなどを利用して選択範囲を追加・削除します。

4 ▶ プロンプトを入力する

コンテキストタスクバーの「生成塗りつぶし」をクリックします❶。プロンプト入力モードに切り替わるので、AIと対話するための「プロンプト」（要求や質問）を、テキストで入力し❷、「生成」をクリックします❸。

POINT

「プロンプト」について

「プロンプト」というのは、AIと対話する際にユーザーが入力する質問や指示のことをいいます。「生成塗りつぶし」ではテキスト（文字）で生成したいものを入力することから、「テキストプロンプト」とも呼ばれています。

5 ▶ 生成が実行される

画像を生成している進行状況が、ダイアログボックスに表示されます。

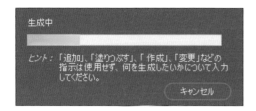

6 ▶ 空が塗りつぶされる

選択されていた空が、新しく生成された画像で塗りつぶされます。なお、選択範囲を保存しておくと、明るさなどの画像処理が後からできます（P.198参照）。

7 ▶ 別バージョンに切り替える

「プロパティ」パネルの「バリエーション」で、別バージョンの塗りつぶしに切り替えられます❶。また、「生成」をクリックすると❷、さらに別のバリエーションを生成します。

▶

選択範囲を保存する

選択した範囲は、他のコマンドを実行したり閉じたりすると、消えてしまいます。
選択範囲を保存することで、いつでも再利用できるようになります。

選択範囲の保存

Chap05 ▶ S5-10-01.psd

選択した範囲は、そのままでは他の作業を行うと解除されてしまいます。選択範囲は保存できる
ので、必要に応じて保存しておきましょう。

1 ▶ 選択を実行する

選択ツールを利用して、画像を選択します❶。画面
では、車をオブジェクト選択ツールで選択しています。

2 ▶「選択範囲を保存」を選択する

メニューバーから「選択範囲」→「選択範囲を保存」
をクリックします❶。

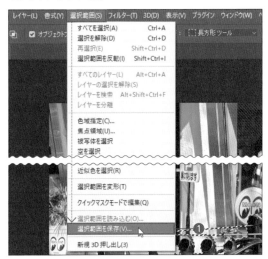

3 ▶ 名前を入力する

「選択範囲を保存」ダイアログボックスが表示される
ので、「保存先」の「名前」に、保存する範囲の名前
を入力します❶。「OK」をクリックします❷。

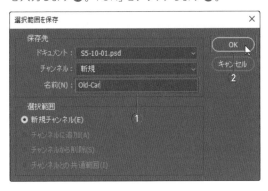

POINT

アルファチャンネル

「選択範囲を保存」によって保存されるのは、「レッド」「グ
リーン」「ブルー」の各チャンネルではなく、「アルファチャ
ンネル」です。アルファチャンネルについて、詳しくはP.201
のTIPSを参照してください。

選択範囲の読み込み

保存されている選択範囲は、必要に応じて読み込み、再利用することが可能です。

1 画像を表示する

前ページの方法で、選択範囲を保存した画像を表示します。すでに範囲が選択されている場合は、コンテキストタスクバーの「選択を解除」で解除しておきます。

2 「選択範囲を読み込む」を選択する

メニューバーから「選択範囲」→「選択範囲を読み込む」をクリックします❶。

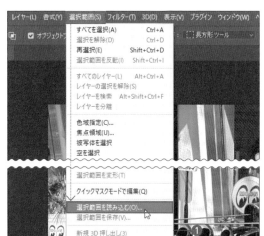

3 チャンネルを選択する

「選択範囲を読み込む」ダイアログボックスが表示されます。「チャンネル」から、保存してある選択範囲の名前をクリックします❶。チャンネルが複数ある場合は、右端の✓をクリックして選択します。選択したら、「OK」をクリックします❷。

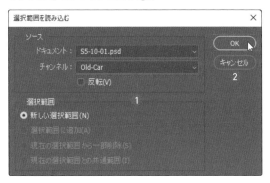

4 選択範囲が読み込まれる

保存してある選択範囲が、画像に読み込まれて適用されます。

TIPS

選択範囲を解除する
選択ツールで特定の範囲を選択している場合、選択範囲を解除したいときもあります。その場合は、選択ツールを選んで選択範囲以外の場所をクリックするか、メニューバーから「選択範囲」→「選択を解除」を選んでください。右のショートカットキーも覚えておくとよいでしょう。

- Windows
  Ctrl + D キー
- macOS
  command + D キー

選択範囲の反転

Chap05 ▶ S5-10-02.psd

表示されている選択範囲は、「選択範囲」メニューから「選択範囲を反転」を選択することで、反転させることが可能です。

1 ▶ 範囲を選択する

画像に対して、範囲選択を行った状態にします。画面ではポールサインが選択されています。

2 ▶「選択範囲を反転」を選択する

メニューバーから「選択範囲」→「選択範囲を反転」をクリックします❶。

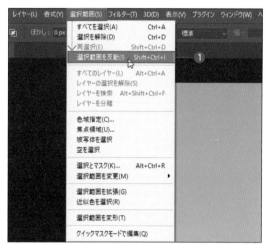

3 ▶ 選択範囲が反転された

選択範囲が反転されます。ここでは、ポールサイン以外の領域（空と樹木）が選択されました。

4 ▶ 効果を確認する

「レイヤー」パネルで「レイヤーマスクを追加」をクリックし❶、レイヤーマスクを作成します❷。選択範囲を反転した画像にレイヤーマスクを適用すると、ポールサイン以外の部分が選択されているのを確認できます。

選択範囲を反転したあとの画像

選択範囲を反転する前の画像

■ レイヤーマスクとして保存

選択範囲は、そのままレイヤーマスクとして保存することも可能です。保存したマスクデータは、
アルファチャンネルとして登録されます。

1 ▶ 範囲を選択する

前ページの方法で、範囲選択を行った画像のレイヤー
マスクを作成します。

2 ▶ チャンネルを確認する

「チャンネル」パネルで、「レイヤーマスク」を確認し
ます。

TIPS

アルファチャンネルの確認

保存した選択範囲は、「アルファチャンネル」として保存されています。「チャンネル」パネルを表示すると、RGBやレッド、グリーン、
ブルーのチャンネルの下に、選択範囲がアルファチャンネルとして登録されていることがわかります。

POINT

アルファチャンネルとは

「アルファチャンネル」は、通常の画像情報であるRGBとは別に不透明度を表すための「補助情報」で
す。アルファチャンネルには、黒の部分は透明に、白の部分は不透明に表示するというルールがあり
ます。グレーの場合は半透明になり、黒に近いほど透明度は高く、白に近いほど透明度は低くなります。
なお、ファイル形式によって、アルファチャンネルを保存できるものとできないものがあります。たとえ
ばJPEGやBMP形式ではアルファチャンネルを保存できないので、保存できるGIF形式やPNG形式を
利用して保存を行います。もちろん、PhotoshopのPSD形式でもアルファチャンネルを保存できます。

3 ▶ 「別名で保存」する

メニューバーから「ファイル」→「別名で保存」を選択します❶。適当なファイル名を設定して「保存」をクリックし
て保存します❷。

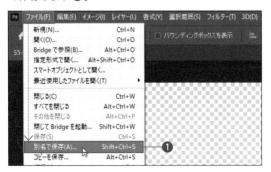

フィルターでアメリカン・ポップアート風に加工する

Photoshopには、フィルター機能が搭載されています。ここでは、フィルターと選択範囲を利用して、画像をアメリカン・ポップアート風に変更する方法を解説します。

■ アメリカン・ポップアート風の画像

Chap05 ▶ S5-11-01.psd

アメリカン・ポップアート風な画像の特徴は、そのカラフルな配色です。これを実現するには、P.174で解説したスマートオブジェクトを活用し、次の3つのポイントをフィルターを利用して作成します。

① 画像にポスタリゼーションを設定する
② グラデーションマップを設定する
③ ハーフトーンを設定する

この方法で作成したものが、画面の画像です。

● Before

● After

■ レイヤーの準備

アメリカン・ポップアート風の画像を作成するには、最初に画像をアート風に加工します。ここでは、フィルターの「フィルターギャラリー」から「エッジのポスタリゼーション」を利用します。最初に、レイヤーをスマートオブジェクトに変換し、フィルターを設定する条件を整えます。

1 ▶ 画像を表示する

アメリカン・ポップアート風に加工したい画像を表示します。

2 ▶ 「スマートオブジェクトに変換」を選択する

メニューバーから「レイヤー」→「スマートオブジェクト」→「スマートオブジェクトに変換」をクリックします①。

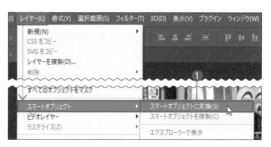

3 スマートオブジェクトに変換する

画像のレイヤーが、スマートオブジェクトに変換されます。

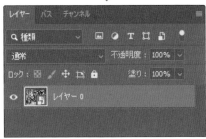

5 レイヤーを非表示にする

コピーしたレイヤーの表示切り替えアイコンをクリックして目の表示をオフにし❶、非表示状態にします。

4 レイヤーをコピーする

スマートオブジェクトに変換されたレイヤーを「レイヤー」アイコンにドラッグ＆ドロップして❶、レイヤーをコピーします。

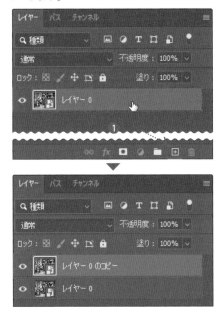

■ 「ぼかし」の設定

フラットな状態の画像にするため、フィルターの「ぼかし」を設定します。

1 「ぼかし」を設定する ①

メニューバーから「フィルター」→「ぼかし」→「ぼかし（表面）」をクリックします❶。

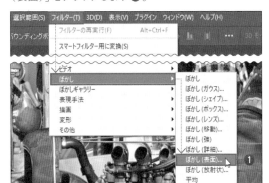

2 ▸「ぼかし」を設定する ②

「ぼかし（表面）」のダイアログボックスが表示される
ので、パラメーター❶を設定して「OK」をクリックし
ます❷。画像に「ぼかし」が設定され、画像の細か
いディテールなどがフラットになります。

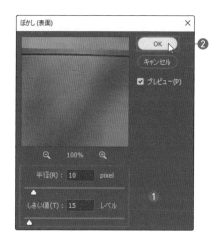

■ ポスタリゼーションの設定

フィルターの「ポスタリゼーション」を設定し、
画像をイラスト的に加工します。

1 ▸ フィルターを選択する

メニューバーから「フィルター」→「フィルターギャラリー…」を選択します❶。表示されたギャラリーの「アーティ
スティック」から「エッジのポスタリゼーション」を選択します❷。

2 ▸ オプションを調整する

「エッジのポスタリゼーション」のオプションを、サン
プル表示を確認しながら調整します❶。設定したら
「OK」をクリックします❷。

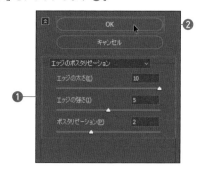

3 ▸ フィルターが設定される

画像にフィルターの「エッジのポスタリゼーション」が
設定されます。

■ グラデーションによる色の設定

フラットになった階調に、グラデーションを利用して色を設定します。グラデーションの設定や利用方法も含め、ポップアートの色設定方法を解説します。

1 レイヤーを選択する

色設定を行うレイヤーを、「レイヤー」パネルで確認します。オフになっているレイヤーのコピーを選ばないように注意してください。

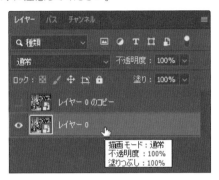

2 「グラデーションマップ」を選択する

メニューバーから「イメージ」 →「色調補正」→「グラデーションマップ」をクリックします❶。

3 グラデーションバーをクリックする

「グラデーションマップ」ダイアログボックスが表示されるので、「グレースケールマッピングに使用されるグラデーション」のグラデーションバーをクリックします❶。

4 グラデーションエディターが表示される

「グラデーションエディター」ダイアログボックスが表示されます。グラデーションエディターのカラーバーは、左端がグラデーションの「開始点」❶、右端が「終了点」❷です。

5 ▸ 開始点のカラーピッカーを表示する

「開始点」にあるカラー分岐点の□をダブルクリックすると❶、カラーピッカーが表示されます❷。

6 ▸ 開始点の色を設定する

カラーピッカーのレインボーバーで色を選択し❶、明るさを選択します❷。設定した色を「新しい色」で確認します❸。さらに仮反映されている色の具合を画面で確認し❹、「OK」をクリックします❺。

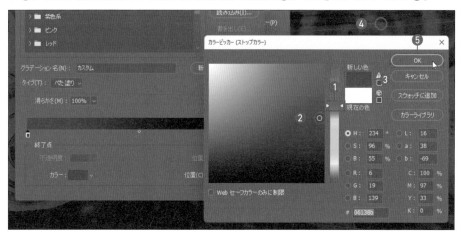

7 ▸ 終了点の色を設定する

開始点と同様の方法で、「終了点」の色を設定します❶。

8 ▸ カラー分岐点を追加する

カラーバーの下辺をクリックすると❶、カラー分岐点が追加できます。

9 ▸ 色を設定する

カラーバーに追加したカラー分岐点の□をダブルクリックし❶、色を設定します。

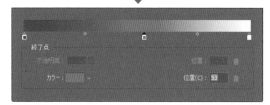

10 ▸ ハイライトのアクセントを追加する

「終了点」に近い位置にカラー分岐点を追加し❶、色を「白」に設定します❷。

11 ▸ 「中間点」の位置を修正する

白のカラー分岐点をクリックして選択すると❶、左右に◇の「中間点」が表示されます。これを左右にドラッグし❷、中間点の位置を調整することで、グラデーションの具合を調整します。

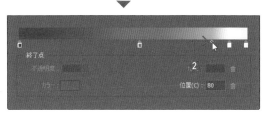

12 ▸ グラデーションを確定する

各ダイアログボックスの「OK」をクリックして❶、グラデーションを確定します。

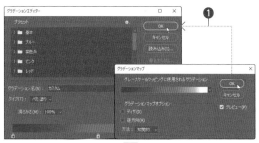

グラデーションの再調整

グラデーションを再調整したい場合は、「レイヤー」パネルで「グラデーションマップ」をダブルクリックしてください。「グラデーションマップ」ダイアログボックスが表示されます。

グラデーションをプリセット保存する

設定したグラデーションを保存したい場合は、グラデーションエディターの「新規グラデーション」❶をクリックしてしください。プリセットに設定したグラデーションのアイコンが登録・表示されます❷。

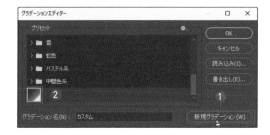

色の設定とカラーピッカー

Photoshopで色を利用する場合、描画色と背景色、それぞれの色の設定方法をマスターしておくとよいでしょう。Photoshopでは、あらかじめ描画色は「白」、背景色は「黒」が設定されています。

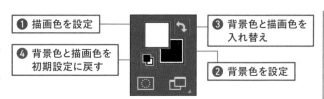

❶ 描画色を設定
❸ 背景色と描画色を入れ替え
❹ 背景色と描画色を初期設定に戻す
❷ 背景色を設定

● **カラーピッカー**

「描画色を設定」、「背景色を設定」をダブルクリックすると、カラーピッカーを表示して色を設定できます。
HSB、Lab、RGB、CMYK、#のそれぞれの見方は、以下の通りです。

・ HSB
　色相（Hue）、彩度（Saturation）、明度（Brightness）の3種類の色空間成分で色を表現する。

・ Lab
　エル・エー・ビー色空間。補色空間の一種で、明度を表すLと補色のa、bで色を表現する。

・ RGB
　赤（Red）、緑（Green）、青（Blue）という光の三原色を利用し、加法混色で色を表現する。

・ CMYK
　シアン（Cyan）、マゼンタ（Magenta）、イエロー（Yellow）と、キー・プレート（Key plate）で色を表現する。キー・プレートというのは、画像の輪郭など細部を示すために用いられる印刷板で、通常は黒が利用される。

・ #
　Web用カラーコードで色を指定。

❶ 最初に設定されていた色
❺ 設定した色

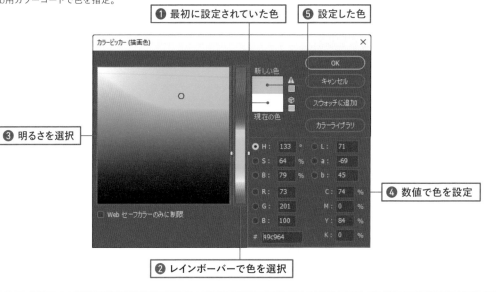

❸ 明るさを選択
❹ 数値で色を設定
❷ レインボーバーで色を選択

■ ハーフトーンの設定

非表示にしてあるコピーしたレイヤーに対して、エフェクトの「ハーフトーン」を設定します。

1 ▸ レイヤー表示をオンにする

「レイヤー」パネルで「レイヤー0のコピー」の表示を
オンにし❶、クリックして選択します❷。

2 ▸ 「白黒」を選択する

メニューバーから「イメージ」→「色調補正」→「白
黒...」をクリックします❶。

3 ▸ パラメーターを調整する

「白黒」ダイアログボックスが表示されるので、オプ
ションを調整します❶。コントラスト、メリハリなど
がハッキリするように調整します。不明の場合は、
プリセットのデフォルト「初期設定」で大丈夫です。
「OK」をクリックします❷。

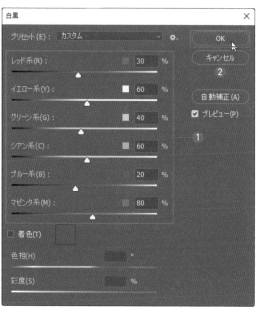

4 ▸ モノクロ化される

カラー表示がモノクロ化されます。

5 ▸ カラーハーフトーンを選択する

メニューバーから「フィルター」→「ピクセレート」→「カラーハーフトーン」をクリックします❶。

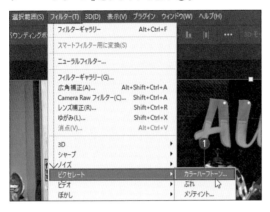

POINT

「ハーフトーン」とは
印刷用語の「ハーフトーン」とは、写真の明るいところ、暗いところの濃淡を点の集まりで表現する方法のことです。その効果を再現するエフェクトが「カラーハーフトーン」です。

8 ▸ 表示モードを変更する

2つのレイヤーを合成して表示するためのモードを変更します。「レイヤー」パネルの表示モード「通常」の ☑ をクリックし❶、「ソフトライト」を選択します❷。

6 ▸ カラーハーフトーンを設定する

「カラーハーフトーン」ダイアログボックスが表示されるので、パラメーターを設定して「OK」をクリックします❶。画面では、最大半径を「15」、すべての角度を「45」に設定しています。

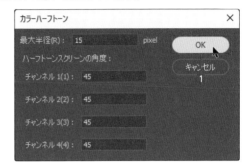

7 ▸ カラーハーフトーンが設定される

カラーハーフトーンが設定されます。

9 ▸ 「ソフトライト」モードで表示される

2つのレイヤーが「ソフトライト」表示モードで表示されます。

色のバリエーションの作成

色のバリエーションを作成する場合は、スマートフィルターを設定したレイヤーをコピーして、グラデーションを調整します。

1 ▶ レイヤーをコピーする

「レイヤー」パネルで「レイヤー0」を右クリックし❶、「レイヤーを複製...」をクリックします。新しいレイヤー名は「レイヤー1」に設定しています。

2 ▶ 「グラデーションマップ」を クリックする

コピー元のレイヤー表示をオフにし❶、コピーしたレイヤーの「グラデーションマップ」をダブルクリックします❷。

TIPS

コピーのショートカット
Win：Ctrl + C キー（コピー）、Ctrl + V キー（貼り付け）
Mac：command + C キー（コピー）、command + V キー（貼り付け）

3 ▶ グラデーションエディターを 表示する

「グラデーションマップ」ダイアログボックスが表示されるので、カラーバーをクリックし❶、「グラデーションエディター」を表示します❷。

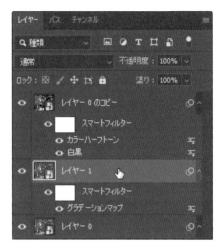

211

4 ▶ 色を変更する

カラーバーに表示されているそれぞれのカラー分岐点の■をダブルクリックし、色を変更します。変更したら「OK」をクリックします。必要に応じて、グラデーションを保存します。

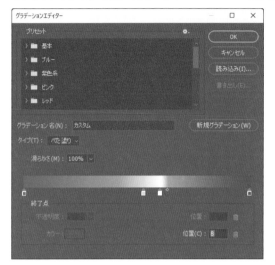

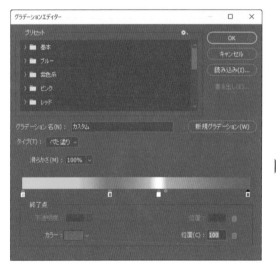

「ニューラルフィルター」で 古い写真を復元する

写真を蘇らせる機能が、「ニューラルフィルター」として搭載されました。ここでは、古いモノクロ写真をカラー化して蘇らせてみましょう。

モノクロ写真のカラー化

Chap05 ▶ S5-12-01.psd

新しく搭載された「ニューラルフィルター」には、写真を蘇らせる機能が満載されています。機能の一部はベータバージョンですが、これらを利用して、古いモノクロ写真をカラー化してみましょう。

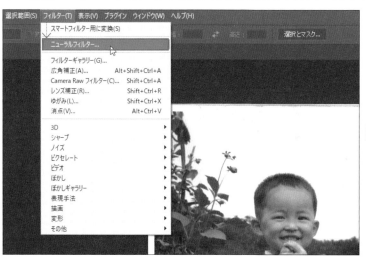 

写真の復元

モノクロ写真をカラー化する前に、傷や汚れなどを修正します。これらは、すべて自動で行うことができます。

1 ▶ 画像を表示する

利用したい写真を表示します。写真は、傷や汚れ、黄ばみなどが確認できます。

2 ▶ ニューラルフィルターを選択する

メニューバーから「フィルター」→「ニューラルフィルター」をクリックします❶。

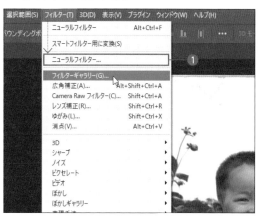

3 ▸ ニューラルフィルターが表示される

画面がニューラルフィルターの
編集画面に切り替わります。

4 ▸ 「写真を復元」をクリックする

画面右の「ニューラルフィルター」のリストから、「写真を復元」をクリックします❶。

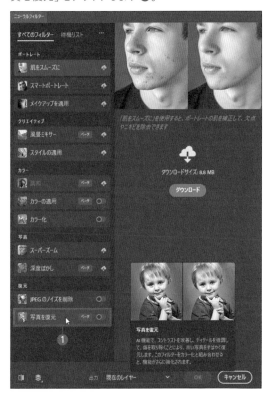

5 ▸ 機能をダウンロードする

ニューラルフィルターは、原稿執筆時点（2024年1月）では、機能をダウンロードする必要があります。「ダウンロード」が表示されていたらこれをクリックします❶。機能がダウンロードされて、利用できるようになります。

6 ▸ 機能を有効にする

「写真を復元」を、ボタンをクリックして有効にします❶。有効にすると、青色表示されます。

7 ▶ パラメーターを調整する

写真の状態によって、パラメータを調整します。パネルの「調整」の ▶ をクリックすると❶、さらに詳細に調整ができます❷。

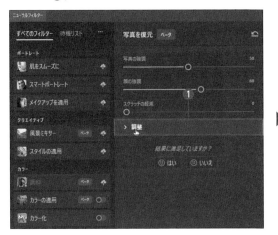 

POINT

ノイズ軽減はほどほどに
複数のノイズ軽減がありますが、適用数値を大きくすると、のっぺりとした写真になってしまいます。適度な数値に設定するのがポイントです。

8 ▶ 修正が進行する

フィルターの適用状況が表示されます。

9 ▶ 「OK」をクリックする

写真の状態をプレビュー画面で確認して❶、良ければ「OK」をクリックします❷。

■ 古いモノクロ写真のカラー化

写真の復元が終了したら、いよいよモノクロ
写真をカラー化します。

1 ▸ 「カラー化」を有効にする

パネルの「カラー化」の有効ボタンをクリックして、
有効にします❶。有効にすると、青色表示されます。

2 ▸ カラー化が実行される

「OK」をクリックすると❶、カラー化が実行され、プレビュー画面のモノクロ写真がカラー表示されます。

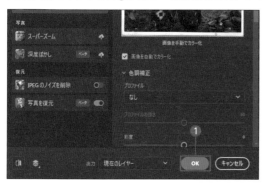

■ 手動でのカラー化

Chap05 ▸ **S5-12-02.psd**

カラー化は、手動でも可能です。モノクロからカラー化したり、自動でカラー化したものを手動
でさらに加工することができます。たとえば、サンプルの空をもう少し青くしてみましょう。

1 ▸ 焦点を決める

設定パネルの「焦点」に表示されている写真で、色
を修正したい場所をクリックします❶。

2 ▸ 色を決める

カラーピッカーが表示されるので、どのような色に修正
したいか色を選択します❶。「OK」をクリックします❷。

216

3 強さを調整する

色の適用度合いを、「強さ」のスライダーをドラッグして調整します❶。

5 フィルターを確定する

修正ができたら、パネル下の「OK」をクリックしてフィルターを確定します❶。

4 適用箇所を増やす

カラーを適用したい他の場所をクリックすると❶、さらに適用箇所を増やせます。

TIPS

適用箇所を削除する
適用した箇所を削除したい場合は、適用した●をクリックして選択し、「(-)削除」をクリックします。

POINT

色合いを調整する
カラー化の場合、色合いは自動設定されます。さらに手動で色調補正したい場合は、カラー化のパネルにある「色調補正」で行います。また、「プロファイル」では、プリセットのカラー設定が利用できます。

❶ スライダーをドラッグ

❷ パラメーターを調整する

テキストを入力する

Photoshopでは、テキストを入力して、ロゴデザインを作成できます。フォント、文字色、文字サイズの変更など、基本操作をマスターしましょう。

▌テキストの入力

Chap05 ▶ **S5-13-01.psd**

ここでは、画像の上に横書きのテキストを配置する作業を行いながら、テキストの入力方法について解説します。

1 ▶ 画像を表示する

テキストを配置したい画像を表示します。

2 ▶ 横書き文字ツールを選択する

横書き文字ツールをクリックします **❶**。

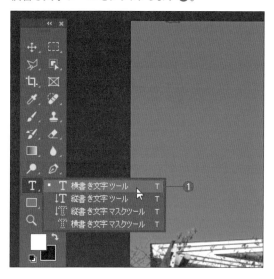

3 ▶ 横書き文字ツールでクリックする

文字を入力したい画面上の位置でクリックします **❶**。

4 ▶ テキストレイヤーが作成される

「レイヤー」パネルにテキストレイヤーが作成されます。

5 ▸ テキストの書式を設定する

コンテキストタスクバー、オプションバー、あるいは「文字」パネルで、フォント❶、文字サイズ❷、文字色❸など、
入力するテキストの書式を設定します。

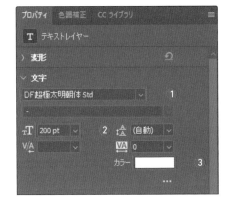

6 ▸ テキストを入力する

テキストを入力します❶。オプションバーの右にある
「○」❷をクリックして、入力を確定します。

TIPS

「文字」パネルを表示する
メニューバーから「ウィンドウ」→「文字」
をクリックすると単独ウィンドウの「文字」
パネルを表示できます。いつでもどこに
でも表示しておくことができ、文字編集
に最適です。

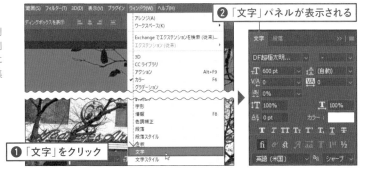

❷「文字」パネルが表示される

❶「文字」をクリック

テキストの編集

入力したテキストの編集は、オプションバー、プロパティの「文字」パネルのどちらでも可能です。

● 文字サイズの変更

ここでは、コンテキストタスクバーから文字サイズを変更します。

1 ▸ テキストレイヤーを選択する

「レイヤー」パネルでテキストレイヤーをクリックして選択します ①。

2 ▸ サイズを選択して修正する

文字サイズは、サイズのテキストボックス右の ✓ をクリックして ①、表示されたプルダウンメニューから変更できます。

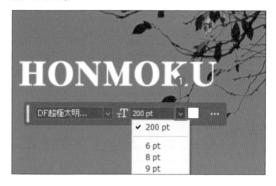

3 ▸ 文字サイズを入力する

サイズのテキストボックスに、直接キーボードから数値を入力 ① しても変更可能です ②。

4 ▸ 移動ツールをクリックする

テキストの位置を調整する場合は、ツールバーから移動ツールをクリックします ①。テキストが選択状態になり、バウンディングボックス ② が表示されます。

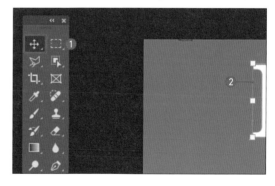

5 ▸ ドラッグで移動する

選択されたテキストをドラッグして ①、表示位置を調整します。

● 字間を調整する

テキストを読みやすくデザインするには、字間調整、すなわちカーニングや文字のトラッキングが重要になります。文字と文字の間隔が空いているとパラパラ感があってまとまりが無く、読みづらくなります。逆に字間が詰まっていても、読みづらくなります。

1 文字を選択する

ツールバーから移動ツールを選択し❶、テキストをクリックして❷選択状態にします。

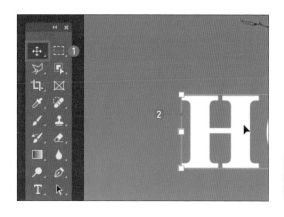

2 字間を広げる

テキストレイヤーを選択し❶、「プロパティ」パネルの「文字」にある「トラッキング」(字間)の◡をクリックし❷、プルダウンメニューからプラスの数値をクリックします❸。

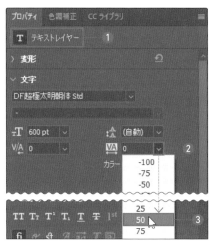

3 字間を詰める

「トラッキング」のプルダウンメニューからマイナスの数値をクリックすると❶、字間が詰められます。

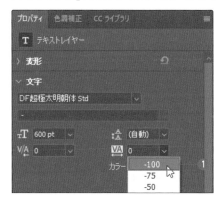

「カーニング」と「トラッキング」の違い

字間調整のための機能には、「カーニング」と「トラッキング」の2種類があります。それぞれ次のような違いがあります。

- カーニング
  カーソルのある位置の左右の文字の字間を調整する
- トラッキング
  選択した文字全体の字間を調整する

❶ 調整前

HONMOKU

❷ カーニングで「M」と「O」の間を詰める

HONMOKU

❸ トラッキングで全体の字間を詰める

HONMOKU

日本語を美しく見せる

日本語の場合、ひらがな、カタカナ、漢字を併用すると、ひらがなとカタカナは文字間隔が広くてパラパラ感があり、漢字は逆に詰まった感じがあります。そこで、まずトラッキングでひらがなやカタカナの字間を詰め、さらにカーニングで字間を詰めます。「、」や「。」がある場合は、カーニングが必須です。

❶ 字間を詰めていない状態（「ベタ打ち」という）

アメリカンな、本牧界隈

❷ トラッキングで全体の字間を詰める

アメリカンな、本牧界隈

❸ カタカナ部分をトラッキングで詰める

アメリカンな、本牧界隈

❹「、」と「本」の字間をカーニングで詰める

アメリカンな、本牧界隈

テキストをカスタマイズする

入力したテキストにドロップシャドウを設定したり、背景にテキストをなじませたり、あるいは文字マスクツールを使ってテキストを切り抜いたりすることが可能です。

ドロップシャドウの設定

Chap05 ▶ S5-14-01.psd

ドロップシャドウを利用するコツは、シャドウが目立つ文字色に設定することです。ここでは白を利用していますが、明るい色の方が、シャドウがきれいに見えます。

1 ▶ テキストを入力する

画像を表示して、テキストを入力します❶。

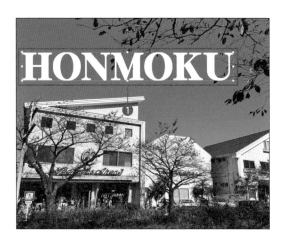

2 ▶ 「レイヤー効果」を選択する

「レイヤー」→「レイヤースタイル」→「レイヤー効果」をクリックします❶。

3 ▶ ドロップシャドウを設定する ①

「レイヤースタイル」ダイアログボックスが表示されます。「ドロップシャドウ」をクリックし❶、オプションを設定します❷。「OK」をクリックします❸。

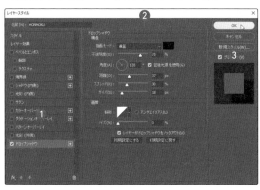

4 ▶ ドロップシャドウを設定する ②

テキストに、ドロップシャドウが設定されました。

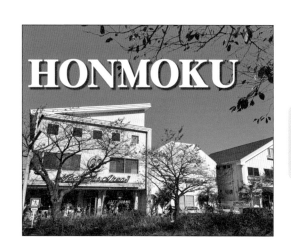

文字マスクツールの利用

文字マスクツールは、テキストをマスクとして利用するツールです。文字マスクツールでは、文字の部分が透明化されます。

1 ▶ 画像を表示する

テキストを配置する画像を表示します。

2 ▶ 横書き文字マスクツールを選択する

横書き文字マスクツールをクリックします❶。ツールが表示されていない場合は、ボタンを長押しして、ツールを選択します。

3 ▶ テキストを入力する

画面上でクリックし、テキストを入力します❶。入力したテキストは、マスク状態で表示されます。テキストのサイズなどを調整し、「○」をクリックして確定します❷。

4 ▶ 文字の選択範囲が作成される

確定すると、文字の形で選択範囲が作成されます。

5 ▸ コピー＆ペーストする ①

`Ctrl` + `C` キー（macOS：`command` + `C` キー）でコピー、`Ctrl` + `V` キー（macOS：`command` + `V` キー）でペーストを実行すると新規レイヤーが作成され、選択されていたテキストが貼り付けられます。「背景」レイヤーの「レイヤーの表示／非表示」をクリックします❶。

6 ▸ コピー＆ペーストする ②

「背景」レイヤーが非表示になり、文字のマスクを確認できます。

7 ▸ レイヤーを追加する

「レイヤー」をクリックして新規にレイヤーを追加し❶、そのレイヤーを「レイヤー1」の下にドラッグ＆ドロップで移動します❷。

8 ▸ 長方形を描く

長方形選択ツールをクリックし❶、画面全体をドラッグして長方形の選択範囲を設定します❷。

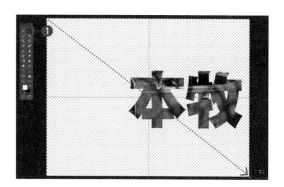

9 ▸「塗りつぶし」をクリックする

「編集」→「塗りつぶし」をクリックします❶。

10 ▸「カラー」を選択する

「塗りつぶし」ダイアログボックスの「内容」でカラーを選択します❶。

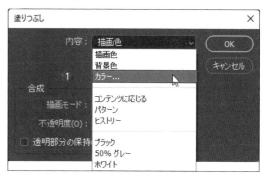

11 ▸ 色を設定する

カラーピッカーで色を設定し❶、「OK」をクリックします❷。

12 ▸ 塗りつぶしを実行する

「塗りつぶし」ダイアログボックスの「OK」をクリックすると、設定した色で選択範囲が塗りつぶされます。

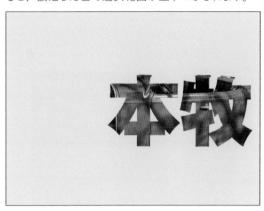

P O I N T

Adobe Fontsを利用する

たくさんのフォントを準備するのは、なかなか大変です。そこで利用したいが、Adobe Fontsです。Creative Cloudのどのプランのユーザーでも、2万以上ものフォントを無料で利用できます。ここでは、その利用方法を解説します。

線画のデータを抽出する

Photoshopでは、イメージスキャナからデータを取り込んで利用できます。写真データを取り込むほか、線画データを取り込んで線画部分だけを抽出して利用することも可能です。

■ アナログデータのスキャン

Chap05 ▶ S5-15-01.psd

Windows版のPhotoshopでは、「WIA」という外部デバイスをコントロールするシステムを利用できます。この機能を利用して、スキャナーから手書きデータを取り込んでみましょう。

1 WIAサポートを選択する

Photoshopを起動し、「ファイル」→「読み込み」→「WIAサポート」をクリックします❶。なお、新規にドキュメントを作成する必要はありません。ホーム画面から操作します。

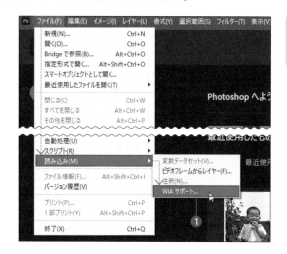

> **POINT**
>
> 「**WIAサポート**」について
> WIA（Windows Image Acquisition）は、Windowsでデジタルカメラやイメージスキャナからデータを取り込む場合に利用するサポート機能です。

TIPS

macOSでの読み込み

macOSで読み込む場合は、「ファイル」→「読み込み」→「画像をデバイスから」をクリックします。デバイスを選択するウィンドウが表示されたら、デバイス一覧からスキャナーを選択して読み込みを実行します。なお、スキャンしたデータを印刷で利用する場合は、解像度を300dpi以上に設定してください。

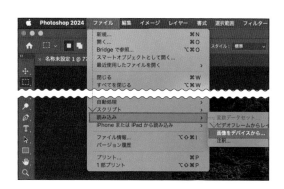

2 保存先とオプションを設定する

「WIAサポート」ダイアログボックスが表示されたら、読み込んだデータの保存先とオプションを設定します。オプションは、「読み込んだ画像をPhotoshopで開く」を有効にします❶。「スタート」をクリックします❷。

3 ▸ デバイスを選択する

「デバイスの選択」ダイアログボックスで、利用するスキャナなどのデバイスを選択し❶、「OK」をクリックします❷。

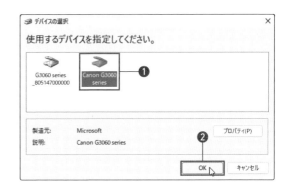

4 ▸ プレビューを実行する

スキャン用のダイアログボックスが表示されるので、スキャナに原稿をセットして「プレビュー」をクリックします❶。プレビューで画像が表示されると、自動的に読み込み範囲が設定されます。変更する場合は、□のハンドルをドラッグして利用したい範囲を調整し❷、「スキャン」をクリックして❸、スキャンを実行します。

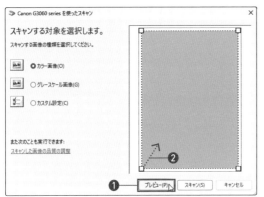
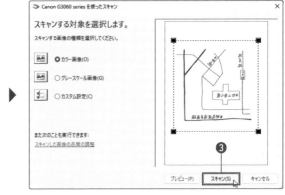

5 ▸ データが読み込まれる

スキャンが終了すると、保存されたスキャンデータがPhotoshopに読み込まれ、ドキュメントとして表示されます。

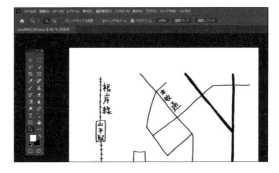

▍手描きの線の抽出

スキャンした手書きデータは、紙の白地もデータとして取り込まれています。ここでは、必要な線画データだけを取り出す方法を解説します。

1 ▸ チャンネルを読み込む ①

「チャンネル」パネルを表示し、「チャンネルを選択範囲として読み込む」をクリックします❶。

2 ▸ チャンネルを読み込む ②

線以外の白い部分が、選択状態になります。

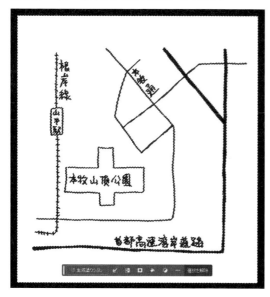

3 ▸ 選択範囲を反転する ①

「選択範囲」→「選択範囲を反転」をクリックします❶。

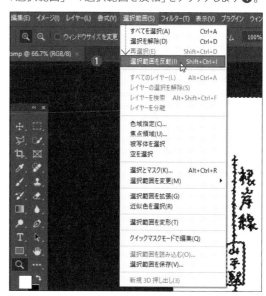

4 ▸ 選択範囲を反転する ②

選択範囲が反転します。これで、手描きの線の部分が選択状態になります。

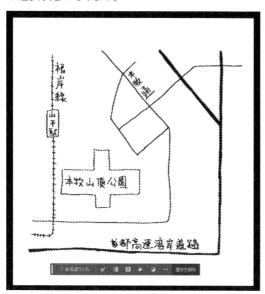

5 ▸ 新規レイヤーを追加する

「レイヤー」パネルで「新規レイヤーを作成」をクリックします❶。レイヤーが追加されます❷。

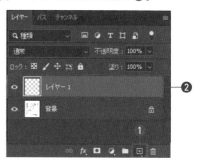

6 ▸ 塗りつぶしを実行する①

追加したレイヤーを選択して、「編集」→「塗りつぶし」をクリックします❶。

TIPS

なぜ線以外が選択される?

「チャンネルを選択範囲として読み込む」では、アルファチャンネルの白の部分、すなわち、不透明な部分を選択範囲として読み込みます。したがって、ここでも用紙の白い部分が選択範囲として取り込まれます。

7 塗りつぶしを実行する②

「内容」を「描画色」（黒）に設定して❶、「OK」をクリックします❷。

8 塗りつぶしを実行する③

手順3の操作で反転した選択範囲が、新しいレイヤーに貼り付けられます。「選択範囲」→「選択を解除」をクリックします❶。

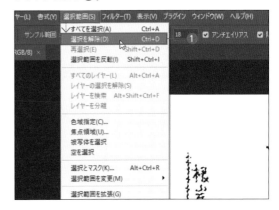

9 塗りつぶしを実行する④

「背景」レイヤーの表示をオフにすると❶、新しいレイヤーに線が貼り付けられたことを確認できます。これで、線画データだけが抽出できました。

TIPS

「描画色」でラインの色を設定
「描画色」の色を設定してから塗りつぶしを実行すると、ラインに色をつけて塗りつぶしができます。

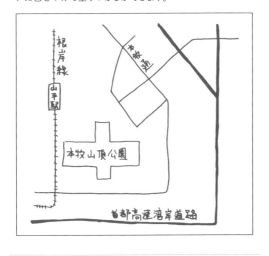

POINT

なぜ選択範囲が貼り付けられる？
「貼り付ける」という表現は正確ではないかもしれません。これは線画の部分を選択範囲として取り込み、その範囲を描画色で塗りつぶしたということなのです。

TIPS

濃淡もスキャンされる？
鉛筆などで描いたかすれた線も、きちんとかすれたまま抽出できます。

Chapter 6

InDesignで
雑誌を制作する

雑誌制作用のドキュメントを設定する

ここでは例として雑誌を作るという前提で、InDesignで新規ドキュメントを作成するための手順や各種設定方法について解説します。

▌ドキュメント制作前に決めておくこと

InDesignでの編集作業を開始する前に、あらかじめ、どのような制作物を作るのかを決めておく必要があります。たとえば判型や文字組、ページ数などです。また、誌面イメージのラフを作成しておくとよいでしょう。ここでは、例として次のような雑誌記事のページを作成することにします。なお、必ずしもラフの通りにページが仕上がるとは限りません。

● 作成したラフ

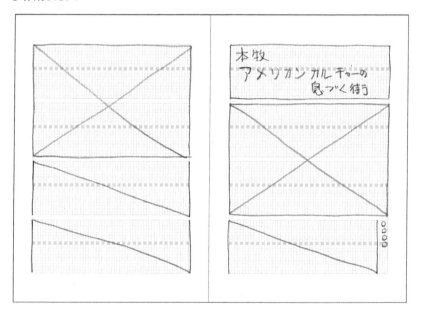

● この章で作成する制作物の概要

判型	A4サイズ
方向	縦型
閉じ方	右綴じ
文字組	縦組み
段数	4段
ページ数	16ページ

● 完成した誌面

■ ドキュメント作成の2種類のアプローチ

InDesignで新規ドキュメントを作成する方法には、「レイアウトグリッド」と「マージン・段組」の2種類があります。最終的に同じ印刷物を作るにしても、どちらを選ぶかによって作業手順が異なります。ドキュメントの用途によって、使い分けてください。なお、この章では「雑誌を作る」という前提で解説しますので、「レイアウトグリッド」を利用してドキュメントを作成する手順について解説します。「マージン・段組」を利用する方法については、P.346で解説を行います。

● レイアウトグリッド

主に、雑誌や書籍など複数ページ構成の制作に利用するドキュメント作成の方法です。本文の組み方を最初に決め、それに合わせて矩形を配置します。

「新規レイアウトグリッド」で各種設定を行う

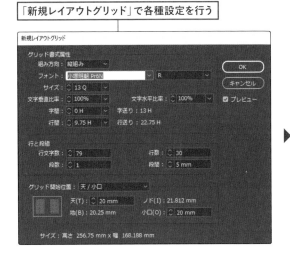

本文の組み方が決まる

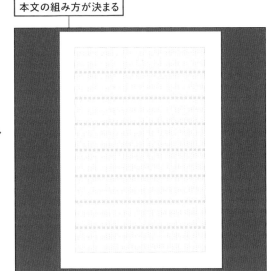

● マージン・段組

主に、1ページ構成の印刷物に利用するドキュメント作成の方法です。最初に四方のマージン（余白）を決めます。本書では、画集／写真集の作り方という例で解説しています（P.346参照）。

「新規マージン・段組」で各種設定を行う

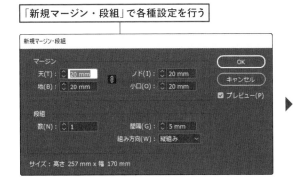

四方のマージン（余白）が決まる

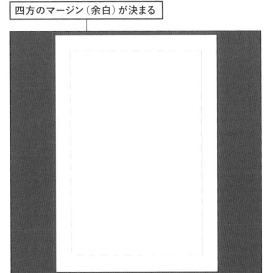

雑誌用の新規ドキュメント作成

ここでは、1冊の雑誌の特集ページとして16ページ分の新規ドキュメントを作成する、という設定で新規ドキュメントの設定方法を解説します。

1 ▸「新規ファイル」を選択する

InDesignを起動し、スタートアップメニューで「新規ファイル」をクリックします❶。

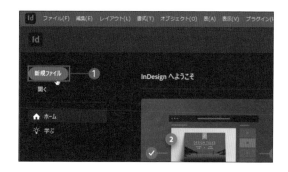

2 ▸「新規ドキュメント」を設定する

「新規ドキュメント」パネルが表示されるので、作成する雑誌の体裁に合わせて下記のように設定します。なお、ここでの設定は、あとからでも変更が可能です。

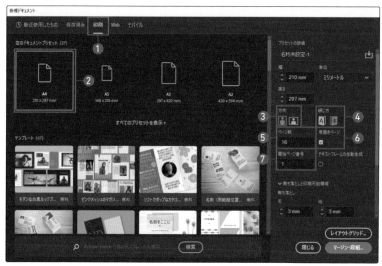

❶ **ドキュメントプロファイル：**
「印刷」を選択
❷ **プリセット** ：A4
❸ **方向** ：縦
❹ **綴じ方** ：右綴じ
❺ **ページ数** ：16
❻ **見開きページ**：チェックを入れる
❼ **開始ページ番号**：1

TIPS

ドキュメントプロファイルの選択
ドキュメントプロファイルは、次のような基準で選択します。
・ 印刷
　印刷物の制作
・ Web
　Web用パーツの制作
・ モバイル
　電子書籍等の制作

POINT

「縦組み」と「横組み」
日本語の組版には、文字を組む方向によって「縦組み」と「横組み」があります。
組む方向によって綴じ方が異なります。

表紙

表紙

右綴じ（縦組み）　　　左綴じ（横組み）

3 ▸「裁ち落としと印刷可能領域」を設定する

「裁ち落としと印刷可能領域」をクリックします❶。
通常、裁ち落としは3mmに設定します❷。

4 ▸「レイアウトグリッド」を選択する

「レイアウトグリッド」をクリックします❶。

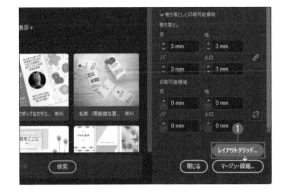

TIPS

裁ち落とし

写真などを仕上がりサイズの端まで配置したい場合があります。これを「裁ち落とし」といいます。大きな印刷用紙を仕上がりサイズに裁断する際、位置がわずかにずれる場合があります。しかし、この裁ち落とし領域に絵柄が入っていれば、ずれても元の紙の色（白）が入ることはありません。

---

5 ▸ 新規レイアウトグリッドを設定する

「新規レイアウトグリッド」ダイアログボックスが表示されるので、本文などの設定を行います❶〜❸。画面では、段数の指定と、「天」のサイズを調整しています。設定したら、「OK」をクリックします❹。

❶ フォントや文字サイズなどを設定する

❷ 行数や1行の文字数、段数を設定する

❸ 版面（天・地・ノド・小口のアキ）を設定する

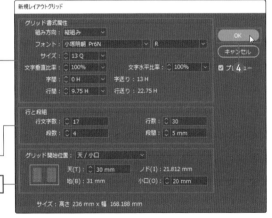

POINT

版面について

版面（はんづら）というのは、印刷される領域のことです。その他、紙面の場所を表す用語に天や地、小口、ノドなどがあります。

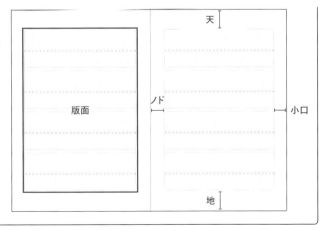

6 ▶ レイアウトグリッドが表示される

指定した値で、レイアウトグリッドが表示されます。なお、赤いライン❶が裁ち落としガイド、緑色のマスの集まりがレイアウトグリッド❷です。

字間と字送り、行間と行送り

1文字は「仮想ボディ」として扱われます。隣り合う仮想ボディとの距離や次の行との距離などは、右の図のような言葉で表現されます。

Q数（級数）とH（歯）

InDesignでは、文字サイズや字間、行間を表す単位に、デフォルトでQ数と歯送りが利用されています。Q数（級数）は、写植（写真植字）で利用されていた、文字サイズを表す単位です。H（歯）は距離や長さを表す単位で、字間や行間を表すときに利用されます。1級と歯は同じ0.25mmです。

級数でなく、ポイントを利用することもできます。この場合は、「編集」→「環境設定」→「単位と増減値」→「他の単位」で選択できます。DTPでは、1ポイント＝0.3528mmと規定されています（アメリカンポイントは0.3514mm）。

なお「歯」というのは、写植機のギヤの歯のことを指しています。ギアの歯1枚を動かすと、0.25mm移動することになります。筆者の場合、写植で育った編集者でしたので、親しみがあります。写植時代は、字間を詰めて指定する場合、単に「字間詰め」あるいは「1歯詰め」と指定していました。InDesignでもこの1歯詰めが可能で、この場合、字間を「-1」と指定します。

● 筆者が愛用していた写植級数ゲージ（級数と歯送りが確認できる）

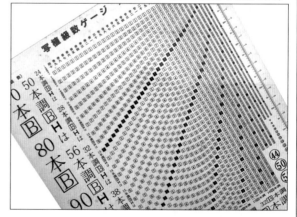

マージン・段組の設定

ここで設定する「マージン」は、版面と仕上がりサイズの間隔を指します。そして「段組」は、版面の段数を指しています。

1 ▶「マージン・段組」を選択する①

InDesignを起動し、スタートアップメニューの「新規ファイル」をクリックします。「新規ドキュメント」パネルから「マージン・段組」をクリックします❶。

2 ▶「マージン・段組」を選択する②

ワークスペースと「新規マージン・段組」ダイアログボックスが表示されます❶。

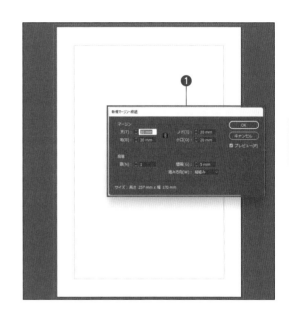

3 ▶ マージンと段数を指定する①

「新規マージン・段組」ダイアログボックスでは、マージンの設定❶と、必要があれば段数を設定し❷、「OK」をクリックします❸。

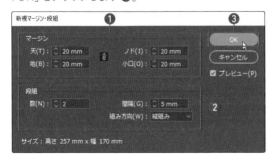

4 ▶ マージンと段数を指定する②

段組の段数を設定した場合、段組ガイド❶とマージンガイド❷を持ったレイアウト画面が表示されます。

TIPS

段数・マージン
段組が必要なければ、段数を指定する必要はありません。また、マージンや段組はあとからでも変更可能です。

■ ドキュメントの保存

レイアウト画面が表示されたら、レイアウト作業を開始する前に、ドキュメントを保存します。これによって、作業中にパソコンがハングアップするなどの事故が発生しても、すぐに編集作業を再開できます。

1 ▸ 「保存」を選択する

はじめてドキュメントを保存する場合は、「ファイル」→「保存」をクリックします❶。

2 ▸ ファイルを保存する

「別名で保存」ウィンドウが表示されます。ファイルの保存先を指定し❶、ファイル名を入力して❷、「保存」をクリックします❸。

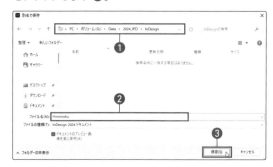

POINT

注意メッセージ
USB接続したHDDなどにファイルを保存しようとすると、右の画面が表示されます。「OK」をクリックし、HDDを取り外す際はタスクバーにある取り外しボタンから操作を行うなど、正しい方法で取り外しを行ってください。

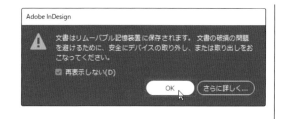

■ ドキュメントの読み込み

保存したドキュメントを読み込むことで、途中だった編集作業を再開できます。なお、直近に保存したドキュメントであれば、ホーム画面から選択できます。

1 ▸ スタートアップメニューのホーム画面から選択する

InDesignを起動すると表示されるスタートアップメニューのホーム画面では、「最近使用したもの」に、直近で保存したドキュメントが表示されます。ここからドキュメントを選択して表示できます❶。また、「開く」をクリックしてドキュメントを選択・表示できます❷。

TIPS

アイコンをダブルクリックする
保存してあるドキュメントファイルのアイコンをダブルクリックしても、ドキュメントを開くことができます。

■ レイアウトグリッド設定の変更

すでに設定されているドキュメント設定の中で、本文として利用するテキストの設定を行っている「レイアウトグリッド設定」を変更してみましょう。

1 › 「レイアウトグリッド設定」を選択する

レイアウトグリッドの設定を変更したい場合は、「レイアウト」→「レイアウトグリッド設定」をクリックします❶。

2 › 設定を変更する

「レイアウトグリッド設定」ダイアログボックスが表示されるので、設定を変更します❶。「OK」をクリックします❷。

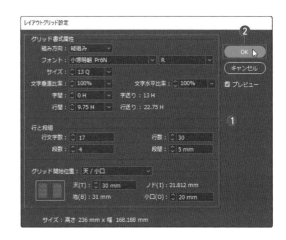

TIPS

ワークスペースの切り替え

InDesignのワークスペースのデザインは、目的に応じて切り替えることができます。デフォルトでは「初期設定」に設定されていますが、これを「テキスト編集」に切り替えてみましょう。「ウィンドウ」→「ワークスペース」→「テキスト編集」をクリックします❶。画面右側のドックが、テキスト編集に適したパネルグループに切り替わります❷。また画面上部には、コントロールパネルが表示されます❸。

デフォルトのワークスペース

Chapter 6

InDesignで雑誌を制作する

InDesign

239

ページ操作を行う

InDesignでは、利用するページを選択・表示して作業を行います。ここでは、ページの表示や切り替え、追加・削除といった、ページ操作の基本について解説します。

ラフの作成

Chap06 ▶ S6-2-01.indd

InDesignでのレイアウト作業を開始する前に、準備しておくものに「ラフ」があります。各ページをどのように構成するかを、簡単なラフとして作成しておきます。ラフ無しにレイアウトを開始するのは無謀です。簡単なものでよいのでラフを作成し、作業しながらラフの内容を修正していくという方法をおすすめします。

● ラフを作成

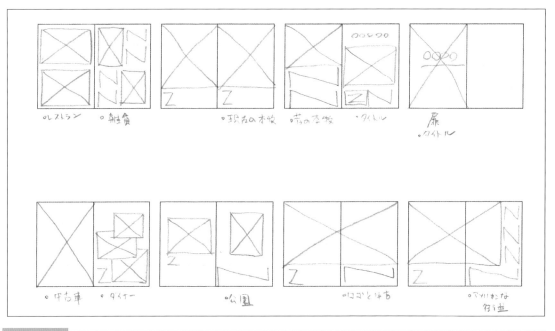

TIPS

ラフフォーマットを添付
本書では、サンプルとしてIllustratorで作成したラフ用のフォーマットを用意しました（右画面）。1枚16ページ用のラフです。出力して使用してください。筆者の場合、1枚8ページ用のラフ、見開き2ページ用のラフなど、いくつかのタイプを使い分けています。

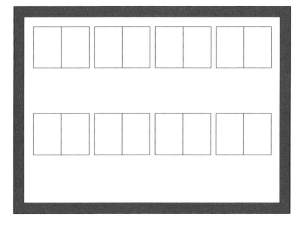

【ファイル名】
ラフレイアウト用フォーマット.ai

レイアウトしたページ

実際にレイアウトを行うと、ラフ通りには仕上がらないことが多いです。それでも、ラフレイアウトがあると、道に迷わずレイアウトを行うことができます。

ページの表示

現在、どのページを編集しているのか、あるいは該当するページを編集したいという場合にページを選択するためのパネルが「ページ」パネルです。

1 ▶ 「ページ」パネルを表示する

InDesignでは、ページの表示や追加・削除、移動などの操作を、すべて「ページ」パネルで行います。「ページ」パネルは、ドックの「ページ」タブをクリックして表示します❶。「ページ」パネルのタブがドックにない場合は、「ウィンドウ」→「ページ」を選択します。

2 ▶ 特定のページを表示する①

「ページ」パネルに登録されているのは、「ドキュメント設定」ダイアログボックスで指定したページ数分のページです。ここでは、2ページ目に画像を配置したドキュメント（S6-2-02.indd）を開いた状態で、「3-2」とある右のページアイコンをダブルクリックします❶。

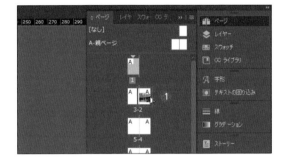

3 ▶ 特定のページを表示する②

すると、2ページ目が表示されます❶。このように見開きで表示される状態を「スプレッド表示」といいます。

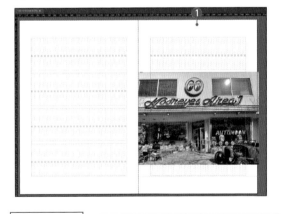

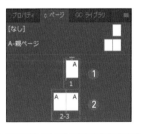
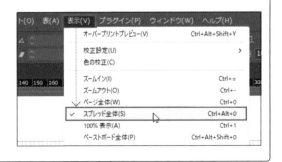

ページの移動

「ページ」パネル内では、ページの位置をドラッグ＆ドロップで移動できます。左右のページの区別はなく、たとえば左ページを右ページに移動することも可能です。この場合、マージンは自動調整されます。

1 ▸ ページを移動する ①

現在の2ページ目を、6ページ目に移動してみましょう。2ページのアイコンを、7ページと6ページの間にドラッグ＆ドロップします❶。

2 ▸ ページを移動する ②

2ページ目が、6ページ目に移動しました❶。6ページのアイコンをダブルクリックすると、移動したページが表示されます。

ページの削除

不要になったページは、ページレイアウトから削除できます。なお1ページ削除すると、以降のページが1ページずつずれることになります。

1 ▸ ページを削除する

「ページ」パネルで削除したいページをクリックし❶、パネル右下にある「選択されたページを削除」をクリックします❷。

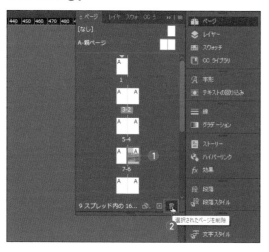

2 ▸ 「OK」をクリックする

データが入力されているページを削除する場合、確認のメッセージが表示されます。削除してよければ「OK」をクリックします❶。

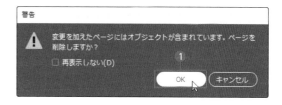

3 ▸ ページが削除される

選択したページが削除されます。

InDesign

ページの追加

「ページの挿入」を利用すると、指定した位置にページを追加できます。1ページ追加すると、以降のページが1ページずつずれることになります。

1 ▸ ページを追加する ①

「ページ」パネルで、ページを追加したい位置をクリックして選択します❶。「ページを挿入」をクリックします❷。

2 ▸ ページを追加する ②

選択したページのうしろに、新しくページが追加されます❶。

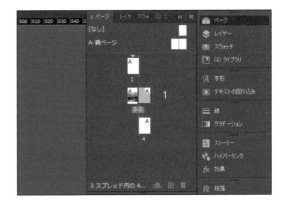

3 ▸ ダイアログボックスで追加する ①

ダイアログボックスを表示してページを追加することもできます。追加する位置をクリックし❶、Alt キー（macOS：option キー）を押しながら、「ページを挿入」をクリックします❷。

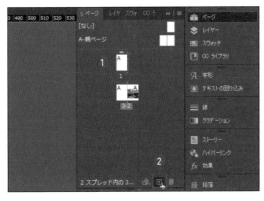

4 ▸ ダイアログボックスで追加する ②

「ページを挿入」ダイアログボックスが表示されます。挿入したいページ数や挿入位置を設定し❶、「OK」をクリックします❷。これで、ページが追加されます。

POINT

親ページで追加する
「ページ」パネルの上部にある親ページのアイコンをドラッグ＆ドロップしても、ページを追加することができます。この方法で追加したページには、あらかじめ親ページの設定が反映されています。

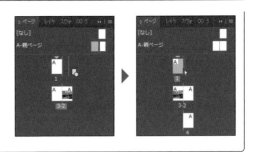

スプレッドの複製

すでにデザイン設定したページを複製し、見出しやさまざまな設定を流用したい場合、デザインしたページを複製することができます。なお、現在のバージョンでは複製機能が強化されています。ここでは、スプレッドを複製する手順を解説します。

1 ⟩ スプレッドを選択する

追加したいスプレッドをクリックして選択します。スプレッドは Shift キーを押しながらページをクリックするか❶、ページアイコンの下にあるページ番号（ノンブル）をクリックして選択します。

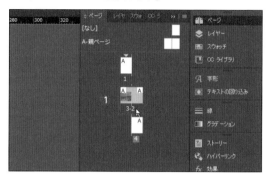

2 ⟩ 項目を選択する

「ページ」パネルのパネルメニューをクリックして表示し❶、メニューから「スプレッドを複製」をクリックします❷。

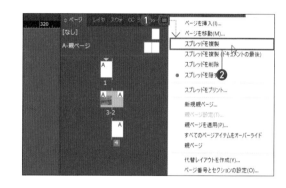

3 ⟩ スプレッドが複製される

選択したスプレッドの直後に、スプレッドの複製が作成されます。

TIPS

「ドキュメントの最後」をクリック
メニューの「スプレッドを複製（ドキュメントの最後）」をクリックすると、ドキュメントの最後にスプレッドが追加されます。

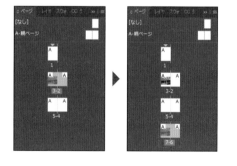

POINT

「ページ」項目が表示される
「ページ」パネルでページを選んでパネルメニューを表示すると、表示される項目が「スプレッド」ではなく、「ページ」に変わります。

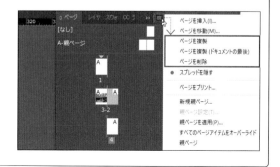

Chapter
6
InDesignで雑誌を制作する

InDesign

親ページを操作する

親ページを利用すると、ページ番号や柱など、ページ全体に共通した要素を設定することができます。

▌ 新規親ページの追加

Chap06 ▶ S6-3-01.indd

親ページは、親ページに設定したデザイン要素を、オブジェクト全体のページに適用するマスターページとして利用します。なお、親ページは、デザイン要素ごとに1つのオブジェクトに複数設定できます。ちなみに、旧バージョンのInDesignまでは、親ページを「マスターページ」と呼んでいました。

1▸「新規親ページ」を選択する

P.242の方法で、「ページ」パネルを表示します。パネルのパネルメニューをクリックし❶、「新規親ページ」をクリックします❷。

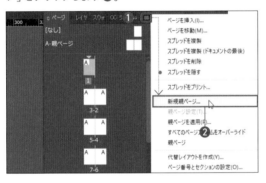

2▸ 新規親ページを設定する

「新規親ページ」ダイアログボックスが表示されるので、設定します❶。基本的には、デフォルトのまま利用した方が使いやすいです。「OK」をクリックします❷。

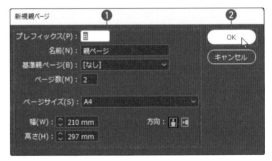

3▸ 親ページが追加された

「B-親ページ」という親ページが追加されました❶。

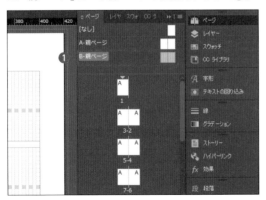

POINT

複数の親ページは要注意

複数の親ページを利用する場合、ノンブル（ページ番号）などページ全体で共通して利用しなければならないデザインに注意してください。たとえば、「A-マスター」と「B-マスター」でノンブルのデザインが異なると、1冊の雑誌や書籍の中でノンブルのデザインが異なったページができてしまいます。共通のデザイン要素とそうでない要素の管理をしっかりと行ってください。

▌新規スプレッドを新規親ページで追加

ここでは、新しく追加した新規親ページ「B-親ページ」を、デフォルトのオブジェクトのスプレッドに適用してみましょう。

1 ▸ デフォルトの親ページを確認する

新規に作成したオブジェクトには、デフォルトで「A-親ページ」が適用されています。追加した新規親ページは「B-親ページ」です。

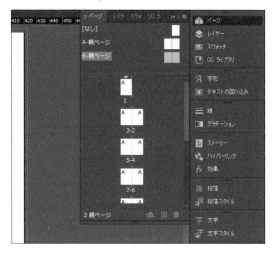

2 ▸ 親ページをドラッグ＆ドロップする

追加した「B-親ページ」を、スプレッドとして追加します。親ページ名❶を追加したいスプレッド位置にドラッグ＆ドロップします❷。

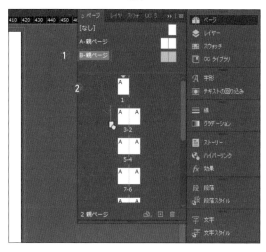

3 ▸ 新規にスプレッドが追加される

「B-親ページ」の設定を持った新しいスプレッドが追加されます。したがってページ数も2ページ増えます。ページには親番号「B」が表示されています。

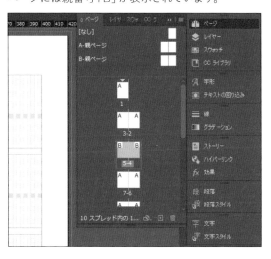

> **POINT**
>
> **ページ単位での追加**
> 親ページは、ページ単位でも追加できます。親ページのページアイコンを、「ページ」パネルのページを追加したい位置にドラッグ＆ドロップします。この場合、既存の「A-親ページ」が設定されているページが、「B-親ページ」に置き換えられます。ページ数は増えません。
>
>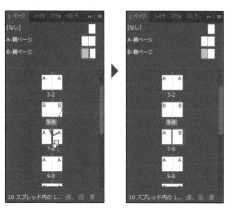

▌ 親ページの削除

親ページは、不要になれば削除できます。ここでは、先ほど追加した親ページ「B-親ページ」を
削除します。削除した親ページのデザインも解除されるので、削除は慎重に行ってください。

1 ▸ 親ページを削除する

「ページ」パネルで、削除したい親ページをクリックして選択します❶。選択したら、「選択されたページを削除」をクリックします❷。

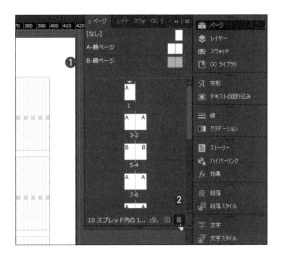

2 ▸ 削除してよいかを確認する

親ページがドキュメントのページに適用されている場合は、削除してもよいかを確認するメッセージが表示されます。削除してもよい場合は、「OK」をクリックします❶。

3 ▸ 親ページが削除される

親ページが削除されます。削除した親ページが適用されていたドキュメントのページは、親ページが適用されていない状態になります❶。この場合、ノンブルのないページなどが発生する可能性があるので、必ず他の親ページを適用してください。親ページの適用方法は、P.252で解説しています。

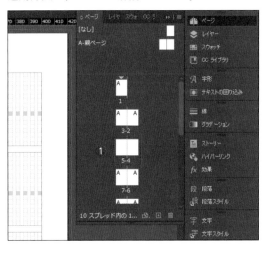

POINT

1ページは残す
親ページを削除する場合、最低限1ページのマスターは残す必要があります。というより、1ページ分の親ページは削除できません。必ず、1ページは残されることになります。親ページが1ページだけの場合❶、削除を示すゴミ箱のアイコンはアクティブになりません❷。

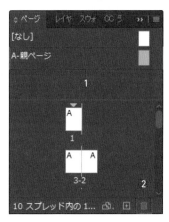

ページ番号を設定する

DTPでは、印刷物に設定するページ番号を「ノンブル」と呼びます。InDesignでは、親ページにノンブルを設定すると、ドキュメントに自動的に表示されます。

ガイドの設定

Chap06 ▶ S6-4-01.indd

ノンブルは、見やすいことが重要です。そのためノンブルの設定では、どの位置にどのように配置するのかを事前に決めておく必要があります。配置にはガイドとズームツールを利用して操作すると、作業が楽になります。最初に、見開きの左ページにノンブルを設定する方法を解説します。

1 ▸ 表示位置を決める

親ページ「A-親ページ」をダブルクリックしてページ画面を表示します❶。なお、ノンブルは見開きの左右ページ下部に設定します❷❸。

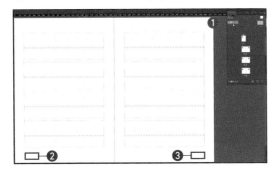

3 ▸ ガイドを設定する ②

同じように、上部の定規からガイドをドラッグし❶、天から280mm（Y:280mm）の位置にガイドを合わせます❷。

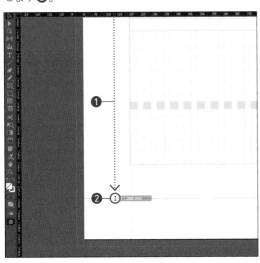

2 ▸ ガイドを設定する ①

親ページのノンブルを設定したい左ページにガイドを表示しておくと、正確な場所にノンブルを設定できます。左の定規から左ページ下のガイドを表示したい位置にドラッグします❶。水色のガイドに表示される数値を確認しながら、版面の左側（X:20mm）に合わせます❷。なお、ズームツールを利用して画面表示を拡大すると❸、操作しやすくなります。

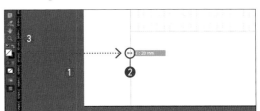

TIPS

ズームルールの利用
ズームツールを選択し、ドキュメント上でクリックするかドラッグすると画面表示が拡大します。Alt キー（macOS：option キー）を押しながらクリックまたはドラッグすると画面表示が縮小します。

TIPS

定規を表示する
定規が表示されてない場合は、「表示」→「定規を表示」を選択してください。

TIPS

ガイドを削除する
ガイドを削除する場合は、ガイドをクリックして選択し、Delete キーを押してください。

4 ▸ ガイドを設定する ③

右ページ下の対向ページにも、版面の左から400
mm、天から280mmの位置にガイドを設定します。

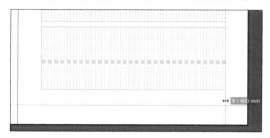

5 ▸ ガイドを設定する ④

ガイドが設定できました。

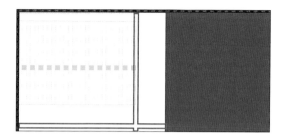

▌ 特殊文字の入力

ノンブル設定の基準となるガイドを設定できたら、テキストフレームを作成し、ページ番号を自動
で入力するための特殊文字を設定します。

1 ▸ テキストフレームを設定する

横組み文字ツールをクリックして❶、左ページ下の
ガイドの交点から右下にドラッグします❷。これで、
テキストフレームが設定されます。

TIPS

テキストフレーム
テキストフレームについて、詳しくはP.254で解説します

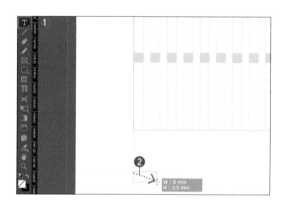

2 ▸ サイズを調整する

ドラッグでのサイズ設定が難しい場合、選択ツール
をクリックすると❶テキストフレームにバウンディ
ングボックスが表示されます❷。この状態で、基準点
を「左上」に設定し❸、コントロールパネルの「W」
（幅）❹と「H」（高さ）❺を手順1で決めておいたサ
イズ（幅：8mm　高さ：3.5mm）に設定します。

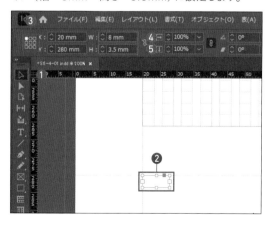

3 ▸ 自動ノンブルを設定する ①

作成したテキストフレーム内に、ページ番号を自動
で入力するための特殊文字を入力します。横組み文
字ツールをクリックし❶、テキストフレームをクリック
します❷。「書式」→「特殊文字を挿入」→「マーカー」
→「現在のページ番号」をクリックします❸。

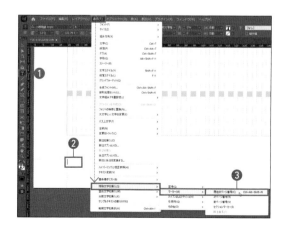

4 ▸ 自動ノンブルを設定する ②

「A」と表示されます。

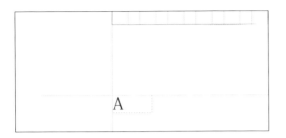

5 ▸ ノンブルの書式を設定する ①

横組み文字ツール❶で特殊文字をドラッグし❷、選択します。

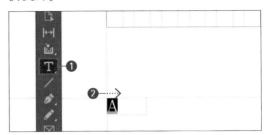

POINT

特殊文字
表示された「A」は、通常の文字ではありません。これは、各ページに自動的にページ番号を割り振るという意味を持つ特殊文字です。

6 ▸ ノンブルの書式を設定する ②

コントロールパネルで、フォントとサイズ❶、表示位置❷を設定します。ここでは、右のように設定しました。

フォント	Century Gothic（Regular）
サイズ	13Q
表示位置	左揃え

7 ▸ テキストを入力する ①

手順1の方法でノンブルの横にテキストフレームを設定し❶、雑誌名を入力します。いわゆる「柱」です。

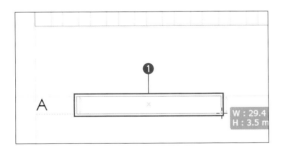

8 ▸ テキストを入力する ②

入力したテキストは横組み文字ツールでドラッグして選択し、フォントやサイズなどを調整します❶。文字サイズは、ノンブルと同じ13Qに設定しました。

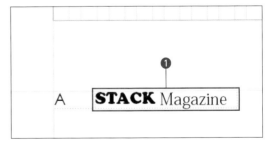

9 ▸ 対向ページのノンブルを設定する

対向の右ページにも、ノンブル❶、雑誌名❷を作成します。すでに作成したノンブルと雑誌名をコピー＆ペーストして、簡単に貼り付けられます。対向ページのノンブルの表示は、「右揃え」に変更しておきます。

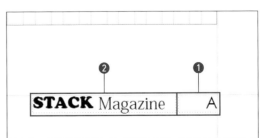

親ページを適用

親ページに設定したデザイン要素は、自動的にオブジェクトのページに適用されます。しかし、設定してある親ページを別の親ページに変更したり、あるいは親ページが「なし」のページやスプレッドに親ページを設定する場合は、親ページのページアイコンを、該当するドキュメントのページにドラッグ＆ドロップして設定します。

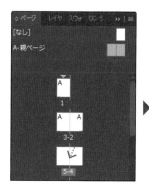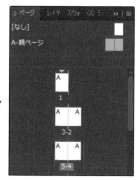

「なし」を設定する

扉のページのようにノンブルや柱が不要なページの場合、親ページの[なし] をオブジェクトのページにドラッグ＆ドロップで設定します。画面も「A」という親ページ名が表示されなくなっています。

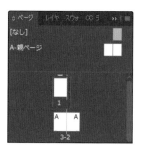

開始番号の変更

編集中の任意のページ番号からノンブルを設定したい場合は、「ページ番号割り当てを開始」に、開始したいページ番号を入力します。

1 ページを選択する

「ページ」パネルで開始番号を変更したい最初のページをクリックして選択し❶、パネルメニューをクリックします❷。

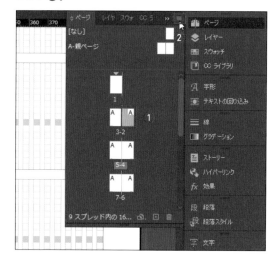

2 「新規セクション」を表示する

「ページ番号とセクションの設定」をクリックします❶。

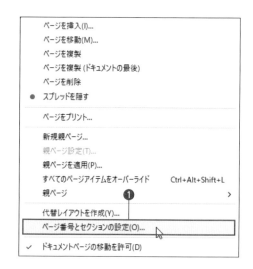

3 ▸ 開始番号を設定する

「新規セクション」ダイアログボックスが表示されます。
「ページ番号割り当てを開始」を選択し❶、ページ
の開始番号を入力します❷。

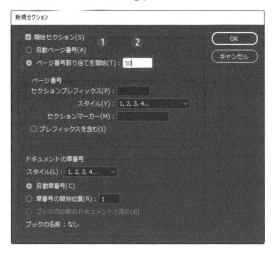

4 ▸ スタイルを選択する

同じダイアログボックスで、「ページ番号」の「スタイ
ル」の ☑ をクリックして❶、利用したいスタイルを選
択します❷。「OK」をクリックします❸。

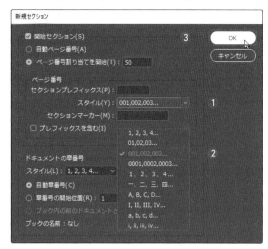

POINT

偶数、奇数に注意
書籍や雑誌には、P.234で解説したように「右綴じ」と「左綴じ」があります。この場
合、見開きでの左右のページは、偶数、奇数が異なるので注意してください。

	左ページ	右ページ
右綴じ	奇数	偶数
左綴じ	偶数	奇数

5 ▸ ノンブルを確認する

各ページのノンブルを確認します。「ページ」パネルの表示にも、ノンブルが反映されています。

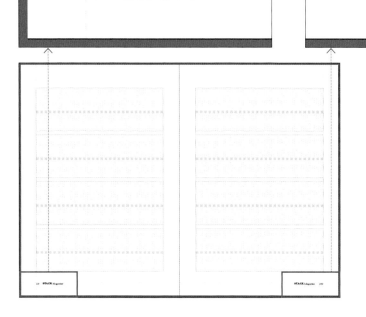

2種類のテキストフレーム

InDesignでテキストを利用する場合、フレームグリッドとプレーンテキストフレームという2種類のテキストフレームを利用できます。

フレームグリッドとプレーンテキストフレーム

Chap06 ▶ S6-5-01.indd

InDesignでは、テキストを「フレーム」と呼ばれる領域に入力します。フレームには「フレームグリッド」と「プレーンテキストフレーム」の2種類があり、目的に応じて使い分けます。2種類のフレームは、次のような使い分けがおすすめです。なお、本書では「プレーンテキストフレーム」を「テキストフレーム」と表記しています。

● フレームグリッド
本文など、基本的なテキスト設定でテキストを入力する場合に利用する。

● プレーンテキストフレーム
タイトル、見出し、キャプションなど、本文のテキスト設定とは別に、任意の設定でテキストを入力する場合に利用する。

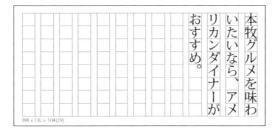

フレームの変更

テキストフレームは、「フレームグリッド」から「プレーンテキストフレーム」、反対に「プレーンテキストフレーム」から「フレームグリッド」への切り替えが可能です。フレームを選択した状態で右クリックするか、「オブジェクト」→「フレームの種類」を選択し、表示されたメニューからどちらかのフレームタイプを選択します。

POINT

引き継がれない属性もある
テキストのフレームの種類を変更した場合、あらかじめ設定されていた書式は基本的に引き継がれます。しかし段落スタイルの中には、引き継がれない属性もあります。変更後は、属性の確認をしてください。

● プレーンテキストフレーム　　● フレームグリッド

▌フレームサイズの変更

「フレームグリッド」と「プレーンテキストフレーム」ともに、選択ツールで選択するとフレーム枠が境界線ボックスに変わり、周囲に□のハンドルが表示されます。このハンドルをドラッグすると、フレームのサイズを変更することができます。

● フレームグリッド

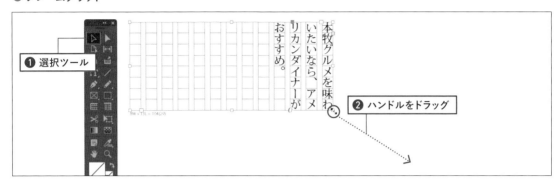

● プレーンテキストフレーム

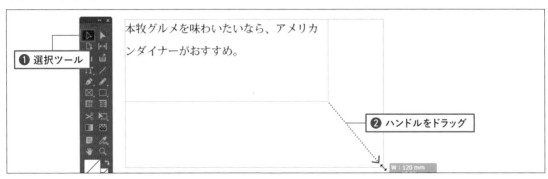

プレーンテキストフレームを
利用する

ここでは、プレーンテキストフレームを利用して、記事のタイトル部分を作成
してみましょう。ポイントは、複数のプレーンテキストフレームを配置して利用
することです。

▌ プレーンテキストフレームの利用

Chap06 ▶ S6-6-01.indd

ここでは記事ページのうち、タイトルや写真キャプションなどにプレーンテキストフレームを利用
してページをレイアウトする方法を解説します。例では、4つのプレーンテキストフレームを利用
しています。

❶ メインタイトル

❷ サブタイトル

❸ スタッフクレジット

❹ キャプション

▌ フレームの設定

メインタイトルは、すでに表示されているレイアウトグリッドをベースとして、その上にプレーンテ
キストフレームを設定します。

1 ▸ ページを表示する

テキストを入力するページを表示し、作業しやすいよ
うにズームツールで拡大表示しておきます。画面は
50ページ目を拡大しています。ここに、大見出しの
タイトルを設定します。

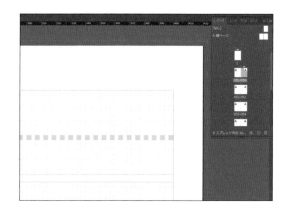

2 ▶ メインタイトルのフレームを設定する

メインタイトルのフレームを設定します。今回は横書きのタイトルのため、横組み文字ツールをクリックします❶。
適当なサイズでドラッグして❷、フレームを設定します❸。

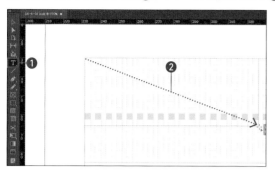 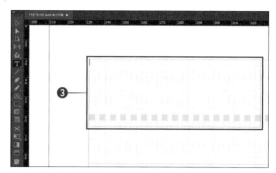

▌テキストの入力

プレーンテキストフレーム内に、テキストを入力します。このとき、テキストは下にあるグリッド
の影響は受けません。

1 ▶ 入力モードを確認する

フレーム内で文字カーソルが点滅していることを確認
します❶。文字カーソルが点滅していれば、フレー
ムは「入力モード」になっています。

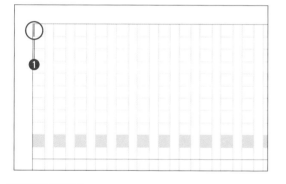

2 ▶ テキストを入力する

入力モードになっている状態で、テキストを入力しま
す❶。

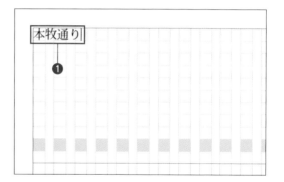

POINT

入力モードになっていない場合
フレームが入力モードになっていない場合、フレームの境界
線にバウンディングボックスとハンドルが表示されています。
その場合は横組み文字ツールをクリックし❶、枠内でクリッ
クしてください❷。入力モードに切り替わります。

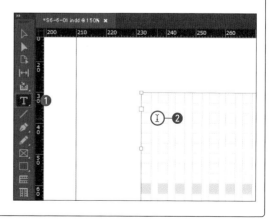

プレーンテキストフレームの
テキストを設定する①

プレーンテキストフレームに入力したテキストは、フォントやサイズの変更を行い、自由な位置に配置できます。ここでは、タイトルエリアに入力したテキストの変更を行います。

▌文字サイズの変更

Chap06 ▶ S6-7-01.indd

プレーンテキストフレームでは、レイアウトグリッド設定の影響を受けることなく、文字サイズを設定できます。

1 ▶ テキストを選択する

横組み文字ツールをクリックし❶、プレーンテキストフレームに入力したテキストをドラッグして❷選択状態にします。

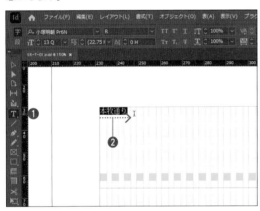

2 ▶ 文字サイズを選択する①

コントロールパネルの「フォントサイズ」の右にある ∨ をクリックし❶、プルダウンメニューから利用したいサイズ（ここでは「60Q」）をクリックします❷。

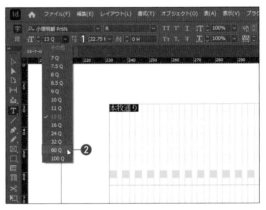

3 ▶ 文字サイズを変更する②

選択したサイズが適用されます。

 **POINT**

任意の文字サイズに変更する

プルダウンメニューにない文字サイズに変更したい場合は、文字サイズのテキストボックスをクリックし、直接数値を入力して Enter キーを押します。

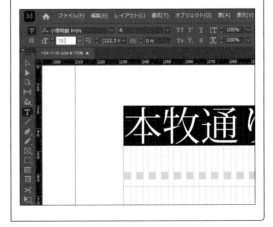

■ フォントの変更

フォントは、基本的にシステムに用意されているものしか利用できませんが、P.311で解説した
Adobe Fontsを利用すると、さらに多くのフォントを利用できます。

1 ▸ テキストを選択する

フォントを変更したいテキストを横組み文字ツールで
ドラッグし①、選択状態にします。

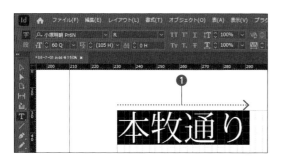

> **POINT**
>
> **スタイルの選択**
> 選択したフォントによっては、スタイルの選択もできます。
> スタイル選択ボックスの▼をクリックし、選択します。
>
>

2 ▸ フォントを選択する①

コントロールパネルの「フォント」の右にある▼をクリッ
クし①、利用したいフォントを選択します②。「書式」
→「フォント」を選択し、表示されるサブメニューからも
変更できます。

3 ▸ フォントを選択する②

選択したフォント（ここでは「DF極太ゴシックStd」）
が適用されます。

4 ▸ フレームサイズを調整する①

フォントとサイズを調整できたら、選択ツールをクリッ
クしてフレームを選択します。フレーム枠の□をドラッ
グして①、テキストに合わせてフレームのサイズを調
整します。

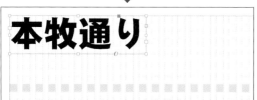

5 ▸ フレームサイズを調整する②

テキストよりも枠が小さいと、テキストが表示されな
くなります。この場合、「オーバーセット」といって、
赤い「＋」が表示されます（P.267参照）。

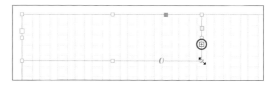

> **TIPS**
>
> **Adobe Fontsを利用する**
> 画面で利用しているフォントは、筆者が独自にインストー
> ルしています。InDesignには付属していません。Adobe
> Fontsを利用すると、さまざまなフォントを利用できます
> （P.311参照）。

プレーンテキストフレームの
テキストを設定する②

プレーンテキストフレームは、フレーム内に入力したテキストの配置を考慮した利用が可能です。ここでは、版面の左右中央にテキストを配置する方法について解説します。

▌ フレーム設定とテキスト入力

Chap06 ▶ S6-8-01.indd

メインタイトルとは別に、サブタイトル用に新しいプレーンテキストフレームを設定します。ここに、サブタイトルを入力します。

1 ▶ フレームを設定する ①

サブタイトルのフレームを設定します。横組み文字ツールを選択し❶、左右の版面いっぱいに合わせたサイズでドラッグします❷。

2 ▶ フレームを設定する ②

フレームが設定されます。

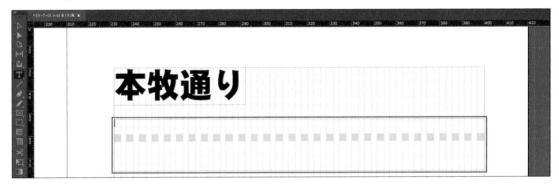

3 ▶ テキストを入力する

テキストを入力します❶。このテキストを、サブタイトルとします。

文字サイズとフォントの変更

文字サイズ、フォントの変更方法は、先に解説したメインタイトルでの設定と同じです。バランスよくサイズ、フォントを設定しましょう。

1 ▸ テキストを選択する

プレーンテキストフレームに入力したテキストを文字ツール❶でドラッグし❷、選択状態にします。

2 ▸ 文字サイズを選択する

「フォントサイズ」の右にある 🔽 をクリックし❶、利用したいフォントサイズ（ここでは「32Q」）を選択します❷。

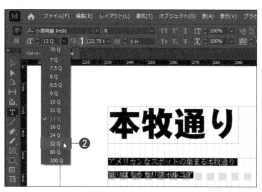

3 ▸ 文字サイズが変更される

選択したフォントサイズが適用されます。

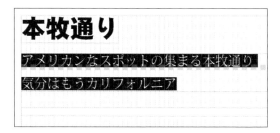

4 ▸ フォントを選択する ①

「フォント」の右にある 🔽 をクリックし❶、利用したいフォントをクリックします❷。

5 ▸ フォントを選択する ②

選択したフォントが適用されます。

POINT

Adobe Fontsの自動インストール

表示したInDesignのドキュメントにAdobe Fontsが利用されていて、自分のパソコンに該当するフォントが搭載されていなかった場合、自動的にフォントをインストールすることができます。「編集」→「環境設定」→「ファイル管理」→「フォント」→「Adobe Fontsを自動アクティベート」をオンにしておきます。

▌ 行間の調整

プレーンテキストフレーム内に複数行のテキストを配置した場合は、行間の調整を行います。

1 ▸ テキストを選択する

行間を調整したいテキストを横組み文字ツール❶でドラッグし❷、選択します。

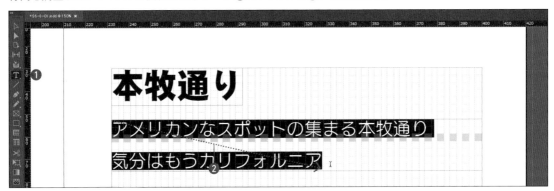

2 ▸ 行間を調整する ①

「行送り」の ⬍ をクリックして、行間を調整します❶。
⬆ をクリックすると行間が広がり、⬇ をクリックする
と行間が狭くなります。

3 ▸ 行間を調整する ②

行間を狭く設定しました（ここでは「39H」）。

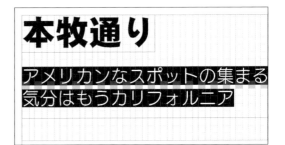

▌ 行揃えの調整

テキストは、コントロールパネルにある「左揃え」、「中央揃え」、「右揃え」、「ノド揃え」、「均等
配置（最終行左 / 上揃え）」、「均等配置（最終行中央揃え）」、「両端揃え」、「小口揃え」の各ア
イコンを利用して揃えます。

1 ▸ テキストを選択する

行揃えを調整したいテキストを選択します❶。

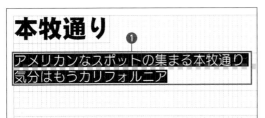

2 ▸ 中央揃えに設定する ①

コントロールパネルの「中央揃え」をクリックします❶。

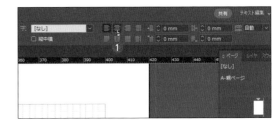

3 ▸ 中央揃えに設定する ②

テキストがフレーム内の中央に配置されました。プレーンテキストフレームは版面の左右と同じサイズに設定してあるので、テキストは版面の中央に表示されたことになります。

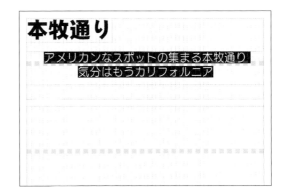

4 ▸ フレームサイズを調整する

選択ツールをクリックし❶、フレームを選択します❷。テキストフレームのハンドルをドラッグし❸、文字の高さに合わせてフレームのサイズを調整します。ここでは左右ではなく、上下のサイズのみ調整します。

5 ▸ フレームを移動する

フレーム内をドラッグして❶、フレームの位置を調整します。

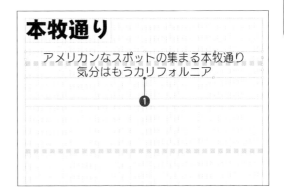

6 ▸ スタッフクレジットを設定する

サブタイトルと同様の方法でプレーンテキストフレームを作成し、スタッフクレジットなどを入力します。書式は、下記のように設定しました。フォントは任意のものを使用してください。

フォント	Chaparral Pro(Italic)
フォントサイズ	16Q
行揃え	中央揃え

POINT

「段落」パネル

行揃えは、「ウィンドウ」→「書式と表」→「段落」を選択して表示される、「段落」パネルでも設定できます。

フレームグリッドを利用する

レイアウトグリッドで設定したドキュメントに、もう1つのテキストフレーム「フレームグリッド」を利用してテキストを入力する方法について解説します。

▌フレームグリッドを利用した誌面作り

Chap06 ▶ S6-9-01.indd

レイアウトグリッドで作成したドキュメントには、緑色でグリッドが表示されています。フレームグリッドは、このグリッドに合わせて配置します。そして、配置したフレームグリッドにテキストを流し込みます。雑誌の場合、フレームグリッドは本文の入力・表示に利用します。

● フレームグリッドを配置

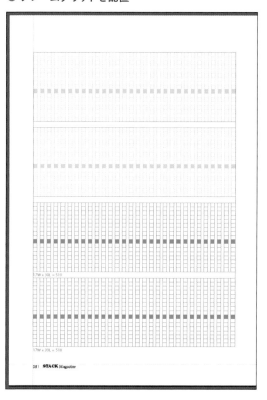

● テキストを配置

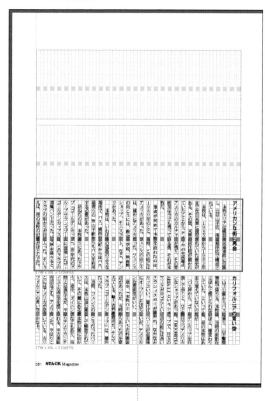

▌フレームグリッドの設定

レイアウトグリッドに表示されている緑色のグリッドと同じ位置に、フレームグリッドを重ね合わせるように設定します。

1 ▸ グリッドツールを選択する

グリッドツールをクリックします❶。縦書きの場合は縦組みグリッドツール、横書きの場合は横組みグリッドツールを選択してください。

2 ▸ グリッドを設定する ①

レイアウトグリッドに表示されている緑色のグリッドに合わせて、フレームの設定範囲をドラッグします❶。

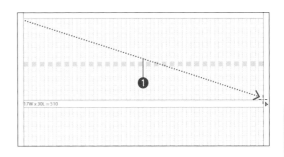

3 ▸ グリッドを設定する ②

青色のグリッドで、フレームグリッドが設定されます❶。その下の段にもフレームグリッドを設定します❷。

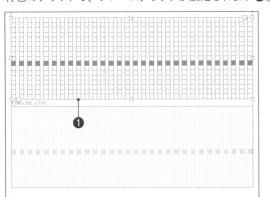

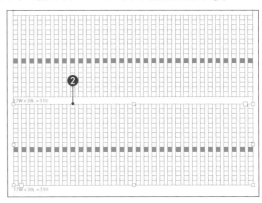

「マージン・段組」でドキュメントを作成した場合

新規のドキュメント作成時に「マージン・段組」でドキュメントを作成した場合は、緑色のグリッドではなく、段組の枠が表示されています。「マージン・段組」のドキュメントにフレームグリッドを作成する場合は、この枠に沿ってフレームグリッドを設定します。なお、枠とフレームのサイズが一致していない場合は、「レイアウトグリッド設定」(P.239参照) で調整します。

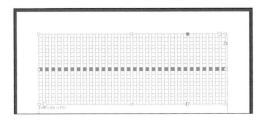

POINT

フレームの文字情報

フレームグリッドの左下には、文字数が表示されています。たとえば右の画面では「17Wx30L=510」と表示されています。これは1行17文字×30行＝510文字という情報を意味しています。

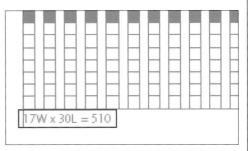

テキストの読み込み

レイアウトグリッド上に配置したフレームグリッドに、事前に準備したテキストデータを読み込んで配置してみましょう。

1 ▸ フレームグリッドを選択する

選択ツールをクリックし❶、テキストを配置したいフレームグリッドをクリックして選択します❷。選択すると、フレーム枠が境界線ボックスに変わりハンドルが表示されます。

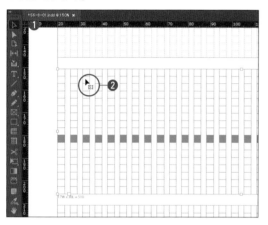

TIPS

フレームグリッド無しで配置
フレームグリッドを最初に設定しなくても、レイアウトグリッド上でクリックすれば、自動的にフレームグリッドを作成してテキストを配置できます。ただし、その場合はフレームグリッドがレイアウトグリッドからずれて配置されるので、最初にフレームグリッドを設定することをおすすめします。

2 ▸ テキストファイルを選択する ①

「ファイル」→「配置」をクリックします❶。

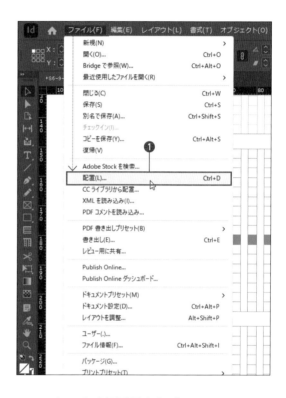

3 ▸ テキストファイルを選択する ②

「配置」ウィンドウでテキストファイルを選択し❶、「開く」をクリックします❷。

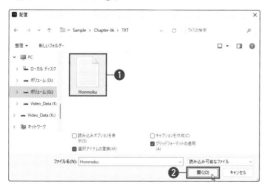

4 ▸ テキストが配置された

選択したテキストが、フレームグリッドに配置されます。

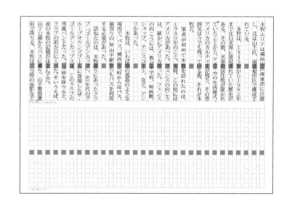

フレームグリッドを連結する

フレームグリッドからテキストが溢れてしまった場合は、複数のフレームグリッドを連結して溢れたテキストを配置します。

フレームグリッドの連結

Chap06 ▶ S6-10-01.indd

文字量が多くて1つのフレームグリッドに収まらないテキストデータは、別のフレームグリッドに配置して「連結」することで、連続したデータとして扱うことができるようになります。

1 ▸ インポートとアウトポートを確認する

テキストを配置したフレームを選択ツールで選択すると、フレームに通常のハンドルよりもサイズの大きなハンドルが表示されます。これは「インポート」❶と「アウトポート」❷と呼ばれるハンドルで、複数のフレームグリッドを連結するときに利用します。

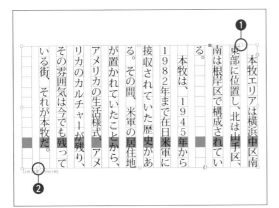

2 ▸ オーバーセットを確認する

フレームグリッドにテキストを配置した際、フレームの総文字数よりも文字量が多い場合、フレームの左下（横組みの場合は右下）のアウトポートに、赤い□に「＋」のマークが表示されます❶。これを「オーバーセット」と呼び、テキストが溢れていることを示すマークです。このオーバーセットは、ステータスバーに「エラー」として表示されます（P.269 POINT 参照）。

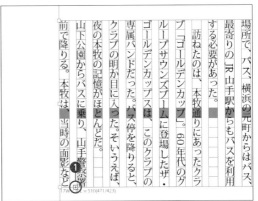

3 ▸ フレームグリッドを確認する

オーバーセットが発生したら、フレームグリッドを追加します。画面では、上部のフレームグリッドの真下に、新しいフレームグリッドを追加しました。

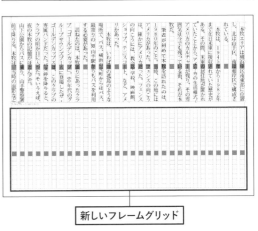

新しいフレームグリッド

4 ▸ テキストを連結する①

フレームグリッドを追加したら、選択ツールでオーバーセットマークをクリックします❶。

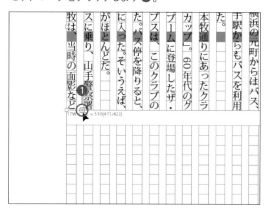

5 ▸ テキストを連結する②

マウスポインターの形状が「テキスト保持アイコン」に変わります❶。

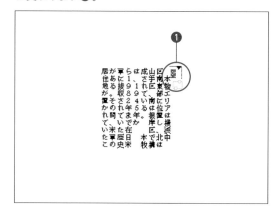

6 ▸ テキストを連結する③

この状態で、新しいフレームグリッドの先頭のマスにマウスポインターを合わせると、「テキスト保持アイコン」から「連結アイコン」に変わります❶。この状態でクリックします❷。

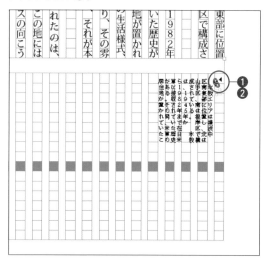

7 ▸ テキストを連結する④

これで、溢れたテキストが配置されます。

POINT

インポートをクリック

新しく設定したフレームグリッドが選択状態であれば、先頭のマスではなくインポートをクリックしてもテキストを配置できます。

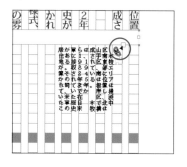

POINT

連結の解除

テキストの連結を解除したい場合は、フレーム
グリッドの ▽ マークをクリックします。マウスポ
インターが「連結アイコン」の形状になるので、
フレームグリッド上でクリックすると解除できま
す。連結を解除して溢れたテキストは、別のフ
レームグリッドに配置してください。

POINT

オーバーセットはエラー状態

フレームグリッドに文字が入りきらないオーバーセットの状態は、InDesignでは
エラーとして認識されます。ワークスペースの下部（ライブプリフライト）を見ると、
「エラー」と表示されています。この文字をダブルクリックすると、「プリフライト」
パネルにエラー内容が表示されます。エラー内容をダブルクリックすると、エラー
のあるページが表示されます。

❶ ダブルクリック

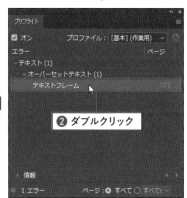

❷ ダブルクリック

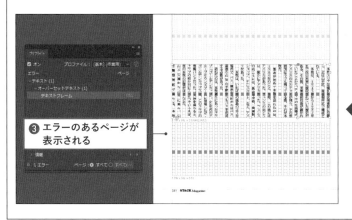

❸ エラーのあるページが
　　表示される

POINT

コピー&ペーストで配置したら文字化けした！

テキストファイルからフレームグリッドやテキストフレームにコピー&ペーストでテキストを配置すると、文字化けするときがあります。
このような場合は、テキストを読み込む際に「配置」ウィンドウのオプション「読み込みオプションを表示」をオンにしてください。表
示されるダイアログボックスで、利用するテキストのタイプに合わせてオプションを設定し、配置します。

見出しを設定する

本文などの文章に見出しを設定する場合、本文の文字サイズよりも大きく、行数も2行利用します。これを「行取り」といいます。

見出しの設定

Chap06 ▶ S6-11-01.indd

テキストを配置できたら、見出しの設定を行います。見出しは本文とは異なるフォント、文字サイズに設定します。

1 ▶ テキストを入力する

文字ツールを選択し、本文用のデータを入力したフレームグリッドに、見出し用のテキストを追加します❶。ここで設定する見出しは本文の見出しということで、とりあえず「中見出し」と呼ぶことにします。

2 ▶ フォントを変更する

入力した行を文字ツールで選択し❶、フォントを変更します❷。

3 ▶ スタイルを変更する

続いて、スタイルを変更します❶。

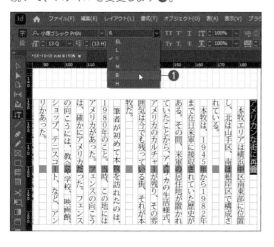

4 ▶ フォントサイズを変更する

さらに、フォントサイズを変更します❶。

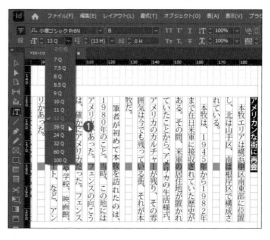

5 ▸ 2行の中央に見出しが配置される

フォントサイズを変更すると、2行の中央にテキストが配置されます。この行に対して、このあと、「行取り」を設定します。

行取りの変更

「行取り」では、本文中の見出しなどを複数行の中央に揃える設定を行います。デフォルトで「自動」に設定されています。行取りを変更すると、設定した数の行の中央にテキストが配置されます。

1 ▸ 行取りを変更する ①

「行取り」の設定は、コントロールパネルの「行取り」で確認・変更できます❶。

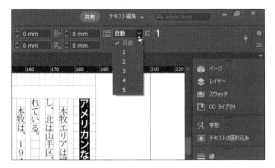

2 ▸ 行取りを変更する ②

メニューから行取りの行数を選択します❶。ここでは3行取りに変更しています。

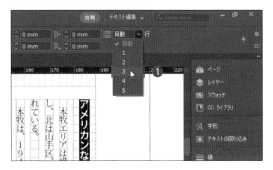

3 ▸ 行取りを変更する③

3行取りに変更できました❶。

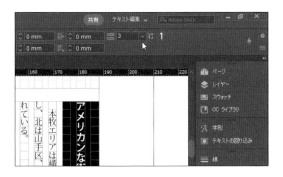

4 ▸ 行取りを変更する④

行を取りすぎて空きが気になる場合は、もう一度行取りを変更します❶。

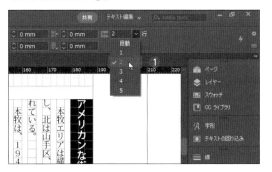

スタイルを登録する

テキストに設定する文字サイズやフォント、行揃えや行取りなどは、事前に文字スタイル、段落スタイルとして登録しておくと、他のドキュメントに手軽に適用できるようになります。

▌文字スタイルの登録

Chap06 ▶ S6-12-01.indd

ここでは、本文に関する設定を「文字スタイル」として登録してみましょう。本文で設定した内容を、そのまま文字スタイルとして登録するという手順で解説します。

1▸テキストを選択する

文字ツールをクリックし❶、フォントを変更したいテキストをドラッグして選択します❷。

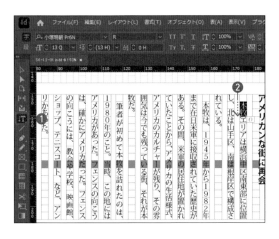

2▸フォントを選択する①

フォントの ⌄ をクリックし❶、フォント名の先頭にある ▷ をクリックして❷、変更したいフォントをクリックします❸。

3▸フォントを選択する②

フォントが設定されました。この設定をスタイルとして登録します。テキストが選択された状態で❶、「ウィンドウ」→「スタイル」→「文字スタイル」をクリックします❷。

4▸「新規文字スタイル」をクリックする

「文字スタイル」パネルで❶、[Alt] キー（macOS：[option] キー）を押しながら、「新規スタイルを作成」をクリックします❷。

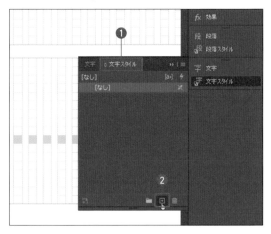

5 ▸ 文字スタイルを登録する①

「新規文字スタイル」ダイアログボックスが表示されます。カテゴリーの「一般」が選択されていることを確認し❶、「スタイル名」にわかりやすい名前を入力します❷。

6 ▸ 文字スタイルを登録する②

「基本文字形式」をクリックし❶、設定の変更／確認を行います❷。設定ができたら、「OK」をクリックします❸。

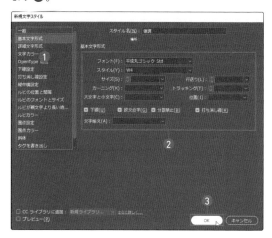

7 ▸ 文字スタイルを登録する③

「文字スタイル」パネルに、新しいスタイルが登録されました❶。

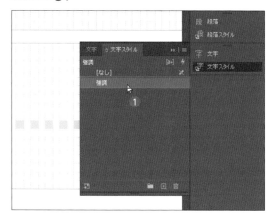

TIPS

スタイル設定
「新規文字スタイル」ダイアログボックス「一般」の「スタイル設定」には、選択したテキストに設定されている属性が表示されています。

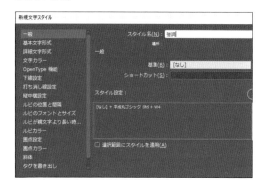

TIPS

グリッドフォーマットのスタイル登録
文字スタイル、段落スタイルと同様に、「ウィンドウ」→「書式と表」→「グリッドフォーマット」で表示した「グリッドフォーマット」パネルには、フレームグリッドの設定をスタイルとして登録できます。ただし、設定したスタイルはフレームグリッドに対しての設定なので、プレーンテキストフレームには適用できません。同様に、プレーンテキストフレームの設定をスタイルとして登録することもできません。

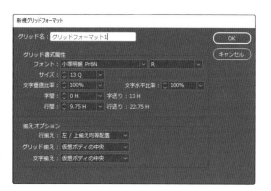

273

段落スタイルの登録

段落スタイルには、本文、見出し、キャプションなどの段落設定を登録できます。ここでは、見出しの設定を段落スタイルとして登録する方法を解説しましょう。

1▶ 文字カーソルを配置する

文字ツールをクリックし❶、段落スタイルに登録したいフォントや行取りなどが設定されているテキスト上をクリックし❷、文字カーソルを配置します。

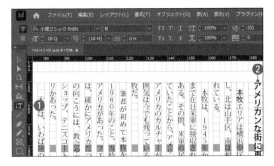

3▶ 段落スタイルを登録する①

「新規段落スタイル」ダイアログボックスが表示されます。カテゴリーの「一般」が選択されていることを確認し❶、「スタイル名」にわかりやすい名前を入力します❷。「スタイル設定」には、選択したテキストに設定されている属性が表示されています❸。

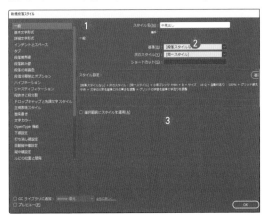

2▶ 「新規段落スタイル」を表示する

「段落スタイル」❶をクリックしてパネルを表示し❷、Alt キー（macOS：option キー）を押しながら、「新規スタイルを作成」をクリックします❸。

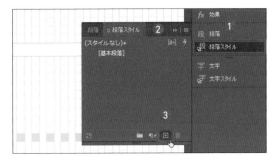

4▶ 段落スタイルを登録する②

「基本文字形式」をクリックし❶、設定の変更／確認を行います❷。「OK」をクリックします❸。

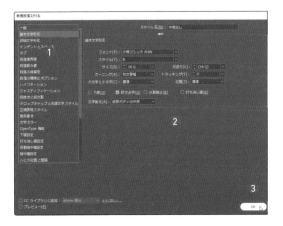

5▶ 段落スタイルを登録する③

「段落スタイル」パネルに、新しいスタイルが登録されました❶。

▌スタイルの適用

スタイルの適用は、入力したテキストに対して、各パネルからスタイルを選択して行います。適用場所は、文字単位、段落単位など自由に選択できます。

1 ▸ 文字スタイルを適用する ①

文字スタイルを適用したいテキストを選択し❶、「文字スタイル」パネルで適用したいスタイルをクリックします❷。

2 ▸ 文字スタイルを適用する ②

文字スタイルが適用されました。

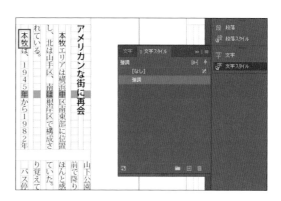

3 ▸ 段落スタイルを適用する ①

段落スタイルを適用したい段落内をクリックし❶、文字カーソルを配置します。「段落スタイル」パネルを表示して、適用したいスタイルをクリックします❷。

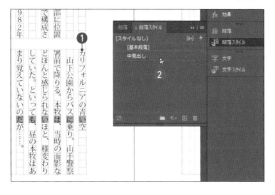

4 ▸ 段落スタイルを適用する ②

段落スタイルが適用されました。

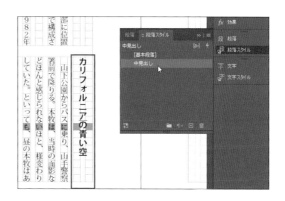

TIPS

スタイルの解除

たとえば設定した段落スタイルを解除したい場合、設定直後であれば、Ctrl + Z キーで解除できます。しかし、さまざまな操作を行ったあとで解除したい場合は、Ctrl + Z キーは効きません。スタイルを設定した段落を選択し、「段落スタイル」パネルにある「基本段落」を適用します。

「基本段落」は、最初から搭載されているデフォルトスタイルです。なお、「基本段落」はカスタマイズできますが、変更すると他のスタイルも影響を受けるので、変更しないことをおすすめします。

文字スタイルを解除する場合は、スタイルを適用したテキストを選択し、「文字スタイル」パネルで「なし」を適用してください。

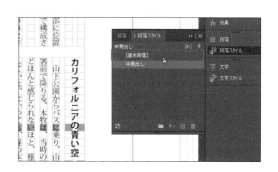

▍スタイルのオーバーライド

選択しているテキストと適用されているスタイルの設定内容に違いがある状態が「オーバーライド」です。オーバーライドの確認と、スタイルの再適用の方法を解説します。

1 › オーバーライドが表示される

文字スタイル、段落スタイルを適用したテキストに別のテキスト設定を適用すると❶、文字スタイル、段落スタイルの各パネルのスタイル名のうしろに「＋」マークが表示されます❷。

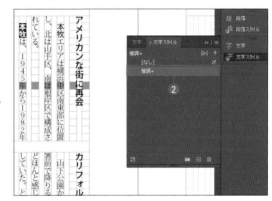

2 › 元のスタイルを再適用する

元のスタイルを再適用する場合は、該当するテキストや段落を選択した状態で、各パネルのスタイル名を Alt キー（macOS： option キー）を押しながらクリックします❶。すると、元のスタイルに戻ります。

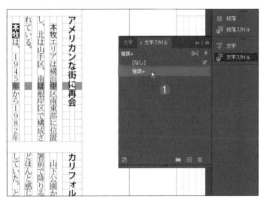
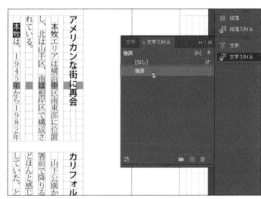

TIPS

オーバーライドをボタンで解除する
段落スタイルのオーバーライドの解除は、ボタンをクリックしても解除できます。該当箇所を選択後、「段落スタイル」パネル下の「オーバーライドの解除」ボタンをクリックすると、解除できます。

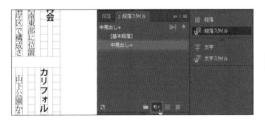
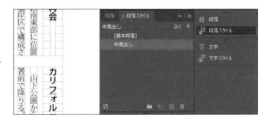

▌スタイルの編集

設定済みのスタイルの内容は、必要に応じて変更できます。ここでは、既存の文字スタイル設定の内容を変更してみましょう

1▶スタイルを編集する①

「文字スタイル」パネル、または「段落スタイル」パネルを表示し、編集したいスタイルをダブルクリックします❶。

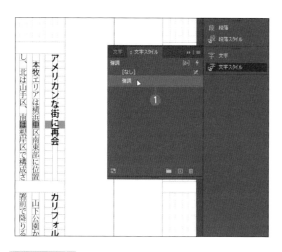

2▶スタイルを編集する②

「文字スタイルの編集」または「段落スタイルの編集」ダイアログボックスが表示されます。設定したいカテゴリーをクリックし❶、設定を変更します❷。「OK」をクリックします❸。

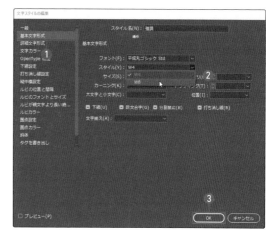

TIPS

スタイルをグループで管理
段落スタイルや文字スタイルは、「新規スタイルグループを作成」を利用すると、各パネル内にグループフォルダーを作成して管理することができます。

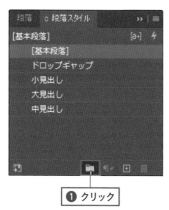

❶ クリック

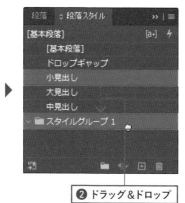

❷ ドラッグ＆ドロップ

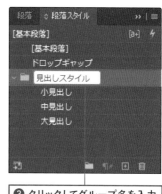

❸ クリックしてグループ名を入力

知っていると便利なテキスト設定

InDesignでは、テキストを読みやすくするための機能が多く搭載されています。ここでは、ドロップキャップ、縦中横の設定方法とスタイルの登録について解説します。

▌ ドロップキャップの設定

Chap06 ▶ S6-13-01.indd

段落の先頭の文字サイズを大きくするのが、ドロップキャップです。ドロップキャップの設定では、利用する行数を指定します。

1 ▸ 行を指定する

文字ツールをクリックして❶、ドロップキャップを設定したい行のどこかをクリックして文字カーソルを配置します❷。行頭の1字下げをしている場合は、あらかじめ解除しておきます。

2 ▸ ドロップキャップの行数を指定する

「段落」パネルの「行のドロップキャップ数」で、ドロップキャップが利用する行数を設定します❶。画面では「2行」と指定したので、2行でドロップキャップが設定されています❷。文字のドロップキャップは「1」に自動設定されます❸。

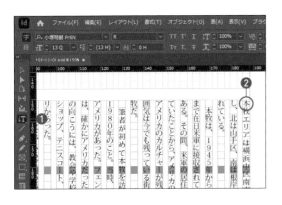

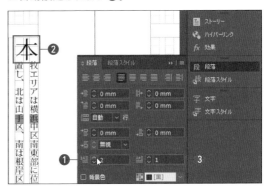

▌ 縦中横の設定

縦組みのテキストに半角の数字やアルファベットが含まれていると、90度傾いた状態で配置されます。これを縦に回転させる機能を、縦中横（たてちゅうよこ）と言います。

1 ▸ 文字を選択する

文字ツールをクリックし❶、縦中横を設定したいテキストをドラッグして選択します❷。

2 ▸ 「縦中横」にチェックを入れる

「縦中横」のチェックボックスにチェックを入れてオンにします❶。これで、テキストが縦に回転します❷。

スタイルの登録

ここで設定したドロップキャップや縦中横をスタイルとして設定すると、該当する箇所へ簡単に適用できます。

1 ▸ ドロップキャップを登録する

段落に設定したドロップキャップは、P.274の方法で段落スタイルに登録して利用できます。「新規段落スタイル」ダイアログボックスを表示してスタイル名を入力します❶。左側の分類で「ドロップキャップと先頭文字スタイル」をクリックし❷、設定を確認します❸。「OK」をクリックすると❹、段落スタイルのパネルに登録されます。

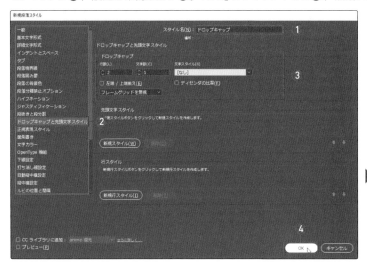

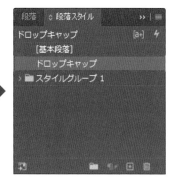

2 ▸ 縦中横を登録する

テキストに設定した縦中横は、P.272の方法で文字スタイルに登録して利用できます。「新規文字スタイル」ダイアログボックスを表示してスタイル名を入力し❶、左側の分類で「縦中横設定」をクリックし❷、設定を確認します❸。「OK」をクリックすると❹、文字スタイルのパネルに登録されます。

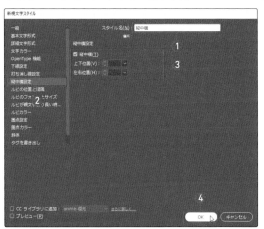

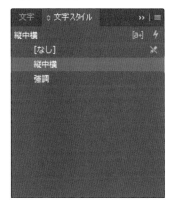

TIPS

スタイルの適用

「文字スタイル」パネル、「段落スタイル」パネルに登録したスタイルは、ドキュメントでテキストを選択し、パネルでスタイル名をクリックすれば適用されます。

画像を配置する

InDesignでは、写真やイラストなどの画像データをページに配置する場合、「グラフィックフレーム」を利用します。

▶ フレーム調整オプションの設定

Chap06 ▶ S6-14-01.indd

フレームに画像を配置する前に、あらかじめオプションを設定しておくと、あとからの画像調整等の操作が楽になります。「フレーム調整オプション」では、グラフィックフレームに配置した画像に対して、トリミング方法や画像をどのようにサイズ調整するのかなどを設定します。

1 ▶ オプションを設定する①

「オブジェクト」→「オブジェクトサイズの調整」→「フレーム調整オプション」をクリックします❶。

2 ▶ オプションを設定する②

「フレーム調整オプション」ダイアログボックスが表示されます。「自動調整」のチェックボックスをオンにし❶、「サイズ調整」は「フレームに均等に流し込む」を選択します❷。「OK」をクリックします❸。

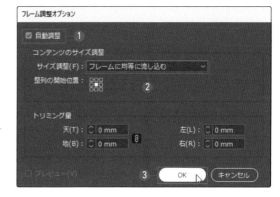

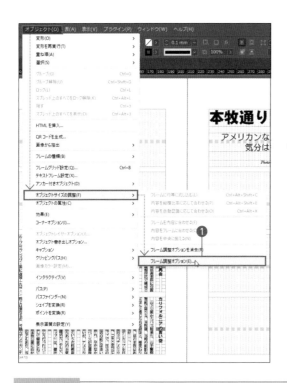

TIPS

「フレームに均等に流し込む」について

サイズ調整の「フレームに均等に流し込む」を設定しておくと、画像を配置する際、画像の縦横比を保持しながら、フレームの縦横どちらかに合うサイズで配置されます。

TIPS

配置後の調整

グラフィックフレームに画像を取り込んだあとからでも、配置に関する設定変更は可能です。調整は、グラフィックフレームを設定・選択すると表示されるコントロールパネルのボタンで可能です。

▌グラフィックフレームの設定

画像を配置したい位置に、長方形フレームツールを利用してグラフィックフレームを設定します。

1 › 長方形フレームツールを選択する

長方形フレームツールをクリックします❶。

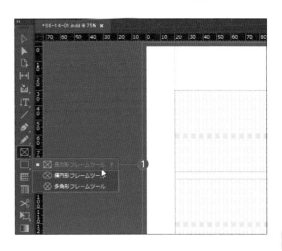

2 › フレームを設定する ①

ページの「ノド」から、ページの外の裁ち落としの赤いラインまでドラッグします❶。

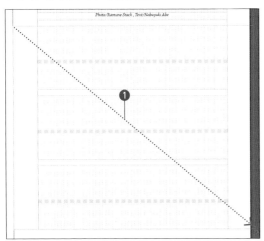

3 › フレームを設定する ②

グラフィックフレームが作成されます。

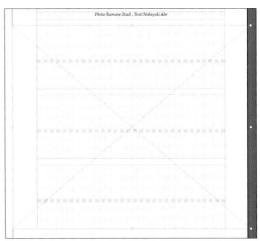

4 › フレームサイズを調整する

選択ツールでグラフィックフレームを選択します❶。境界線ボックスの四隅、上下左右に表示されるハンドルをドラッグして❷、フレームのサイズを調整します。

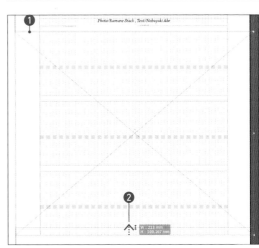

画像の配置

グラフィックフレームに画像を配置します。画像は、「配置」コマンドを利用してフレームに配置します。

1 ▸ フレームを選択する

レイアウトグリッドに設定したグラフィックフレームを、選択ツールで選択します❶。

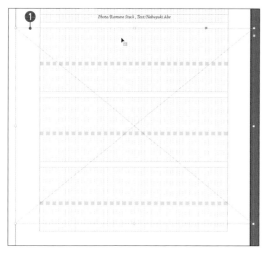

2 ▸ 画像を配置する ①

「ファイル」→「配置」をクリックします❶。

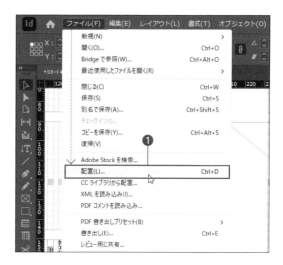

3 ▸ 画像を配置する ②

「配置」ウィンドウが表示されます。利用したい画像データが保存されているフォルダーを開き❶、画像を選択します❷。「開く」をクリックします❸。

4 ▸ 画像が配置される

選択した画像が配置されます。この画像の場合、フレーム調整オプションで「フレームに均等に流し込む」に設定したので、画像の左右がフレームの左右いっぱいに表示されています。

POINT

「裁ち落とし」で配置

ここでの操作のように、写真などを版面の外まで配置する方法を、グラフィックデザインでは「裁ち落とし」と呼んでいます。このように配置すると、写真内での空間を広げることができます。

5 ▶ キャプションを設定する

写真のキャプションが必要な場合は、横組み文字
ツールなどを利用して作成します。キャプションは横
組み文字ツールで入力します。入力後、文字スタイ
ルとして登録しておくと良いでしょう。

裁ち落としでの画像配置

Chap06 ▶ S6-14-02.indd

裁ち落としは、さまざまな配置が可能です。これによって、誌面のイメージも変わります。裁ち落
としを利用する場合は、見開きでの状態を確認しながら設定します。

❶ 裁ち落としなし

❸ 小口のみ裁ち落とし

❷ 天のみ裁ち落とし

❹ 天、小口、ノドを裁ち落とし

表示モードの切り替え

レイアウト中に、誌面の仕上がりイメージを確認するときに便利なのが、表示モードの切り替えです。InDesignには、5種類の表示モードが備えられています。表示モードは、ツールバーの一番下にある「モードの切り替え」を長押しして表示されるメニューから切り替えられます。

POINT

グラフィックフレームを使わずに配置する

グラフィックフレームを利用せずに、画像を配置することも可能です。最初に「ファイル」→「配置」で画像を選択し、レイアウトグリッド上でドラッグすると、ドラッグしたサイズで画像が配置されます。

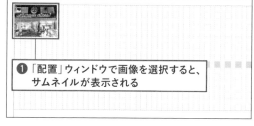

❶「配置」ウィンドウで画像を選択すると、
サムネイルが表示される

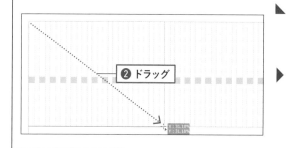

❷ ドラッグ

❸ 画像が
配置される

▌ 画像の連続配置

Chap06 ▶ S6-14-03.indd

「配置」では、ページに複数のグラフィックフレームを設定し、さらに複数の画像ファイルを選択して連続して配置することができます。

1 ▸ フレームを設定する

画像を配置するグラフィックフレームを、複数設定しておきます。

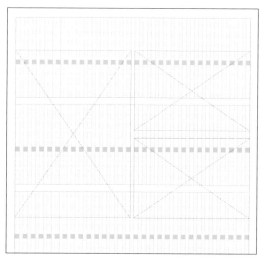

2 ▸ 画像を配置する ①

「ファイル」→「配置」をクリックします❶。

3 ▸ 画像を配置する ②

「配置」ウィンドウで、Ctrl キー（macOS：command キー）を押しながら配置したい画像を3つ選択します❶。「開く」をクリックします❷。

4 ▸ フレーム上でクリックする ①

マウスポインターをグラフィックフレームの上に移動すると、画像のサムネイルが表示されます。ここに表示されたサムネイルの画像を配置したいフレーム上で、クリックします❶。

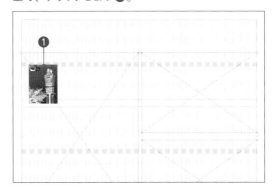

5 ▸ フレーム上でクリックする ②

フレームに画像が配置されます。

6 ▸ 続けて配置する ①

続けて、別のフレームの上にマウスポインターを移動すると、次の画像のサムネイルが表示されます。画像を配置したいフレーム上でクリックします❶。

7 ▸ 続けて配置する ②

2つ目の画像が配置されました。

8 ▸ 続けて配置する③

同様の方法で、3つ目の画像を配置します。

配置した画像を調整する

画像のサイズ調整には、フレームサイズの変更による調整と、画像そのもののサイズ変更による調整の2つの方法があります。

▌ 画像の選択

Chap06 ▶ S6-15-01.indd

レイアウトグリッドに配置した画像を移動、サイズ変更など編集したい場合は、画像を選択する必要があります。以下、サンプルファイルの056ページで操作を行っています。

1 ▸ 選択ツールで選択する

選択ツールをクリックし❶、グラフィックフレームに配置した画像をクリックします❷。グラフィックフレームが選択状態になり、コントロールパネルに、グラフィックフレームの座標値（「X座標」「Y座標」）とサイズ（「幅（W）」「高さ（H）」）が表示されます❸。

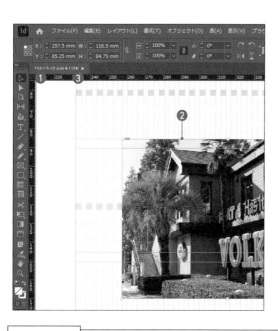

2 ▸ ダイレクト選択ツールで選択する

ダイレクト選択ツールをクリックし❶、画像をクリックします❷。グラフィックフレームに配置した画像が選択状態になり、コントロールパネルに、画像の座標（「X座標」「Y座標」）とサイズ（「幅」「高さ」）が表示されます❸。この座標値は、グラフィックフレームを基準とした値です。

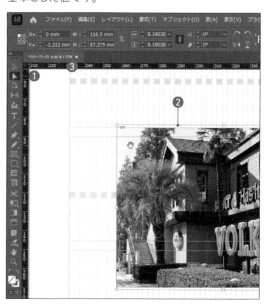

POINT

座標の基準
グラフィックフレームの座標は、ページの左上隅「0、0」を基準としています。

ここが基準

フレームサイズの変更

選択ツールを使うと、グラフィックフレームに対して編集作業を行うことができます。選択ツールを使って、画像の入ったフレームのサイズを調整してみましょう。フレームのサイズ調整は、「ハンドル」をドラッグして行います。

1 ▸ グラフィックフレームを選択する

選択ツール❶でグラフィックフレームに配置した画像をクリックします❷。グラフィックフレームが選択状態になり、境界線ボックスに変わります。

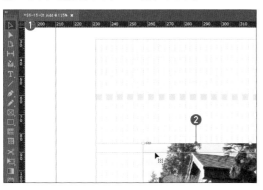

2 ▸ ハンドルをドラッグする

境界線ボックスに表示されているハンドルをドラッグすると❶、任意の大きさにグラフィックフレームのサイズと画像サイズが調整されます。

POINT

数値を入力

選択ツールでグラフィックフレームを選択し、コントロールパネルの「W」（幅）、「H」（高さ）に数値を入力すると、指定したサイズにグラフィックフレームの大きさが変更されます。

フレームの移動

画像と画像を配置しているグラフィックフレームは、選択ツールで選択し、個別に移動することができます。

1 ▸ グラフィックフレームを選択する

選択ツールでフレームに配置した画像をクリックすると❶、グラフィックフレームが選択状態になります。

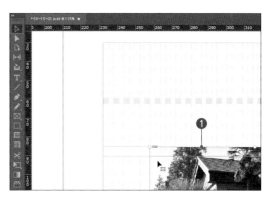

InDesign

2 › フレームをドラッグする

グラフィックフレームをドラッグすると❶、フレームの表示位置を移動できます。

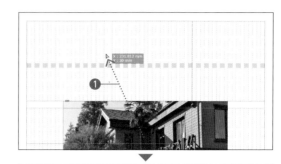

画像サイズの変更

ダイレクト選択ツールを使うと、グラフィックフレームに配置した画像に対して編集作業を行うことができます。ダイレクト選択ツールを使って、画像のサイズを変更してみましょう。画像のサイズを調整しても、グラフィックフレームのサイズは変わりません。

1 › 画像を選択する

ダイレクト選択ツールで、グラフィックフレームに配置した画像をクリックします❶。画像が、ラインの色が異なる選択状態になります。なお、選択ツールの状態で画像をダブルクリックすると、ダイレクト選択ツールで選んだ状態になります。

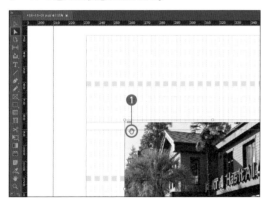

2 › ハンドルをドラッグする

画像の周囲に表示されている境界線ボックスのハンドルをドラッグすると❶、画像のサイズを任意の大きさに調整できます。

▌画像の移動

ダイレクト選択ツールで選択した画像は、ドラッグして移動することができます。移動する位置によってグラフィックフレームからフレームアウト（外へ出る）してしまうことがあるので、注意しましょう。

1▸ 画像を選択する

ダイレクト選択ツールでグラフィックフレームに配置した画像をクリックします❶ 。画像が選択状態になります。

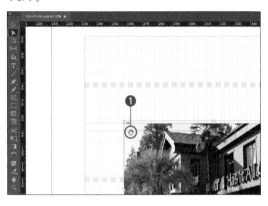

TIPS

数値を入力
ダイレクト選択ツールで画像を選択し、コントロールパネルの「X」（X座標）、「Y」（Y座標）に数値を入力すると、指定した位置に移動します。

POINT

ライブスクリーン描画
画像のサイズ変更や移動の際、ドラッグを開始する前に左のマウスボタンを長押しすると、画像を表示しながら操作することができます。表示するタイミングは、「編集」→「環境設定」→「インターフェイス」→「ライブスクリーン描画」で調整できます。

2▸ 画像をドラッグする

画像をドラッグすると❶ 、画像は任意の位置に移動できます。

POINT

コンテンツグラバー
選択ツールで画像を選択すると、グラフィックフレームが選択されます。このとき、画像の中央には「コンテンツグラバー」と呼ばれる円形が表示されます。このコンテンツグラバーをドラッグすると、グラフィックフレームではなく画像を移動することができます。「表示」→「エクストラ」→「コンテンツグラバーを隠す」を選択すると、コンテンツグラバーを非表示にできます。

コンテンツグラバー

テキストの回り込みを設定する

画像とテキストが重なっている場合、画像にテキストを回り込ませることが可能です。グラフィックフレームを利用した回り込みの方法を解説します。

▌テキストの回り込み設定

Chap06 ▶ S6-16-01.indd

配置した画像をよけるようにテキストが配置される「回り込み」には、複数のタイプがあります。回り込みの表示結果によって使い分けるのがポイントです。

1 ▸ ページを作成する

レイアウトグリッドなどを設定したページに、グラフィックフレーム、縦組みグリッドツールなどでページを作成します。このあと、配置したグラフィックフレームの表示位置を移動します。

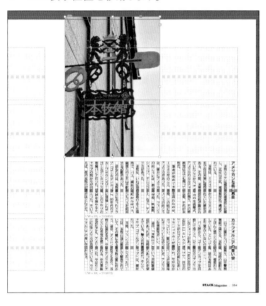

2 ▸ 画像とテキストが重なった

グラフィックフレームを選択し、下方向にドラッグします❶。グラフィックフレームの位置を移動した結果、画像とテキストが重なった状態で表示されました。

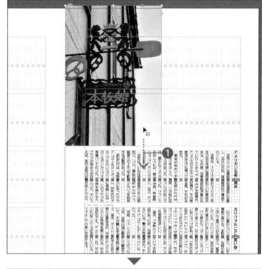

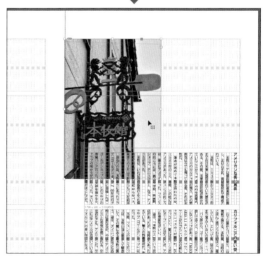

3 ▸ テキストを回り込ませる ①

「ウィンドウ」→「テキストの回り込み」をクリックします❶。

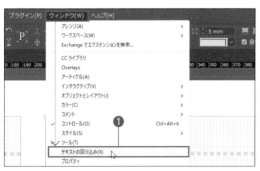

4 ▸ テキストを回り込ませる ②

「テキストの回り込み」パネルが表示されます。

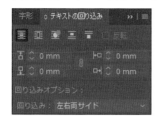

6 ▸ テキストを回り込ませる④

「テキストの回り込み」パネルで「境界線ボックスで回り込む」をクリックし❶、上下左右のオフセット値を設定します❷。値は4つともリンクしており、1つを変更すれば他の3つも変わります。

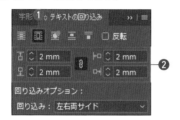

7 ▸ 回り込みが適用される

画像の境界線ボックスを基準に、回り込みが適用されます。

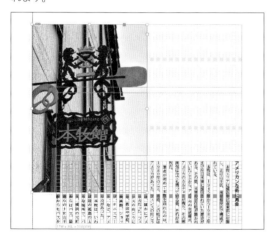

TIPS

コントロールパネルで選択
テキストの回り込みの設定は、画像が選択されている状態であれば、コントロールパネルでも選択できます。

5 ▸ テキストを回り込ませる③

回り込みを適用したい画像を、選択ツールでクリックします❶。

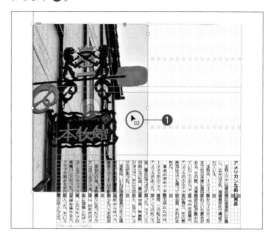

TIPS

オフセット
「オフセット」には「基準からの距離」という意味があります。ここでは、境界線ボックスとテキストとの距離を意味しています。

8 ▸ オブジェクトを挟んで回り込ませる

「テキストの回り込み」パネルで「オブジェクトを挟んで回り込む」を選択すると❶、テキストの回り込み方法が変更されます。なお、オーバーセットが発生した場合は、別のテキストフレームに連携してください。

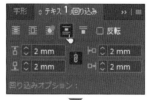

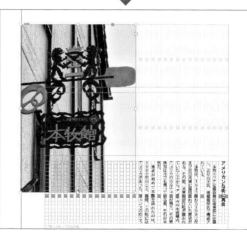

Illustratorの画像を配置する

Illustratorで作成した画像を、InDesignのページに配置してみましょう。ここではP.80で作成したマップのデータを、InDesignのページに配置します。

▌ Illustratorデータの配置

Chap06 ▶ S6-17-01.indd

IllustratorのデータをInDesignのページに配置するには、グラフィックフレームを設定し、そこに「配置」でIllustratorのaiデータを指定します。

1 ▸ グラフィックフレームを設定する

P.280の方法で、マップを配置したい位置にグラフィックフレームを設定します。設定したグラフィックフレームは、選択ツールで選択しておきます。

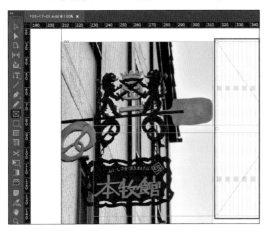

2 ▸「配置」を選択する

「ファイル」→「配置」をクリックします**❶**。

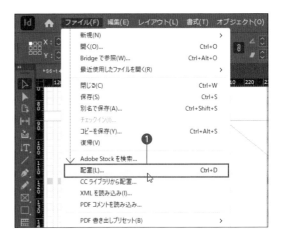

3 ▸ Illustratorデータを選択する

Illustratorで作成したデータ（拡張子「.ai」）を選択し**❶**、「開く」をクリックします**❷**。

4 ▸ マップが配置された

Illustratorで作成したマップのデータ（P.80参照）が配置されます。

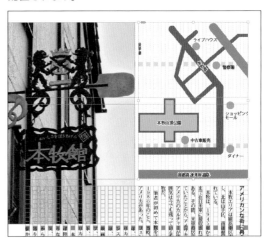

5 マップのサイズや位置を調整する

配置したIllustratorデータは、P.288の方法でサイズや表示位置を調整します❶。また、文字ツールを利用してタイトル❷、長方形ツールを利用してタイトル用の背景❸などを作成します。

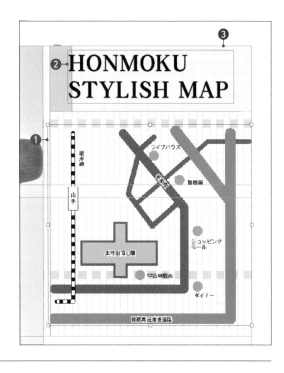

Illustratorからコピー&ペースト

Illustratorのデータを配置する方法として、「配置」機能を使わずにIllustratorから直接コピー&ペーストでInDesignに配置することも可能です。配置したら、サイズを調整します。

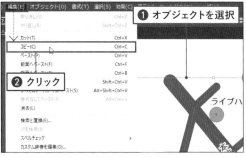

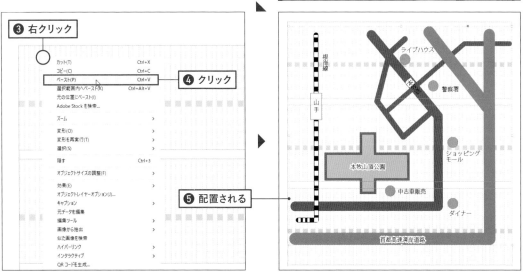

デザインパターンを作成する

Illustratorでデザインパターンを作成し、テンプレートとして利用できるように
します。また、罫線の利用方法についても解説します。

▌ デザインパターンの作成

Chap06 ▶ S6-18-01.indd　　Chap06 ▶ Pattern_R.ai　　Chap06 ▶ Grid.pdf

連載や特集ページなど、特定のページデザイ
ンを毎回利用する場合、Illustratorなどで事
前にデザインパターンを作成しておくと、レイ
アウトの作業を効率的に処理できます。右の
画面の囲みの部分が、今回作成するデザイ
ンパターンです。

1 ▶ Illustratorで新規作成する

Illustratorの新規ドキュメントは、InDesignと同じ
「印刷」❶でA4サイズ❷の幅と高さ、同じ裁ち落と
しのサイズに設定して作成します❸。

2 ▶ グリッドを出力する①

あらかじめ、InDesignで「ファイル」→「グリッドの
プリント・書き出し」をクリックし、InDesignのレイ
アウトグリッドのページをPDF形式で「書き出し」て
おきます（Grid.pdf）。書き出したPDFファイルを
Illustratorで読み込むことで、パターンを作るため
の下図にします。

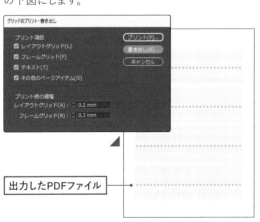

出力したPDFファイル

3 ▶ グリッドを出力する②

Illustratorで「ファイル」→「開く」をクリックして、書
き出したPDFをIllustratorに読み込みます。

4 › 長方形を描画する

長方形ツールを利用して、右の設定で2つの長方形を描きます。不透明度を調整すると、重なったイメージを表現できます。作成時にはガイドを利用して、配置位置を決めやすくします。長方形はグリッドとは別のレイヤーに作成しておくと、あとの作業が楽になります。

● 長方形1			● 長方形2	
塗り	K=100%		塗り	K=90%
線	なし		線	なし
不透明度	80%		不透明度	80%

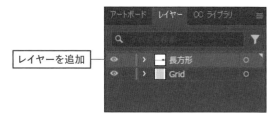

5 › テキストを入力する

新規レイヤーを追加し❶、作成した長方形の上に文字ツールでテキストを入力します❷。

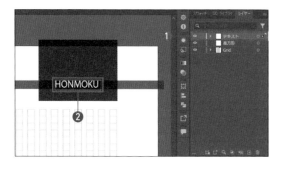

6 › デザインパターンを保存する

デザインパターンが完成したら、グリッドのPDFファイルを配置したレイヤーを非表示にして❶、ai形式で保存します（Pattern_R.ai）。

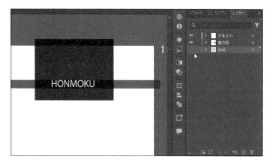

7 › InDesignに配置する

InDesignでパターンを利用したいページを表示し、レイヤーを追加して「ファイル」→「配置」で配置します❶。左ページにも必要な場合は、同様の方法で左ページのパターンも作成します。

8 › プレビュー表示をする

表示モードを切り替えてプレビューモード（P.360参照）で表示すると❶、以下のようになります。

▌線ツールの利用

罫線をデザインに利用してみましょう。ここでは、タイトルページのテキストに、アクセントとして罫線を設定してみます。

1 ▸ 線ツールで描画する

新しくレイヤーを追加し①、線ツールを選択します②。画面上でドラッグして線を描画します③。

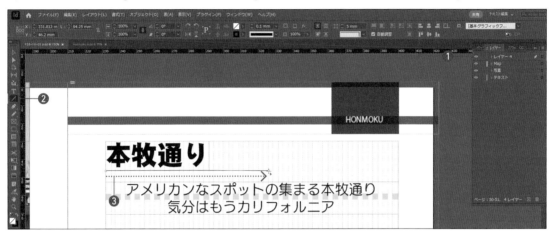

2 ▸ 線を設定する

線の色は黒①、太さを0.5mm②に設定します。

3 ▸ 線を調整する

「プレビューモード」に切り替えて、線の太さや位置を調整します。画面では、線の太さを0.1mmに戻し、位置も調整しています。

親ページを利用して適用する

Illustratorなどで作成したデザインパターンを親ページに読み込むと、複数ページに同じデザインパターンを適用できるようになります。たとえば、特集ページにだけ同じパターンを適用したいときなどに便利です。なお、パターンは左右同じなら問題ありませんが、基本的に右ページ、左ページをそれぞれ作成することをおすすめします。

❶ Illustratorで左ページ用のパターンを作成して保存 (Pattern_L.ai)

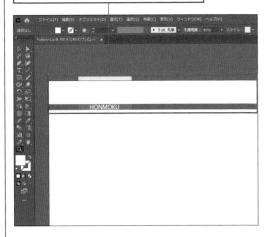

❷「A-親ページ」を右クリック

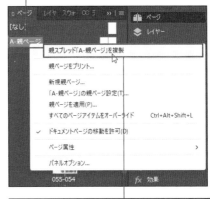

❸「親スプレッド「A-親ページ」を複製」をクリック

❹ 複製した「B-親ページ」

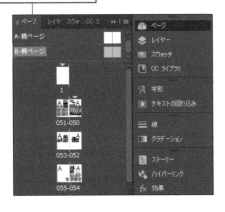

❺ 親ページにパターンを配置

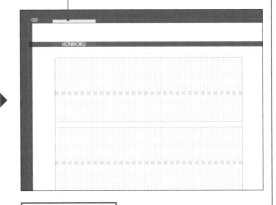

❻ 親ページを適用

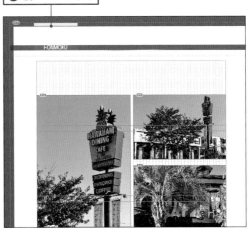

Chapter

6

InDesignで雑誌を制作する

InDesign

扉を作成する

特集などの最初のページを「扉」として、画像やタイトル用テキストで構成することがあります。ここでも、扉を作成してみましょう。

▌扉ページの作成

Chap06 ▶ S6-19-01.indd　Chap06 ▶ Tobira.psd

扉ページは、特集などのページの最初に設定します。ラフレイアウトでも、先頭ページに設定しています。

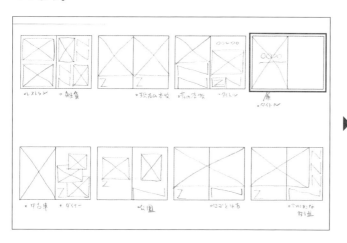

▌PSDデータの配置

1 ▸ Photoshopで原稿データを作成する

扉用の画像データを、Photoshopで作成します。ここでは、P.202のポップアート風の画像を作成し、PSD形式で保存したデータを利用します（Tobira.psd）。

2 ▸ レイヤーを設定する

扉ページに、誌面いっぱいのグラフィックレイヤーを
設定します❶。設定は、裁ち落としです。

3 ▸ レイヤーを追加する

扉ページの画像用に、レイヤーを新規に追加しま
す❶。名前は、他のレイヤーと区別しやすいように
設定します。

4 ▸ 「配置」をクリックする

「ファイル」→「配置」をクリックします❶。

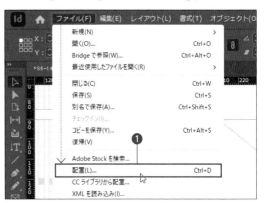

5 ▸ PSDファイルを選択する

PSDファイルを選択し❶、「開く」をクリックします❷。

6 ▸ 画像が配置される

PSDデータが配置されます。

テキストの配置

タイトル用のテキストを配置します。テキスト用のレイヤーを設定してから作業を始めます。

1 ▸ レイヤーを追加する

タイトル用のテキストを管理するため、レイヤーを設定します❶。

2 ▸ フレームを設定する

文字ツール❶でテキストレイヤーを設定し❷、テキストを入力します❸。

3 ▸ サイズ、行間を調整する

テキストのサイズや行間を調整します❶。なお、コントロールパネルの他、ドックの「文字」パネルや「ウィンドウ」→「書式と表」→「文字」で表示される「文字」パネルなども利用すると、効率的に作業ができます。

4 ▸ テキストのフォントを変更する

フォントも変更します❶。フォント変更によってサイズや行間調整の再設定が必要になる場合があります。

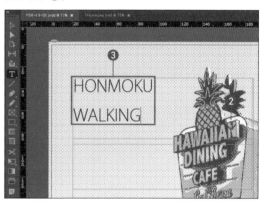

5 ▸ テキストのデザインを調整する

テキストの「塗り」❶と「線」❷の色を、ツールバーで設定します。

6 ▶ 線の太さを調整する

テキストの「線」の太さを調整します。「線」❶をクリックして、線パネルを表示し、「線幅」❷で線の太さを調整します。線の太さによっては、色を変更した方がバランスが良いこともあります。

7 ▶ サブタイトル等を設定する

P.293で解説した長方形を利用したタイトル等の作成を利用し、長方形の図形を利用したサブタイトル等を作成します。

8 ▶ プレビューで確認する

プレビューモードで、仕上がりを確認します❶。必要に応じて、テキストなどを調整します。

Photoshopデータを再編集する

InDesignのページに配置したPhotoshopのPSDデータは、InDesignからPhotoshopを起動して再編集できます。

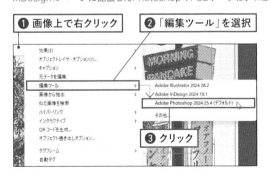

画像の重なり順を調整する

写真などを配置した場合、重ねて表示することがあります。この場合、重なり順を調整するには、「重ね順」を利用します。

▌ 画像の配置

Chap06 ▶ S6-20-01.indd

複数の画像を、重なるようなレイアウトで配置します。このときの重なり順を調整してみましょう。

1 ▸ ページに画像を配置する

ページに画像を配置します。画面では、グラフィッククレイヤーを設定した順に画像が配置されています❶❷❸。

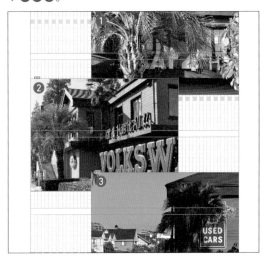

2 ▸ 順番を変更する

❷の画像の上に❸の画像があり、❷の右下の看板に❸の画像が掛かっています。そこで、❸を❷の下に変更します。

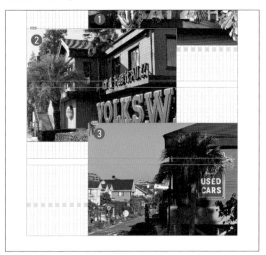

3 ▸ 重ね順を選択する

選択ツールで重なり順を変更したい画像を右クリックし❶、「重ね順」❷→「最前面へ」❸をクリックします。

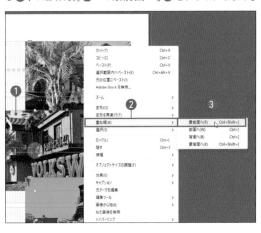

4 ▸ 重なり順が変更される

❷の画像が最前面に移動しました。

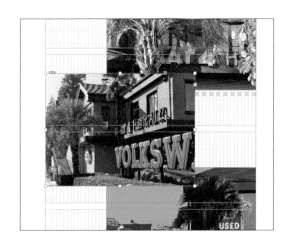

▌ 白の縁取り

画像の重なっている部分ですが、下の画像と絵柄が似ていると目立ちません。このような場合は、写真を白枠で縁取りなどを設定して目立たせます。

1 ▸ 画像を選択する

選択ツールで縁取りしたい画像をクリックして選択します❶。

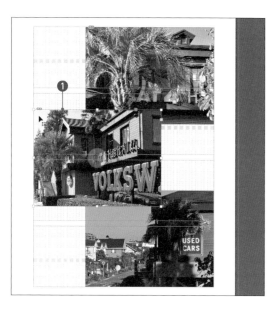

2 ▸ 線の色を選択する

コントロールパネルで「線」の ▸ をクリックし❶、表示されたプルダウンメニューから色を選択します。画面では、「白」の [紙色] を選択しています❷。

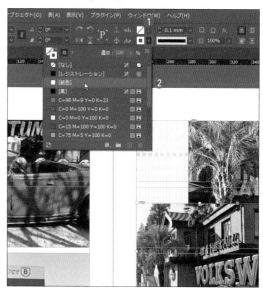

3 ▸ 太さを調整する

コントロールパネルの「線幅」の ▾ をクリックして❶、線の太さを調整します。画面では、「2mm」に設定しています。ページを見ながら調整してください❷。

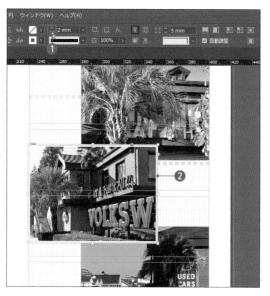

4 ▸ 確認する

プレビューモードで、重なり具合や線の太さの具合などを確認します❶。

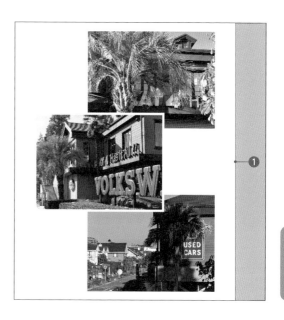

SECTION

6-21

表を挿入する

InDesignは、強力な表作成機能を搭載しています。ここでは、InDesignの
表作成機能を利用して、簡単な表を作成する手順を解説します。

▌ 表の作成

Chap06 ▸ S6-21-01.indd

ここではInDesignのレイアウトグリッドに表を配置します。表は、InDesignの「表」メニューから
「表を作成」を選択して実行します。以下、サンプルファイルの057ページで操作を行っています。

1 ▸ テキストフレームに挿入する

P.256の方法で横組み文字ツールでプレーンテキス
トフレームを作成し❶、フレーム内に文字カーソル
を挿入します❷。なお、表のレイヤーを設定してお
くと、表のみの差し替えなどが簡単になります。

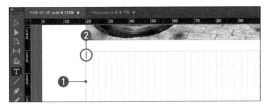

2 ▸ 表を挿入する ①

新しくレイヤーを追加して、「表」→「表を挿入」をク
リックします❶。

3 ▸ 表を挿入する ②

「表を挿入」ダイアログボックスで、表の要素を設定
します❶。「OK」をクリックします❷。

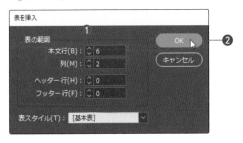

4 ▸ 表にデータを入力する

テキストフレーム内に、表が挿入されます。表のセ
ルに、データを入力します❶。

5 ▸ セルを調整する

セルの罫線をドラッグして❶、表の幅や高さを調整します。

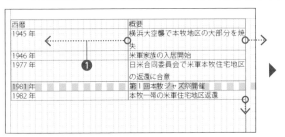

6 ▸ セルを選択する

セル内でクリックしてセルを選択し**❶**、さらにドラッグしてセル全体を選択します**❷**。

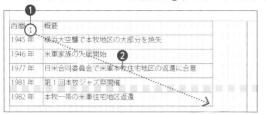

7 ▸ 文字を揃える①

コントロールパネルで、上下の配置を「中央揃え」に変更します**❶**。これで、セルの上下の中央にテキストが配置されます。

8 ▸ 文字を揃える②

ヘッダーとなる1行目のセルをドラッグして選択し**❶**、コントロールパネルで、左右の文字揃えを「中央揃え」に変更します**❷**。

9 ▸ セルに色を設定する①

1行目のセルを選択して、「塗り」**❶**の色を「黒」**❷**に設定します。「濃淡」を「40」に設定します**❸**。

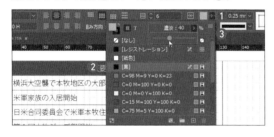

10 ▸ セルに色を設定する②

セルに色が設定されました。

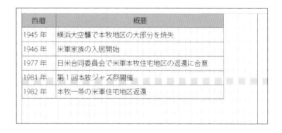

11 ▸ フレームを調整する

Chap06 ▸ **Hommoku.indd**

フレームのサイズを表に合わせて調整し、表示位置も変更します。空いたスペースにテキストフレームを配置して、タイトルや出典などを設定すれば完成です。

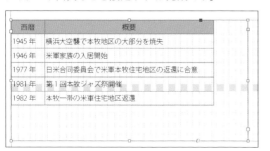

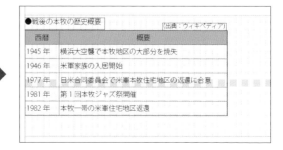

Excelの表を利用する

InDesignでは、Excelで作成した表を「配置」で読み込むことができます。Hommoku.xlsxを利用してください。

❶ Excelで表を作成

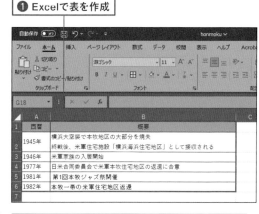

❷ クリック

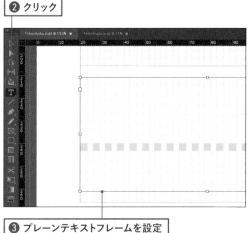

❸ プレーンテキストフレームを設定

❹ 「ファイル」→「配置」で「配置」ウィンドウを表示

❺ Excelファイルを選択

❻ チェック　**❼ クリック**

❽ 「アンフォーマットテーブル」を選択

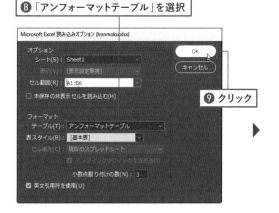

❾ クリック

❿ 表が配置される

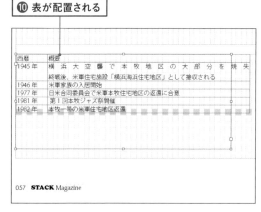

Chapter 7

InDesignで
書籍を制作する

書籍制作のための準備

ここでは、小説やエッセイなど、文字を中心とした印刷物をInDesignで作成する手順について解説します。最初に、制作のワークフローを確認しておきましょう。

▌書籍の完成イメージ

Chap07 ▸ Gekkou.indd

ここで作成する「書籍」は、次の画面のように、本扉、目次、本文で構成されています。この書籍を作成してみましょう。

● 本扉

● 目次

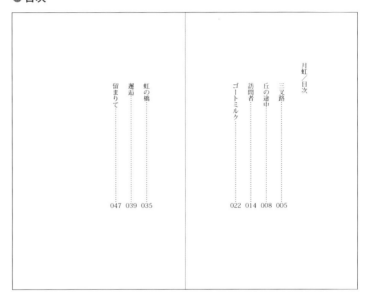

● 本文

書籍制作のワークフロー

書籍を作成するワークフロー上のポイントをピックアップしました。書籍制作の中で、これらのステップがポイントになります。

1 ▸ 書籍のフォーマット作成

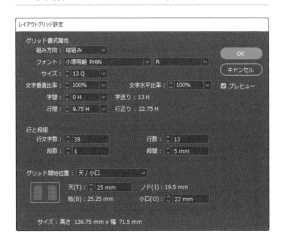

2 ▸ 文章の流し込みと体裁の調整

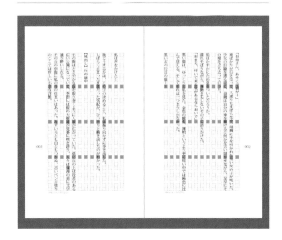

3 ▸ 目次の作成

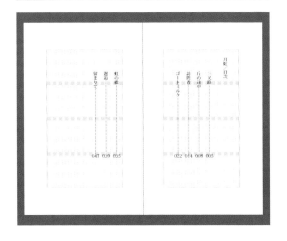

4 ▸ 仕上がりのチェック

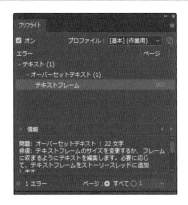

5 ▸ PDFなどでの出力

▌素材の準備

書籍の場合、中心となる素材はもちろん原稿です。その他、挿絵などを入れるのであれば、それらのデータも準備します。

1 ▸ 本文のデータを確認する

最初に、本文のデータがテキスト形式のデータなのか、あるいはWordなどアプリケーション独自のファイル形式なのかを確認します。独自形式の場合、ファイル形式によっては読み込めない場合もあります。そのときには、P.323にあるように、文字化けに注意してコピー＆ペーストによって利用します。なお、今回、オンライン作家の織永（おりえ）さんに、本書のために『月虹』という短編小説を書き下ろしていただきました。ぜひご一読ください。

● テキスト形式のデータ

● Microsoft Office Wordの文章データ

2 ▸ テキストを修正する

InDesignでのレイアウトに入る前に、レイアウトを迅速に行うための処理をしておきます。ここでは、「見出し」として利用したいタイトルの先頭に、「【見出し】」という文字を設定しておきます。

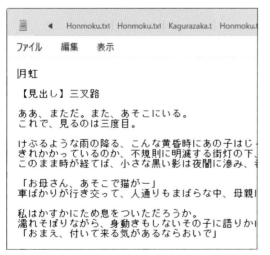

3 ▸ 挿絵を確認する

表紙や本文中にカットを入れるのであれば、データを準備しておきます。必要に応じて準備すればよいでしょう。

▌ フォントの準備

書籍の制作では、フォントは非常に重要な要素です。本文のフォント、見出しのフォント、タイトルのフォントなど、フォントの選択は書籍の仕上がりに大きく影響します。たとえば、本文のフォントとして明朝体とゴシック体のどちらを利用するかによって、イメージは大きく変わります。個々人の感覚や原稿の内容にもよりますが、一般的に明朝体は優しいイメージ、ゴシック体は硬いイメージになります。

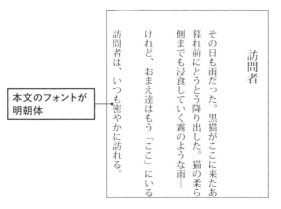

本文のフォントが
明朝体

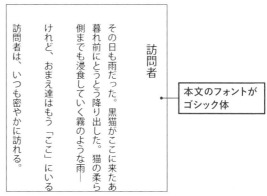

本文のフォントが
ゴシック体

▌ Adobe Fontsの利用

フォントは、Windows、macOSといったOSに標準で搭載されています。しかし、それ以外のフォントを利用したい場合は、ユーザー自身が準備しなければなりません。フォントは、無料のフォントも多くありますが、基本的には有料です。

Adobe Creative Cloudを利用している場合、Adobeが提供する2万を超える「Adobe Fonts」を無料で利用できます。Adobe Fontsの利用方法はP.226で解説しています。

なお、InDesignの場合は、以下のようにAdobe Creative CloudやAdobeのサイトから検索してインストールします。作りたい書籍のイメージに合ったフォントを選択、利用してください。

❶ 「f」をクリック
Adobe Creative Cloudの場合、ここから検索、インストールが可能

❷ フォントを選択

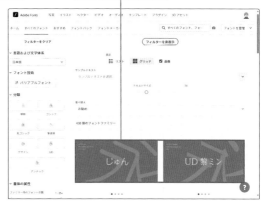

（https://fonts.adobe.com/）
AdobeのWebサイトから検索、
インストールする場合

InDesign

書籍のドキュメントを設定する

書籍のドキュメント設定の方法について解説します。大きくは、縦書きにする
か、横書きにするかを決めておきます。ここでは、縦書きの制作例を中心に
解説します。

▶ ドキュメント設定前の準備

Chap07 ▶ S7-2-01.indd

新規にドキュメントを設定する前に、次のような書籍の体裁を決めておきます。

判型（本の大きさ）	A5判、新書版、四六版など
組方向	縦組み、横組み
文字	フォント、サイズ
本文	字詰め、行数、字間、行間
段組	段数、段間

ここで作成する書籍は、次のような設定で行います。文字や本文の設定は、InDesignのデフォ
ルト設定を利用しています。また書籍の判型は、この章では「新書版コミック」という規格の判型
を利用して作成します。

判型	新書版コミック（幅：113mm×高さ：177mm）
組方向	縦組み
文字	フォント「小塚明朝 Pn6N」、サイズ「13Q」
本文	字詰め「39文字」、行数「13行」、字間「0H」、行間「9.75H」
段組	段数「1」

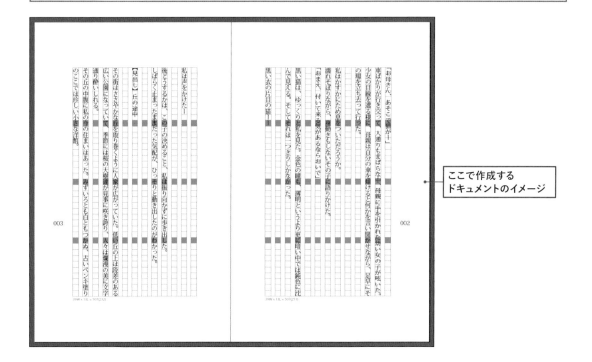

ここで作成する
ドキュメントのイメージ

主な書籍の規格サイズ

書籍に限らず、さまざまな出版物は、用途によってサイズが変わります。出版物のサイズのことを「判型」といいます。流通や書店での取り扱いなども含めて、以下の表にあるような判型が利用されています。

判型	サイズ（mm）	主な用途
重箱判	182×206	絵本など
タブロイド判	273×406	夕刊紙など
ブランケット判	406×546	新聞
新書判コミック	113×177	新書本・漫画の単行本など
A6判	105×148	文庫本
新書判	103×182	新書本・漫画の単行本など
小B6判	112×174	コンパクト判 トランジスタ判
B6判	128×182	単行本など
四六判	127×188	単行本など
A5判	148×210	学術書・文芸雑誌・総合雑誌・教科書など
菊判	150×220	単行本など
B5判	182×257	週刊誌・一般雑誌など
AB判	210×257	大き目の雑誌など
A4判	210×297	雑誌、写真集・美術全集など

※この他、B5変形などの変形判もあります。

新規ドキュメントの作成

ここでは、書籍を作成するためのドキュメントを作成します。判型は、前項の規格サイズの表を参考に設定してください。

1 ▸「新規ファイル」を選択する

InDesignを起動し、ホーム画面で「新規ファイル」をクリックします❶。

2 › サイズを設定する

「新規ドキュメント」ダイアログボックスが表示されます。カテゴリーは「印刷」を選択し、「プリセットの詳細」では、サイズの設定、オプションの選択を行います。

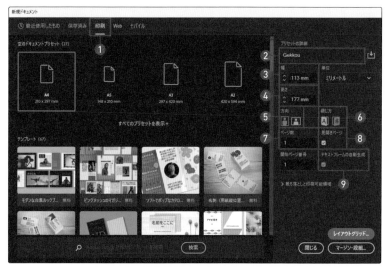

❶ カテゴリー ：印刷
❷ プリセット名 ：＜自由に設定＞
❸ 幅 ：113mm
❹ 高さ ：177mm
❺ 方向 ：縦型
❻ 綴じ方 ：右綴じ
❼ ページ数 ：1
❽ 見開きページ：オン
❾ テキストフレームの自動生成 ：オン

TIPS

見開きページ
「見開きページ」をオンにすると、雑誌や書籍などの誌面をスプレッド表示（P.242参照）した際、見開き2ページで表示されます。

TIPS

テキストフレームの自動生成
「テキストフレームの自動生成」をオンにすると、「レイアウトグリッド」でドキュメントを作成した場合、グリッド部分に事前にフレームグリッドが配置された状態で表示されます（手順8参照）。

3 › 裁ち落としと印刷可能領域を確認する

「裁ち落としと印刷可能領域」をクリックして設定を表示します。設定はデフォルトのまま利用するので、ここでは確認のみ行います。

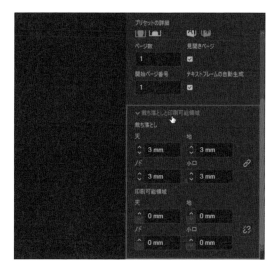

4 › プリセットを登録する ①

現在のプロジェクト設定をプリセットとして登録しておくと、次回から選択して利用できるようになります。「プリセットの詳細」に入力したドキュメント名を確認し❶、「ドキュメントプリセットを保存」をクリックします❷。

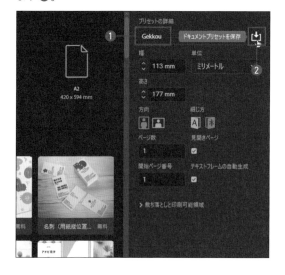

5 › プリセットを登録する②

プリセットの名前が「保存済み1」**①**に変わるので、「プリセットを保存」をクリックします**②**。保存したプリセット
が登録されます**③**。

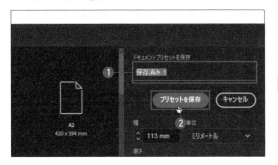
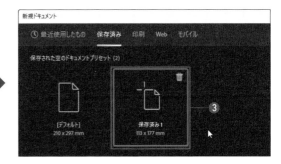

6 › プリセットを登録する③

「レイアウトグリッド」をクリックします**①**。

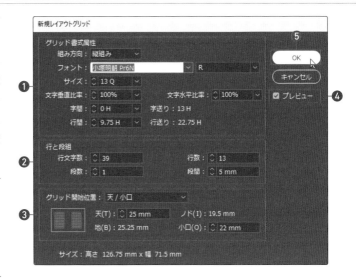

7 › 「新規レイアウトグリッド」を設定する

「新規レイアウトグリッド」ダイアログ
ボックスが表示されます。ここでは、
「グリッド書式属性」はデフォルトのま
ま**①**、「行と段組」**②**「グリッド開始位
置」**③**の設定を変更しています。この
とき、「プレビュー」をチェックしておく
と**④**、設定状況を確認できます。設
定したら、「OK」をクリックします**⑤**。

TIPS

ノドと地は天と小口次第
「ノド」と「地」の値は、「天」と「小口」を
設定することで、自動的に設定されます。
数値を指定することはできません。

8 › ドキュメントが設定された

ドキュメントが設定され、レイアウ
トグリッドのページが表示されます。
左ページの手順2で「テキストフレー
ムの自動生成」をオンにしていたの
で、自動的に青色のフレームグリッ
ドが表示されています。

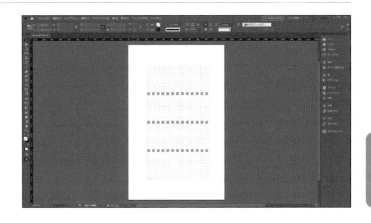

ページ番号を設定する

今回制作する書籍は複数ページで構成される印刷物なので、親ページにノンブルを設定します。この作業は、テキストを流し込む前に行います。

▌ ノンブルのテキストフレーム設定

Chap07 ▶ S7-3-01.indd

ノンブル（ページ番号）の設定方法については、P.249で解説した方法と変わりません。書籍でも同じように、テキストフレームを利用して設定します。

1 ▶ ノンブルの位置を決める

ノンブルの設定を行う前に、どの位置にどのように設定するかを決めておきます。ここでは、❶と❷の位置に配置する設定を行います。

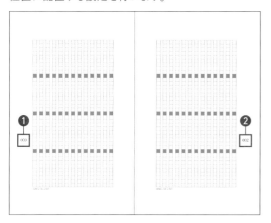

2 ▶ 親ページを表示する

「ページ」パネルを表示し、「A-親ページ」をダブルクリックします❶。親ページが表示されます。

3 ▶ 拡大表示する①

ズームツールをクリックし❶、ノンブルを設定する左ページの位置でクリックするか、範囲をドラッグして拡大表示します❷。

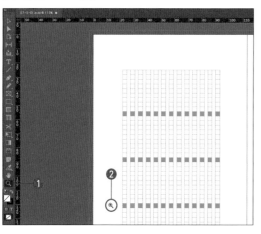

4 ▶ 拡大表示する②

ドラッグした範囲が、拡大表示されます。

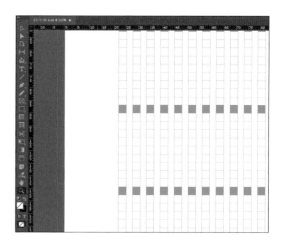

5 ▸ テキストフレームを設定する ①

横組み文字ツールをクリックして❶、ノンブルを入れる場所でドラッグします❷。

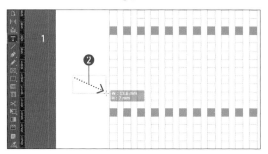

6 ▸ テキストフレームを設定する ②

ノンブル用のテキストフレームが設定されます。

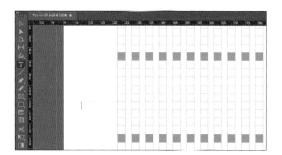

7 ▸ ページ番号を設定する ①

設定したフレーム内をクリックし❶、文字カーソルを配置します。「書式」→「特殊文字を挿入」→「マーカー」→「現在のページ番号」をクリックします❷。

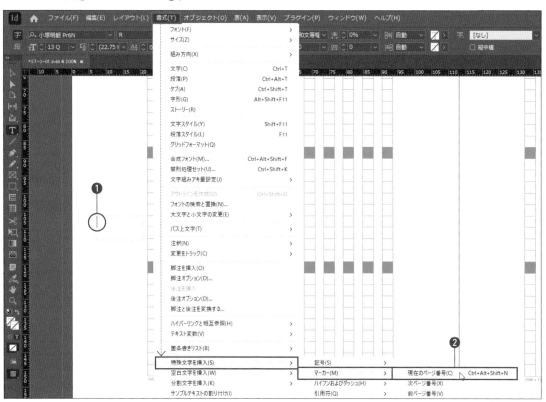

8 ▸ ページ番号を設定する ②

テキストフレームに「A」と表示されます。

> **POINT**
>
> **「A-親ページ」の「A」**
> 「A」という文字は、「A-親ページ」のAです。

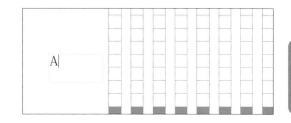

▌ ノンブルの書式設定

ノンブルのサイズは、本文よりも小さく、目立たず、しかし認識しやすいサイズを設定します。

1 ▸ 文字サイズを設定する

横組み文字ツールをクリックし❶、表示された「A」をドラッグして選択します❷。コントロールパネルで、フォントやサイズを設定します❸。ここでは、文字サイズを「12Q」に設定しました。

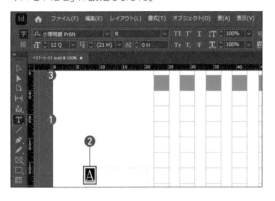

2 ▸ 文字サイズを調整する

選択ツールをクリックし❶、テキストフレームをクリックします❷。フレームのサイズを、3桁の数字が表示できるように「幅6mm」❸、「高さ3mm」❹に設定します。

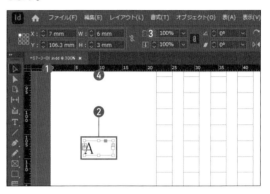

3 ▸ 表示位置を設定する

横組み文字ツールでフレーム内をクリックして❶、文字カーソルを挿入します。コントロールパネルで「段」をクリックして段落表示モードに切り替え❷、文字揃えで「小口揃え」をクリックします❸。ノンブルのフォントは、設定を変更しない場合、本文と同じ設定が適用されます。

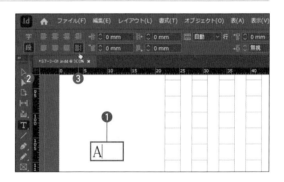

▌ ノンブルの位置設定

ノンブルを版面のどの位置に表示するのかを、正確に設定します。これは、反対側のページに対称的に設定するためには重要な作業です。

1 ▸ ノンブルの表示位置を設定する

ノンブルの表示位置は、版面からの位置指定で設定します。右の画面は、仕上がりの設定イメージです。この位置に、左ページのノンブルを設定します。

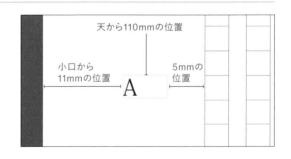

2 ▸ フレームグリッドのX座標を確認する

選択ツールをクリックし①、フレームグリッドをクリックします②。コントロールパネルの基準点を左上に設定し③、「X」の数値を確認します④。小口から22mmと表示されています。

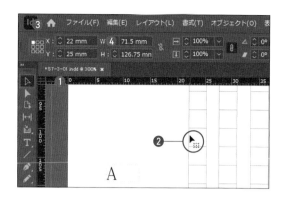

3 ▸ ノンブルのX座標を設定する

選択ツール①でノンブルのフレームをクリックします②。基準点を中央右に設定し③、「X」の値に「17」と入力します④。これで、フレームグリッドの左端から5mm（22mm − 17mm）の位置に、ノンブルのフレームの右端が配置されます。

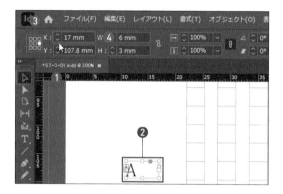

4 ▸ フレームグリッドのY座標を確認する

選択ツールでフレームグリッドをクリックします①。基準点を左上に設定し②、「Y」の数値を確認します③。天から25mmと表示されています。右ページにノンブルをコピーするときのために、確認しておきます。

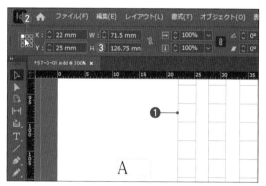

5 ▸ ノンブルのY座標を設定する

選択ツールでノンブルのフレームをクリックします①。基準点を中央上に設定します②。「Y」の値に「110」と入力します③。これで、ドキュメントの天から110mmの位置に、ノンブルのフレームの仮想ボディの天（P.335参照）が配置されます。

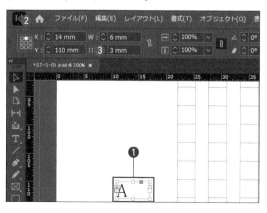

6 ▸ 右ページにコピーする①

設定の完了した左ページのノンブルのフレームを、右ページにコピーします。メニューバーで「表示」→「スプレッド全体」をクリックし、ページの表示をスプレッド表示（見開き）に切り替えます。

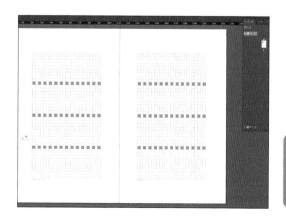

7 ▸ 右ページにコピーする ②

左ページのノンブルのフレームを、Shift + Alt キー（macOS：shift + option キー）を押しながらドラッグします❶。すると、水平に移動＆コピーができます。

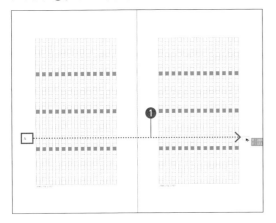

8 ▸ 右ページのX座標を確認する ①

右ページにコピーしたノンブルのフレームは、Y座標は水平に移動したのでそのままでOKですが、X座標の設定を行う必要があります。選択ツールをクリックし❶、右ページのフレームグリッドをクリックします❷。

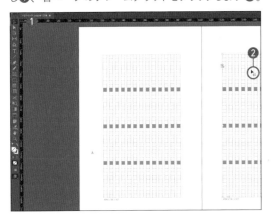

10 ▸ 右ページのX座標を設定する

ズームツールで右ページのノンブル部分を拡大表示して、選択ツールでノンブルのフレームをクリックします❶。基準点を中央左に設定して❷、「X」の値に「209」と入力します❸。これで、右ページのフレームグリッドの右端から5mm（209mm − 204mm）の位置に、ノンブルフレームの左端が配置されます。

TIPS

スプレッド（見開き）で表示させる
ページを見開き状態で表示させるには、親ページ、編集ページにかかわらず、「表示」→「スプレッド全体」を選択してください。「スプレッド」というのは、「見開きで表示する」という意味です。

9 ▸ 右ページのX座標を確認する ②

基準点を中央右に設定し❶、「X」の数値を確認します❷。左ページの小口から204mmと表示されています。

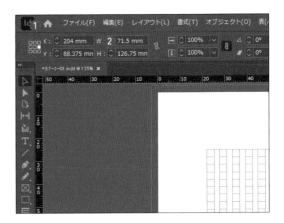

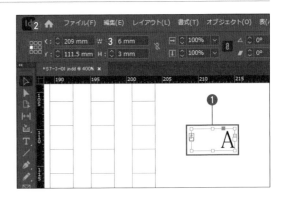

■ ノンブルの表示設定

ノンブルの表示桁数を、たとえば1桁で「1」と表示するか、あるいは「001」と表示するかを設定します。

1 ▶ ページ番号の設定画面を 表示する①

「ページ」パネルの1ページ目のアイコンの上に▼マークがあります。これをダブルクリックします❶。

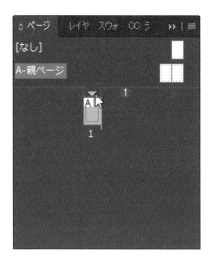

2 ▶ ページ番号の設定画面を 表示する②

「ページ番号とセクションの設定」ダイアログボックスが表示されます。P.252ではパネルメニューから表示する方法を解説しましたが、結果は同じです。

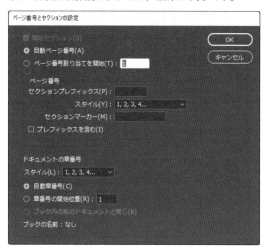

3 ▶ スタイルを選択する①

「ページ番号」の「スタイル」の▼をクリックし❶、3桁の表示をクリックします❷。「OK」をクリックします❸。

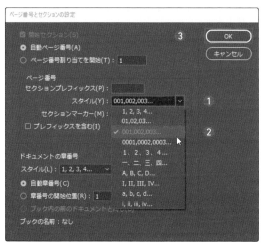

4 ▶ スタイルを選択する②

「ページ」パネルの1ページ目をダブルクリックすると❶、ノンブルが3桁表示になったことを確認できます。

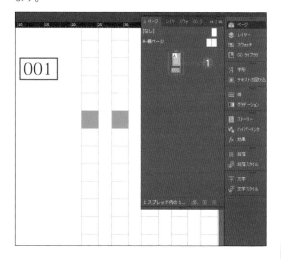

テキストを流し込む

事前に準備したテキストデータを、テキストフレームの自動生成で設定したグリッドに流し込みます。必要なページは、自動的に追加されます。

▌テキストの配置

Chap07 ▶ S7-4-01.indd

テキストフレームの自動生成を事前にオンにしているため、原稿を配置するフレームグリッドは、すでに配置されています。ここへテキストを配置します。この作業を「テキストを流し込む」といいます。

1 ▸ フレームグリッドを確認する ①

ここで用意したのは、P.314 の新規ドキュメントの設定でテキストフレームの自動生成を有効にして、1ページだけ準備されたドキュメントです。「ページ」パネルでページを表示すると、フレームグリッドがあらかじめ配置されています。

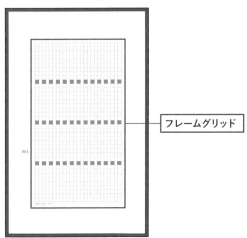

フレームグリッド

2 ▸ フレームグリッドを確認する ②

縦組み文字ツールでフレームグリッド内をダブルクリックし❶、フレーム内に文字カーソルを配置します。

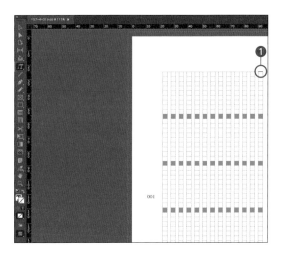

3 ▸ テキストを流し込む ①

「ファイル」→「配置」をクリックします❶。

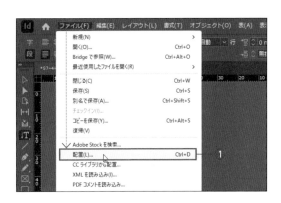

4 ▸ テキストを流し込む ②

テキストファイル（「Gekkou.txt」）を選択し❶、「開く」をクリックします❷。

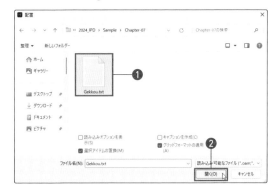

5 ▸ テキストを流し込む③

フレームグリッドに、テキストが流し込まれます。

7 ▸ 該当するページが表示される

該当するページが表示されます。

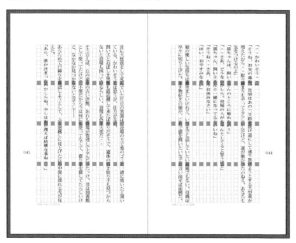

6 ▸ ページが自動追加される

テキストを読み込んだ後、「ページ」パネルを確認すると、1ページしかなかったドキュメントが、46ページにまで増えています。見たいページをダブルクリックします❶。

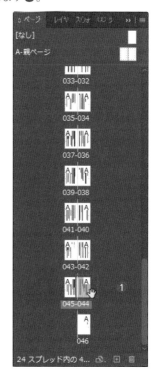

POINT

文字化けした場合
配置したテキストが文字化けしている場合、文字コードの設定ミスが原因であることがほとんどです。この場合は「配置」ダイアログボックスで「読み込みオプションを表示」を選択し、「開く」をクリックします。「テキスト読み込みオプション」ダイアログボックスが表示されるので、読み込み対象のテキストファイルに合わせて「文字セット」を「Unicode UTF8」や「Shift JIS」などに変更します。

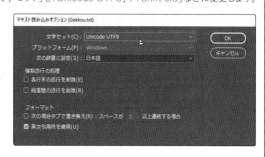

テキストを置換する

InDesignに流し込んだテキスト内の文字を置換して、正しく整形します。置換機能では、不要な改行の削除も可能です。

▌文字の置換

Chap07 ▶ S7-5-01.indd

テキストを確認しながら、置換の必要な文字はInDesignの置換機能を利用して整形します。右の画面では、「・・・」と全角の中黒が3文字並んでいます。これを、全角の「…」（三点リーダー）2文字「……」に置換します。

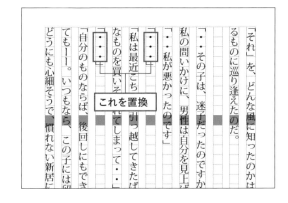

1 ▸「検索と置換」を表示する ①

1ページ目の1行目をクリックし❶、文字カーソルを配置します。「編集」→「検索と置換」をクリックします❷。

2 ▸「検索と置換」を表示する ②

「検索と置換」ダイアログボックスが表示されます。「テキスト」タブをクリックして❶、「検索文字列」に「・・・」と入力し❷、「置換文字列」には「……」（全角の「…」を2文字）と入力します❸。「次を検索」をクリックします❹。

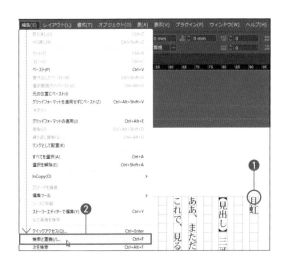

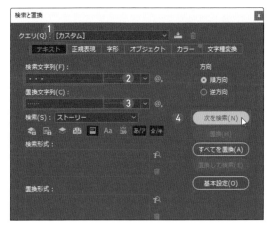

3 ▸ 検索が実行される

3文字の「・・・」が検索されると、対象となる文字が反転表示されます。

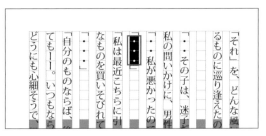

4 ▸ 置換を実行する ①

「置換」をクリックします ❶。

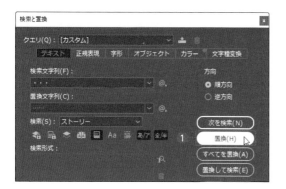

5 ▸ 置換を実行する ②

文字が置換されます。これで、置換できることを確認します。

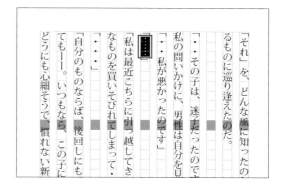

6 ▸ すべてを置換する ①

次に、「すべてを置換」をクリックします ❶。これで、すべての「・・・」が置換されます。

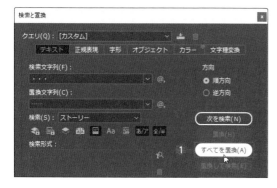

7 ▸ すべてを置換する ②

置換が完了すると確認メッセージが表示されるので、「OK」をクリックします ❶。

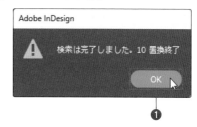

8 ▸ 置換を確認する ①

「完了」をクリックして ❶、ダイアログボックスを閉じます。

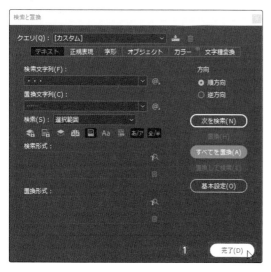

9 ▸ 置換を確認する ②

置換結果を確認します。同様に、「・・」と中黒2文字の場合も、「……」に置換してみましょう。

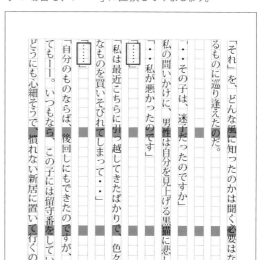

▌ 音引きの置換

テキストによっては、「−」（けいせん）のつもりで入力した文字が「ー」（音引き）になっている場合があります（本書は本文にゴシック体を利用しているため、音引きも「−」で表示されます）。この音引きを「−」に置換します。なお、「−」については、下のPOINTを参照してください。

1 ▸ 音引き2文字を置換する

続いて、「ーー」という音引きが続く2文字を、「−」2文字に置換します❶。1文字の「ー」を置換する場合は、「ゴートミルク」などの音引きを置換しないように、1文字ずつ置換します。

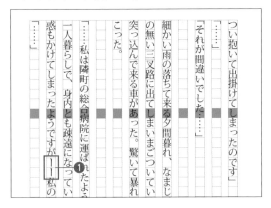

3 ▸ 置換が実行された

置換が実行されました。

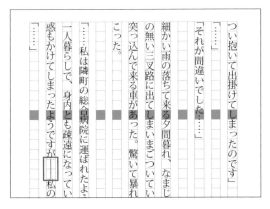

POINT

異体字の設定

InDesignでは、異体字に置換したい文字をドラッグして選択し、テキストの下の青いラインにマウスポインターを合わせると、異体字候補が表示されます。ここで利用したい異体字をクリックすれば、置換されます。

2 ▸ 置換を実行する

「検索と置換」パネルを表示して、「検索文字列」と「置換文字列」にそれぞれ入力し❶、「すべてを置換」をクリックします❷。

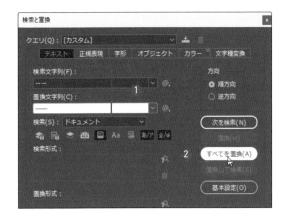

TIPS

縦の「｜」の入力

縦組みの「｜」は、「けいせん」と入力して変換すると、「｜」に変換できます。日本語キーボードには右上あたりに「｜」がありますが、これは「縦棒」というキーです。「けいせん」の「｜」とは異なり、縦組みでは縦に表示されず、横位置で表示されてしまいますので注意してください。

TIPS

改行の削除

文中にある不要な改行は、置換機能で削除できます。改行を削除したい場合は、「検索文字列」に半角で「^b」と入力します。「置換文字列」には何も入力しません。なお、テキストボックス右の「@」をクリックすると、さまざまな記号を選択して入力することができます。

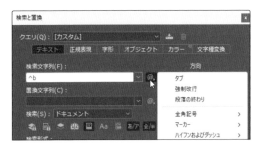

ふりがな・禁則処理を設定する

書籍の制作では、ふりがなの設定、禁則処理、コンポーザー設定などが、文字組（組み版）の体裁を整えるための重要な要素になります。

▌ ふりがなの設定

Chap07 ▶ S7-6-01.indd

ふりがなの設定では、漢字のどの部分にどのように表示するかを確認し、設定することがポイントです。

1 ▶「ルビの位置と間隔」を選択する

ふりがなのことを「ルビ」といいます。ルビを設定したい語句を文字ツールで選択し❶、右クリックします❷。メニューが表示されるので、「ルビ」→「ルビの位置と間隔」をクリックします❸。

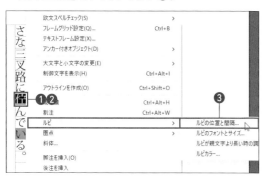

2 ▶ ふりがなを入力する

「ルビ」ダイアログボックスが表示されるので、「ルビ」にふりがなを入力します❶。ここで「プレビュー」をオンにすると❷、表示が確認できます。問題がなければ「OK」をクリックします❸。

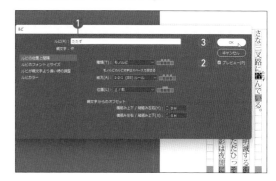

3 ▶ グループルビに設定する①

ルビによっては、正しく表示されない場合があります❶。

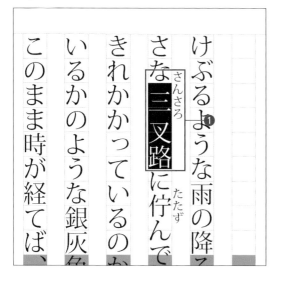

4 ▶ グループルビに設定する②

このような場合は、「ルビ」ダイアログボックスで「種類」を「グループルビ」に設定します❶。

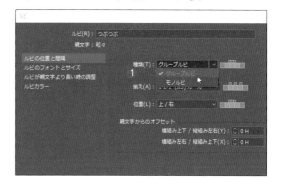

InDesign

327

5 ▸ グループルビに設定する ③

すると、ルビが正しく表示されます。

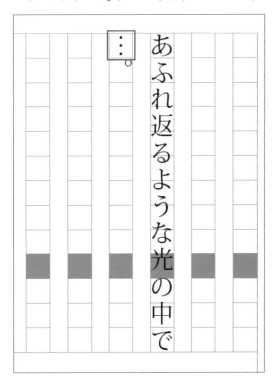

TIPS

全角スペース
ルビのずれは、文字の間に全角スペースを入れて修正できる場合もあります。

▌禁則処理の設定

「禁則処理」は、文頭や文末に配置できない文字を行の中に追い込んだり、行の外に追い出したりする処理のことです。InDesignでは、デフォルトで「強い禁則」というセットが設定されています。しかし、たとえば行頭に「…」を表示させたくないといった場合、これは「強い禁則」でも処理できないので、新しく禁則処理セットを作ります。なお、行末の句読点を版面の外に出すことを「ぶら下がり」（P.330参照）といいます。

1 ▸ 禁則処理設定を選択する

「段落」パネルの「禁則処理」で ☑ をクリックし ❶、「設定」をクリックします ❷。

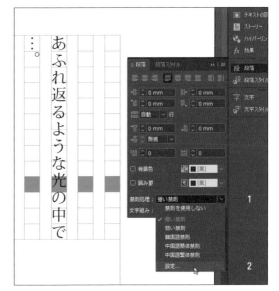

2▸禁則処理セットを登録する ①

「禁則処理セット」ダイアログボックスが表示されます。
「新規」をクリックし❶、名前を入力して❷、「OK」
をクリックします❸。

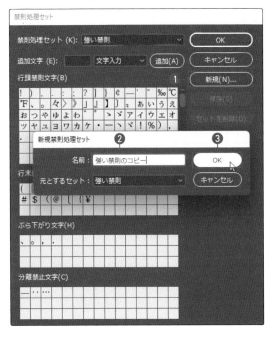

3▸禁則処理セットを登録する ②

「行頭禁則文字」の空いているマスをクリックして❶、
「追加文字」に「…」と入力します❷。「追加」をクリッ
クします❸。

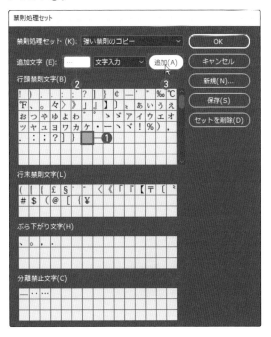

4▸禁則処理セットを登録する ③

禁則文字が追加されます❶。「保存」をクリックし
て❷、「OK」をクリックすれば❸、新しい禁則処理
のルールが登録されます。

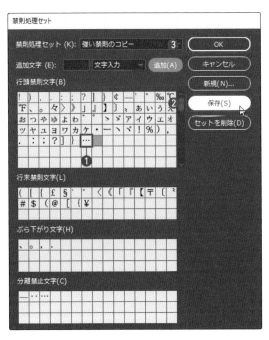

5▸禁則処理を適用する

禁則処理を設定したい行をクリックし❶、文字カー
ソルを配置します。「段落」パネルの「禁則処理」で、
登録したセットをクリックして選択します❷。すると、
禁則処理が適用されます。

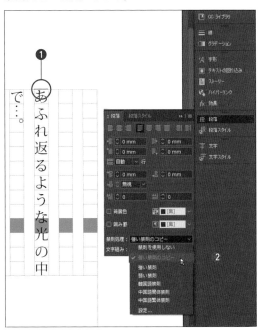

日本語コンポーザー

「コンポーザー」というのは、句読点や括弧などを美しく配置するための、組版の方式です。InDesignでは、デフォルトで「日本語段落コンポーザー」が選択されており、段落単位で文字組を調整します。しかし、これでは改行位置が変わることもあるので、「日本語単数行コンポーザー」に設定しておくのがおすすめです。コンポーザーは、「段落」パネルのパネルメニューから選択できます。

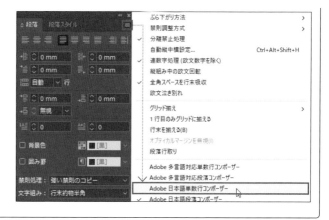

「ぶら下がり」の設定

「ぶら下がり」というのは、行末での句読点を、フレーム枠やグリッドのマス目の外側にはみ出させるテキストの組み方のことです。InDesignでは、ぶら下がりに対して3種類の対応方法があります。対応方法は、ぶら下がりを設定したい段落内のどこかに文字カーソルを置き、パネルメニュー❶の「ぶら下がり方法」で表示されるサブメニューから選択します❷❸❹。

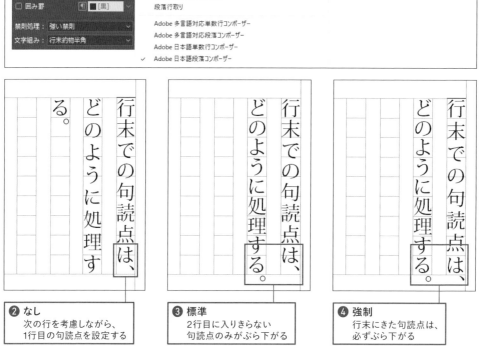

❷ なし
次の行を考慮しながら、1行目の句読点を設定する

❸ 標準
2行目に入りきらない句読点のみがぶら下がる

❹ 強制
行末にきた句読点は、必ずぶら下がる

段落スタイルを登録する

タイトルや見出しなどの文字設定は、段落スタイルとして登録することで、複数の箇所に適用できます。ここでは、見出し用の段落スタイルを登録し、適用します。

▌ 段落スタイルの登録

Chap07 ▶ S7-7-01.indd

段落スタイルの設定方法についてはP.274で解説しています。ここでは、書籍で利用するための書式設定を段落スタイルとして登録します。なお、ここでの操作を段落内に文字カーソルがある状態で行うと、設定したスタイルがその段落に適用されてしまいます。あらかじめ版面の外をクリックし、段落内から文字カーソルを外しておきます。

1 ▸ 新規スタイルを作成する

「段落スタイル」パネルを開き、「新規スタイルを作成」をクリックします❶。「段落スタイル1」が作成されるので、これをダブルクリックします❷。

2 ▸ スタイル名を入力する

「段落スタイルの編集」ダイアログボックスが表示されます。「スタイル名」に「見出し」と入力します❶。

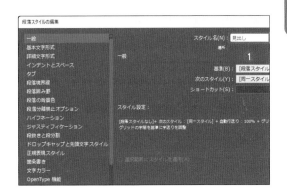

3 ▸ 文字サイズを設定する

「基本文字形式」をクリックし❶、文字サイズや「行送り」などを設定します❷。

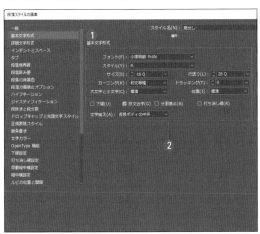

4 ▸ インデントを設定する

「インデントとスペース」をクリックし❶、「左／上インデント」を「7mm」に設定します❷。

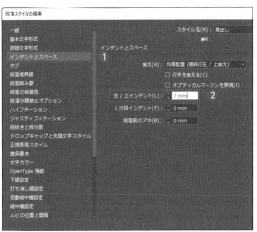

5 ▸ 段落の開始位置を設定する

「段落分離禁止オプション」をクリックし❶、「段落の開始位置」を「次のページ」に設定します❷。

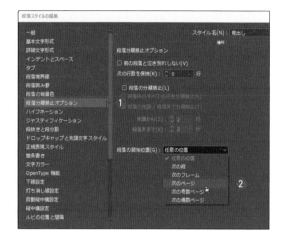

6 ▸ グリッドを設定する

「グリッド設定」をクリックし❶、「行取り」を「2行」に設定します❷。設定が終了したら、「OK」をクリックします。

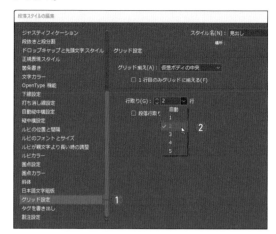

7 ▸ 見出しスタイルが登録された

これで、「段落スタイル」パネルに「見出し」スタイルが登録されます❶。

> **POINT**
>
> **目次項目にも利用**
> ここで設定した見出しの段落スタイルは、P.339で解説する目次の作成でも利用します。段落スタイルを適用した見出しを、目次用の項目として利用します。

▌段落スタイルの適用

登録した段落スタイルを、フレームグリッドに配置したテキストに適用します。

1 ▸ 見出しスタイルを適用する ①

「見出し」スタイルを設定したい行を文字ツール❶でクリックし、文字カーソルを置きます。「段落スタイル」パネルに登録された「見出し」をクリックします❷。

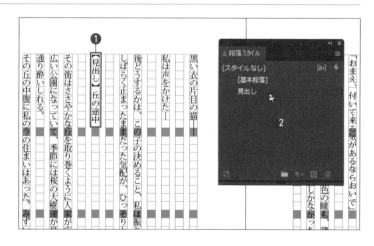

2▸見出しスタイルを適用する②

「見出し」スタイルが適用されます。設定した見出し部分からは、次ページに送られます。

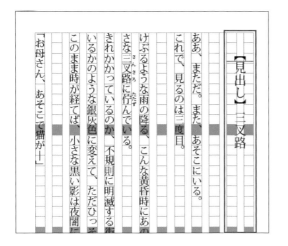

4▸「検索と置換」で削除する②

「テキスト」タブをクリックし❶、「検索文字列」に【見出し】の文字をペーストします❷。「置換文字列」には何も入力しません❸。「すべてを置換」をクリックします❹。

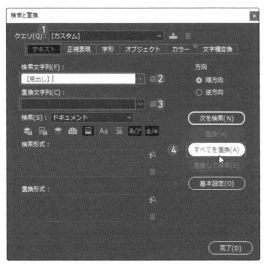

3▸「検索と置換」で削除する①

すべての見出しのスタイルを設定できたら、P.310で要素の指示として入れておいた【見出し】の文字を削除します。【見出し】の文字を Ctrl + C キー（macOS: command + C）でコピーし、「編集」→「検索と置換」をクリックします❶。

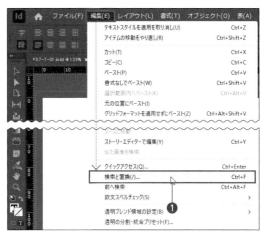

5▸「検索と置換」で削除する③

置換完了のダイアログボックスで、「OK」をクリックします。【見出し】の文字が、ドキュメントからすべて削除されます。

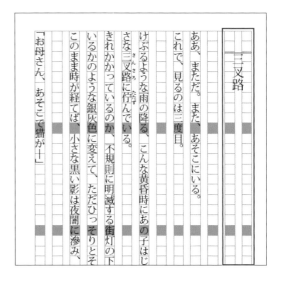

TIPS

空白を削除する

ここでは置換機能で文字を削除する方法を解説しましたが、削除できるのはテキストだけではありません。全角の空白、半角の空白などスペースや記号なども削除できます。たとえば、「検索文字列」に半角のスペースを入力し、「置換文字列」には何も入力しないで置換すると、半角スペースが削除できます。

本扉を作成する

ドキュメントの最初のページを本扉とし、体裁を整えます。なお、本扉の裏は「改丁」といって白ページとし、本文は奇数ページから始まるように設定します。

▌ テキストの設定

Chap07 ▶ S7-8-01.indd

「本扉」は、その書籍の印象という意味では、表紙と同じレベルのインパクトがあります。家でいえば、表紙が「門」なら、本扉は「玄関」に相当します。

1 ▸ 文字サイズを設定する ①

最初に、不要な改行を削除し、タイトル「月虹」と著者名「織永」を1行に並べて設定、入力します❶。見出しに設定されている場合は、段落スタイルで「基本段落」を適用します❷。

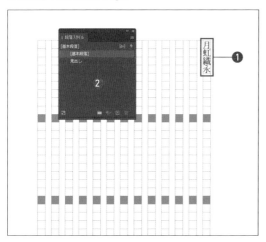

2 ▸ 文字サイズを設定する ②

文字サイズと Tab キーを利用して、以下の画面のようにテキストを設定します。

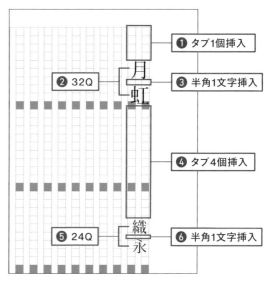

3 ▸ 中央に配置する ①

選択ツールでフレームグリッドを選択し❶、「オブジェクト」→「テキストフレーム設定」をクリックします❷。

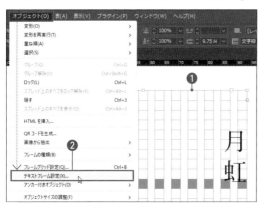

4 ▸ 中央に配置する ②

「テキストフレーム設定」ダイアログボックスの「配置」で「中央揃え」をクリックし❶、「OK」をクリックします❷。

5▸中央に配置された

フレームグリッドの中央にテキストが配置されます。中央に配置されていない場合は、テキストツールで行をクリックし、 Enter キーを押して中央付近に揃えます。

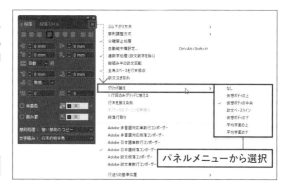
▌改丁の作成

書籍の場合、本文は奇数ページから始めるという約束事があります。そのため、本扉裏のページは、「改丁」といって白ページにします。これによって、縦組みならば左ページ、横組みならば右ページから本文が始まることになります。

1▸改ページを挿入する①

文字ツールを選択して本文の1行目に文字カーソルを置き❶、「書式」→「分割文字を挿入」→「改ページ」をクリックします❷。

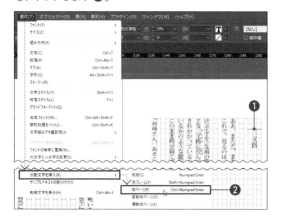

2▸改ページを挿入する②

これで、本文が左ページから始まります。

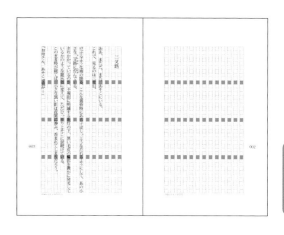

柱を作成する

「柱」には、「タイトル」を表示します。なお、ここで作成する書籍では、テキスト入力による表示ではなく、テキスト変数を利用して表示し、奇数ページのみ柱を表示する「片柱方式」を採用してみましょう。

▌ テキストフレームの設定

Chap07 ▶ S7-9-01.indd

柱のテキストフレームは、親ページに設定します。これによって、すべてのページの同じ位置に同じテキストが表示されます。

1 ▸ テキストフレームを設定する①

柱を表示したい「A-親ページ」の親ページをダブルクリックします❶。

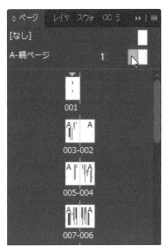

3 ▸ 表示位置を調整する

選択ツールをクリックし、コントロールパネルで表示位置の基準点を右下に設定して❶、X座標「15mm」❷、Y座標「107mm」❸の位置に設定します。

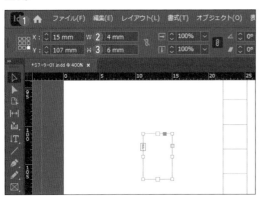

2 ▸ テキストフレームを設定する②

縦組み文字ツール❶で奇数ページにテキストフレームを作成し、そのフレームを選択ツール❷でクリックして選択状態にします❸。サイズは、「W（幅）＝4mm」❹、「H（高さ）＝6mm」❺に設定します。文字ツールに切り替えて、コントロールパネルの右端にある「行取り」は「自動」❻、インデントはすべて「0mm」に設定します❼。

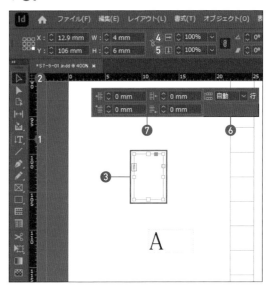

> **POINT**
>
> **片柱方式**
> 「片柱方式」というのは、見開きページのうち、片方のページにだけ柱を設定する方法のことです。両方のページに表示する方法は、「両柱方式」といいます。

■ テキスト変数の設定

「テキスト変数」は、同じテキストをすべてのページの同じ位置に表示させるための機能です。ここでは表示させたいテキストを変数として設定します。

1 ▸ 文字スタイルとして登録する ①

ドキュメントページで、タイトルをドラッグして選択します❶。「文字スタイル」パネルで、Alt キー（macOS：option キー）を押しながら「新規スタイルを作成」をクリックします❷。

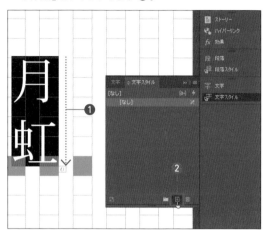

2 ▸ 文字スタイルとして登録する ②

「新規文字スタイル」ダイアログボックスでスタイル名を入力し❶、「OK」をクリックします❷。スタイルが登録されます。

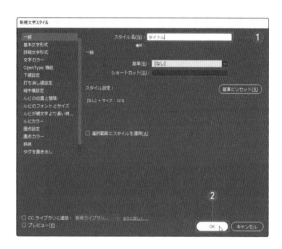

3 ▸ テキスト変数を定義する ①

親ページを表示し、前ページ手順2で設定したテキストフレームを選択ツールで選択します❶。メニューバーから「書式」→「テキスト変数」→「変数を管理」をクリックします❷。

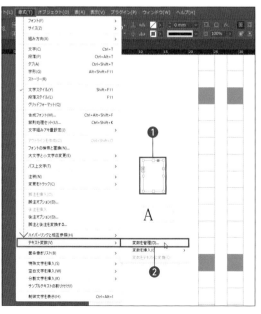

4 ▸ テキスト変数を定義する ②

「テキスト変数」ダイアログボックスが表示されるので、「ランニングヘッド・柱」をクリックし❶、「編集」をクリックします❷。

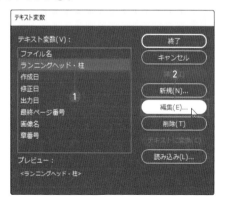

5 › テキスト変数を定義する③

「名前」（変数名）に「柱」と入力し❶、種類は「ランニングヘッド・柱（文字スタイル）」❷、スタイルは「タイトル」を選択して❸、「OK」をクリックします❹。

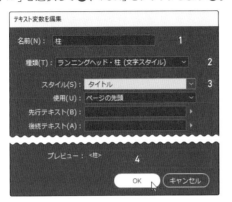

6 › テキスト変数を定義する④

「テキスト変数」ダイアログボックスに戻ると「柱」が登録されています❶。確認したら「終了」をクリックします❷。

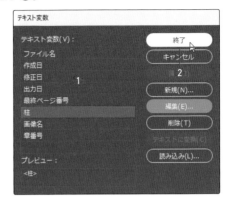

▌ テキスト変数の適用

テキスト変数として登録したテキストを、柱のテキストフレームに適用します。

1 › テキスト変数を適用する①

「A-親ページ」の柱のフレーム内を縦組み文字ツールでクリックし❶、入力モードにします。「書式」→「テキスト変数」→「変数を挿入」→「柱」をクリックします❷。

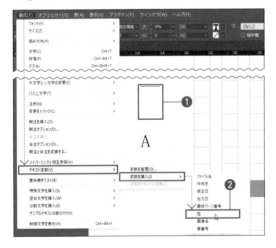

TIPS

変数が表示されない
親ページで「<柱>」が表示されない場合、コントロールパネルの右端にある「行取り」が、「自動」か「1」行になっていることを確認してください。「2」「3」など複数行に設定されていると、適用されていてもフレーム枠が小さいため表示されないことがあります。

2 › テキスト変数を適用する②

表示された変数名をテキストツール❶でドラッグして選択し❷、フォントサイズを「12Q」に設定します❸。もしオーバーセットの「＋」が表示されていた場合は、これで修正されます。

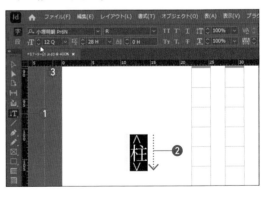

3 › テキスト変数を適用する③

ドキュメントに戻ると、柱が表示されます。

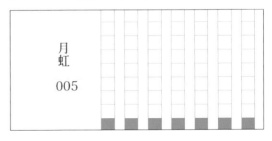

目次を作成する

ドキュメントに見出しとして設定したテキストを利用して、目次を作成します。
なお、目次ページは本扉と改丁の間に作成します。

▌ 目次タイトルの設定

Chap07 ▶ S7-10-01.indd

ここでは、本文とは別に目次専用のページを見開き単位で追加します。なお、追加したページには、ノンブルや柱を表示させないように設定します。

1 ▸ ページを挿入する ①

本扉ページの裏に、見開き2ページの目次用ページを追加します。選択ツールで「ページ」パネルの1ページ目（本扉）をダブルクリックし❶、パネルメニュー❷から「ページを挿入」をクリックします❸。

2 ▸ ページを挿入する ②

「ページを挿入」ダイアログボックスで、追加するページ数「2」を入力します❶。「ページの後」を選択し❷、「親ページ」を「なし」に設定して❸、「OK」をクリックします❹。

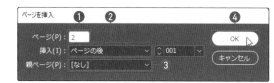

3 ▸ ページが追加された

レイアウトグリッドがグリーンで、フレームのないページが2ページ追加されます。追加したページには親ページの内容が反映されないため、ノンブル、柱が表示されません。

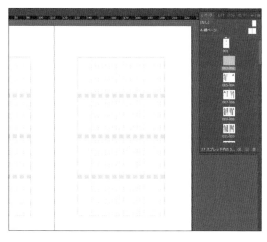

4 ▸ 本扉に親ページを適用する

本扉ページに親ページの「A」や柱が表示されている場合は、本扉ページに親ページの「なし」をドラッグ＆ドロップし❶、本扉にもノンブル、柱が表示されないようにします。

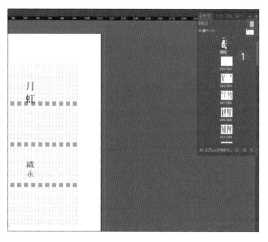

▌目次の項目用スタイルの設定

本文の中で利用されているテキストを目次ページの項目として抜き出すには、目次用の段落スタイルを設定しておく必要があります。また、ここでの設定が、目次ページで目次項目のデザインに適用されます。

1 ▸ 目次用の段落スタイルを設定する

目次には、目次用の段落スタイルを設定します。「段落スタイル」パネルを開き、「新規スタイルを作成」をクリックします❶。追加された「段落スタイル1」をダブルクリックします❷。

2 ▸ 段落スタイルを編集する ①

「段落スタイルの編集」ダイアログボックスが表示されます。

3 ▸ 段落スタイルを編集する ②

「スタイル名」に「目次の項目」と入力します❶。「基本文字形式」をクリックし❷、「フォント」「スタイル」「サイズ」「行送り」の設定を行います❸。

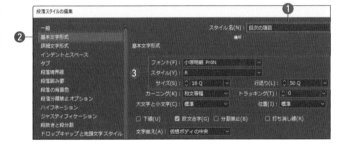

4 ▸ 段落スタイルを編集する ③

「インデントとスペース」をクリックし❶、「左/上インデント」を設定します❷。

5 ▸ 段落スタイルを編集する④

「タブ」をクリックし❶、項目とページ番号を結ぶタブリーダーを設定します。「右/下揃えタブ」をクリックし❷、リーダーの終端位置として「100」のあたりでクリックしてマーカーを設定します❸。「リーダー」には「…」と入力します❹。

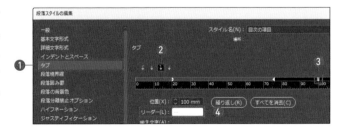

6 ▸ 段落スタイルを編集する⑤

「段落分離禁止オプション」をクリックし❶、「段落の開始位置」を「任意の位置」に設定します❷。

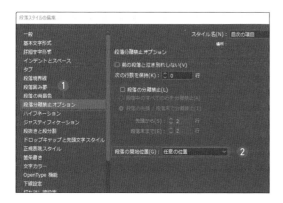

7 ▸ 段落スタイルを編集する⑥

「自動縦中横設定」をクリックし❶、「数字の縦中横」を「3」桁までに設定します❷。「OK」をクリックします❸。

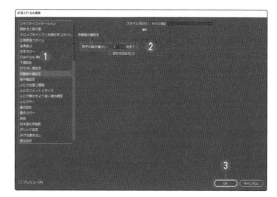

▐ 目次ページの設定

目次ページとして追加したページに、目次項目を抜き出して目次ページを作成します。

1 ▸ 「目次」ページを選択する①

「ページ」パネルで追加した目次のページ番号をダブルクリックします❶。「表示」→「スプレッド全体」をクリックして❷、目次ページを見開きで表示します。

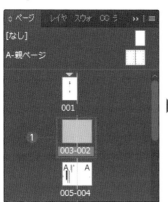

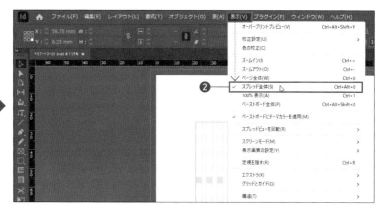

2 ▸ 「目次」ページを選択する②

「レイアウト」→「目次」をクリックします❶。

3 ▸ 目次スタイルを設定する①

「目次」ダイアログボックスが表示されます。「タイトル」に、目次ページのタイトルを入力します❶。「目次のスタイル」の「その他のスタイル」から、目次に適用したい段落スタイル「見出し」（P.331で作成）をクリックし❷、「追加」をクリックします❸。

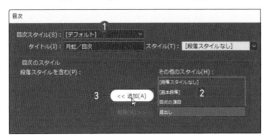

4 ▸ 目次スタイルを設定する②

段落スタイル「見出し」が、「段落スタイルを含む」に登録されました❶。なお、「スタイル」は「段落スタイルなし」を選択しておきます❷。

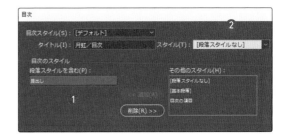

5 ▸ 見出しのスタイルを選択する

「スタイル：見出し」にある「項目スタイル」で☑をクリックし❶、P.340で設定した目次項目のデザイン用の段落スタイル「目次の項目」をクリックします❷。

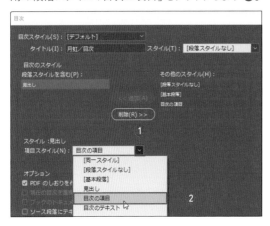

6 ▸ フレームの方向を設定する

「フレームの方向」で、「縦組み」をクリックします❶。「OK」をクリックします❷。

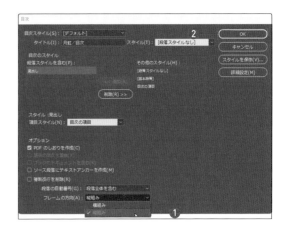

POINT

「基本設定」と「詳細設定」
「目次」ダイアログボックスは、右上のボタンで「基本設定」と「詳細設定」を切り替えられます。ここでの設定は、どちらでもかまいません。

7 ▸ フレームに配置する①

マウスポインターが、テキスト項目のデータが表示されたテキスト保持アイコンに変わります。見開き右ページのフレームの先頭でクリックします❶。

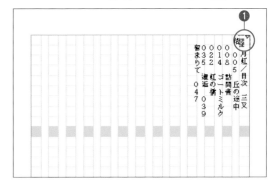

8 ▶ フレームに配置する ②

目次にスタイルが適用されます。

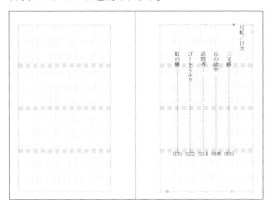

9 ▶ オーバーセットを修正する ①

このままでは、文字が入りきらずに余ったオーバー
セット状態です。テキストフレームの左下にある赤い
「＋」をクリックします❶。

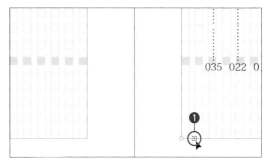

10 ▶ オーバーセットを修正する ②

左ページのテキストフレームの右上でクリックします❶。

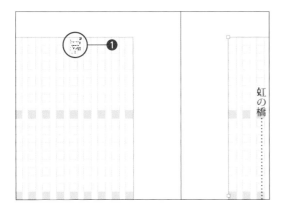

11 ▶ オーバーセットを修正する ③

オーバーセットが修正され、目次ページが表示され
ます。

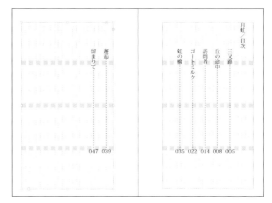

12 ▶ . 目次ページが完成した

必要に応じて、目次タイトルのスタイル（行取り）を設定します。ここではテキストツールでタイトル行をクリックし❶、
コントロールパネルで「左／上インデント」を「7mm」、「グリッド設定」の「行取り」を「4行」に設定していま
す❷。この設定を段落スタイルに「目次タイトル」などとして登録しておきます❸。これで目次ページが完成します。

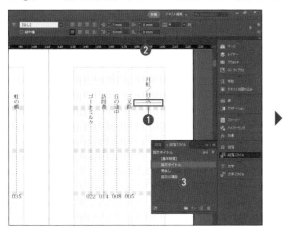

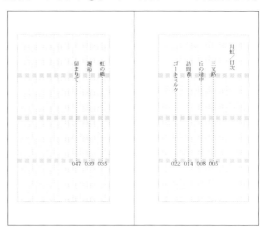

アンカー付きオブジェクトを作成する

タイトルや見出しに飾りなどを設定することができます。その場合、タイトルテキストの移動に連動するように、アンカー付きのオブジェクトを利用します。

▌ オブジェクトの作成

Chap07 ▶ S7-11-01.indd

見出しとして設定した文字に、アクセント用のデザインを設定します。ここでは、罫線をアクセントに利用しています。

1 ▶ 直線を描画する ①

直線ツールをクリックし❶、ドラッグして直線を描きます❷。

2 ▶ 直線を描画する ②

直線は、コントロールパネルで「太さ」❶や「デザイン」❷を調整できます。なお、選択状態であれば、キーボードの矢印キーで表示位置を調整できます。

3 ▶ 線の色を調整する

描画した線の色は、「線」の ▶ から選択するか❶、アイコンをダブルクリックし❷、カラーピッカーを表示して選択できます❸。

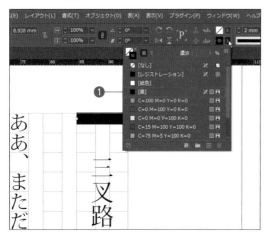

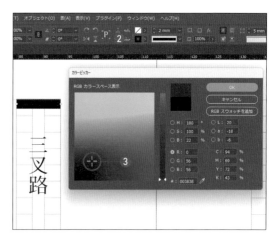

▌ アンカー付きオブジェクトの設定

オブジェクトには、テキストを移動するとオブジェクトも連動して移動できるようにする設定が行えます。ここでは、タイトルと飾りが連動して動くようにします。

1▸ アンカー付きオブジェクト制御マークを表示する

描画したオブジェクトの選択を解除し、もう一度選択ツールで選択すると、青い■の「オブジェクト制御マーク」が表示されます❶。連携させたいテキストの先頭に、このオブジェクト制御マークをドラッグ＆ドロップします❷。

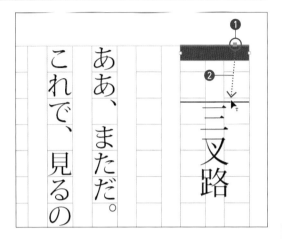

TIPS

オブジェクト制御マークが表示されない
オブジェクト制御マークが表示されない場合は、「表示」→「エクストラ」→「アンカー付きオブジェクトの制御マークを表示」をクリックしてください。

2▸ テキストに連動させる

テキストが関連付けられ、パスがアンカー付きオブジェクトに変換されます。また、オブジェクト制御マークが錨のマークに変わります❶。これで、テキストが移動すると、オブジェクトも一緒に移動するようになります。

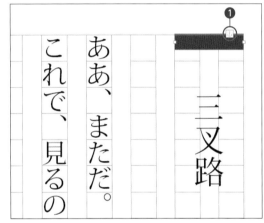

TIPS

画像の配置
InDesignのドキュメントには、Illustratorで作成したイラストやPhotoshopで補正した画像データなどを配置できます。画像の配置についてはP.282やP.351で解説していますが、配置に利用したグラフィックフレームなどにも、アンカー付きオブジェクトの制御マークを表示できます。それによって、文章や見出しと画像を連動させることができます。

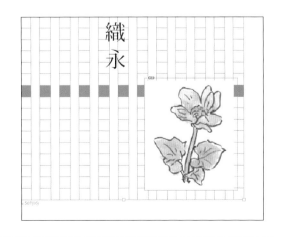

画集・写真集のドキュメントを設定する

ここでは、画集や写真集などを製作する場合の、ドキュメント設定のポイントについて解説します。基本は、ページを「見せる」ことにあります。

◗ 判型の選択

Chap07 ▶ S7-12-01.indd

画集などの制作では、最初に絵が描かれているキャンバスや用紙のサイズを確認し、それに近い比率の判型を選びます。そうでないと、不要な余白が多くできてしまうことになりかねません。たとえば画集の場合、キャンバスやスケッチブックなどは、主にF規格というサイズが利用されているので、それらがきれいに収まる比率の判型を選びます。

また、縦位置か横位置かの選択も重要です。絵や写真が縦向きと横向き、どちらの絵が多いかによって方向を選択するとよいでしょう。

TIPS

コーヒーさんの作品

このSectionでは、イラストレーターのコーヒーさんから作品をお借りしました。この場をお借りしてお礼申し上げます。なお、作品は本書のサンプルとして提供させていただいております。著作権は放棄しておりません。

（URL：https://stack.co.jp/coffee/）

■ ドキュメントの作成

判型を選択したら、ドキュメントの設定を行います。画集の判型選択では、オリジナルな判型ではなく定型を選択すると、印刷時の費用面でのメリットが大きくなります。

1 ▸ ドキュメントを設定する

ここでは画集を制作するため、「新規ドキュメント」ダイアログボックスで判型は「印刷」❶のプリセット「B5」を選択します❷。方向は「縦置き」❸で、綴じ方は「左綴じ」❹、裁ち落としはデフォルトのまま利用します❺。「マージン・段組」をクリックします❻。

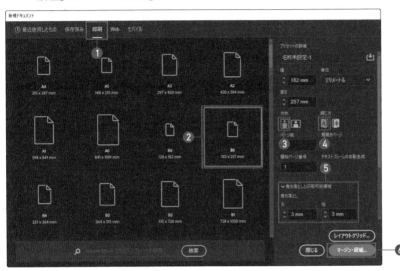

TIPS

すべてのプリセットを表示
「新規ドキュメント」ダイアログボックスで他のプリセットを表示したい場合は、「すべてのプリセットを表示＋」をクリックします。

2 ▸ マージンを設定する ①

「新規マージン・段組」ダイアログボックスが表示されます。ここでは、マージンを天、地、ノド、小口とも10mmに設定しています❶。「OK」をクリックします❷。

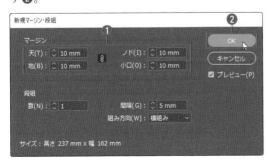

3 ▸ マージンを設定する ②

マージンが設定されました。マージンは、画像を配置する際のガイドとしても利用します。

横位置のドキュメント作成

横位置の作品が多い場合は、ドキュメントも横置きの設定がよいでしょう。以下は、B5サイズの横置きドキュメントの設定例です。

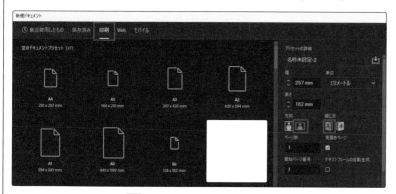

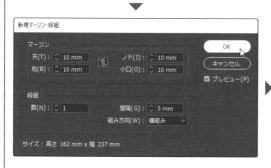

無料で使えるテンプレート

「新規ドキュメント」ダイアログボックスでは、スライダー❶をドラッグしてテンプレートを選択できる他、パネル下にある検索ボックスを利用して、Adobe Stockから無料で利用できるInDesignテンプレートを選択・ダウンロードできます。たとえば、「写真集」や「カタログ」などのキーワードで検索すると、関連するテンプレートが表示されます。さまざまなジャンル、タイプのテンプレートが用意されているので、探してみましょう。プロが設定したテンプレートを参考に、ドキュメント設定の内容を学習できます。

片ページノンブルを作成する

画集や写真集の場合、かならずしもすべてのページにノンブルを入れる必要はありません。むしろ、作品にノンブルが重ならないようにすることが重要です。

▌片ページノンブルの作成

Chap07 ▶ S7-13-01.indd

見開きで作品を掲載する場合、たとえば右ページにだけ作品を掲載し、左ページはそのキャプションを配置する、といったレイアウトもあります。そのような場合、片ページに見開き2ページ分のノンブルを表示するという方法もあります。ここでは片ページノンブルの作成を行います。

1 ▶ 親ページを表示する

「ページ」パネルで「A-親ページ」をダブルクリックします❶。

2 ▶ フレームを作成する

左ページの右下に横組み文字ツールでテキストフレームを設定し❶、選択ツールでそれを右ページへ Alt キー（macOS：option キー）を押しながらドラッグしてコピーします❷。なお、ここでは版面の内側にフレームを設定しています。

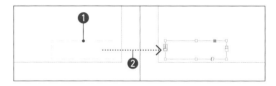

3 ▶ フレームを連結する ①

選択ツールで左ページのコピー元フレームを選択し、右端にある□の「アウトポート」をクリックします❶。マウスポインターがテキスト保持アイコンに変わります。

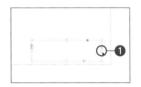

4 ▶ フレームを連結する ②

右ページのフレーム内にマウスポインターを合わせてクリックします❶。

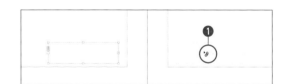

5 ▶ フレームを連結する ③

コピー元とコピー先のフレームが連結されたことを示すラインが表示されます。表示されない場合は、「表示」→「エクストラ」→「テキスト連結を表示」を有効にすると、連結が表示されます。

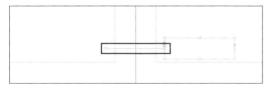

6 ▶ 左ページのフレームを移動する

選択ツールをクリックして、左ページのフレームを、ページの左下にドラッグで移動します❶。連結表示を非表示にする場合は、「表示」→「エクストラ」→「テキスト連結を隠す」をクリックしてください。

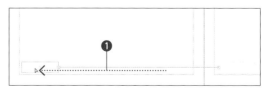

ノンブル文字の挿入

ここでは、左右2ページのノンブル用特殊文字を、左ページのフレームだけに2ページ分表示するように設定を行います。

1 ▸ 左ページのノンブルを設定する

左ページのフレームを横組み文字ツールでクリックし、「書式」→「特殊文字を挿入」→「マーカー」→「現在のページ番号」をクリックします❶。これで、特殊文字が挿入されます❷。

2 ▸ 右ページのノンブルを設定する

右ページのノンブルは、手順1で挿入した特殊文字の右側に挿入します。「/」と入力し❶、「書式」→「特殊文字を挿入」→「マーカー」→「次ページ番号」をクリックします❷。これで、左右2ページ分のノンブルが1つのフレーム内に表示されます❸。右ページのフレームには何も入力しません。必要に応じて、文字サイズ、フレームサイズを調整します。

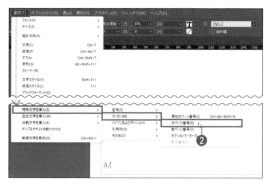

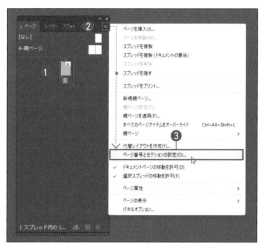

3 ▸ ノンブルの書式を設定する①

「ページ」パネルで「1」ページ目をクリックし❶、パネルメニュー❷から「ページ番号とセクションの設定」をクリックします❸。

4 ▸ ノンブルの書式を設定する②

「ページ番号とセクションの設定」ダイアログボックスでページ番号のスタイルメニューを表示し❶、ページ番号のスタイルを選択して❷、「OK」をクリックします❸。

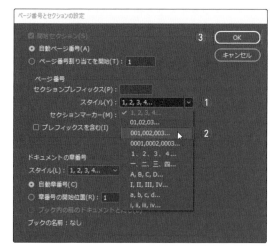

画像を配置する

画像の配置は、事前にグラフィックフレームを作成して行う方法の他に、フレームを利用せずにドラッグで配置することも可能です。

▌ドラッグによる画像配置

Chap07 ▸ S7-14-01.indd　　Chap07 ▸ Coffee.indd

画像の配置は、「ファイル」メニューの「配置」を利用します。基本的には、写真データの配置と同じ操作です。

1 ▸ ページを追加する ①

「ページ」パネルで1ページ目をクリックします❶。パネル下の「ページを挿入」を2回クリックし❷、2ページ追加します❸。

2 ▸ ページを追加する ②

続いて、必要なページを追加します❶。ページを追加したら、1ページ目は表紙にしたいので、親ページの「なし」をドラッグ&ドロップで設定します❷。

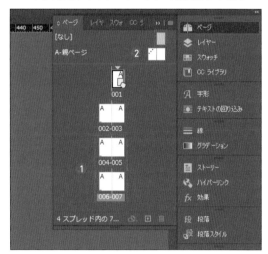

3 ▸ 画像を配置する ①

「ファイル」→「配置」をクリックします❶。

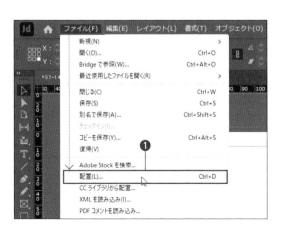

4 ▸ 画像を配置する ②

「配置」ウィンドウで、画像を選択します❶。「開く」をクリックします❷。

InDesign

5 ▸ 画像を配置する ①

画像を配置したい位置をドラッグして❶、範囲を指定します。このとき、マウスポインターには画像のサムネイルが表示されています。画面では、裁ち落としで配置しています。

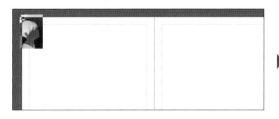

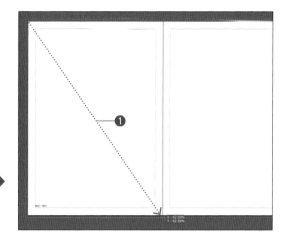

6 ▸ 画像を配置する ②

ドラッグした範囲に、画像が配置されました。

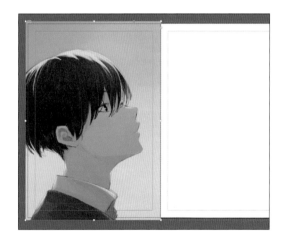

7 ▸ キャプションを配置する

右ページには、作品名や作者からのコメントといったキャプションをテキストフレームとして配置します❶。なお、絵画などの場合、画像の周囲に余白を作るか、裁ち落としで利用するかによって、イメージが大きく変わります。余白が発生する場合は、その点も考慮しながらレイアウトします。

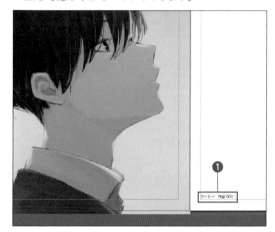

▌ドロップシャドウの設定

タイトル文字に、ドロップシャドウの効果を設定してみましょう。これによって、表紙らしいイメージが演出できます。

1 ▸「ドロップシャドウ」を選択する

表紙ページに画像を配置してから、タイトル文字を配置します。選択ツールでテキストを選択し❶、パネルから「効果」をクリックして❷、表示された「効果」パネルで「オブジェクト」をクリックします❸。さらに「fx」アイコンをクリックし❹、「ドロップシャドウ」をクリックします❺。

2 ▸ 効果を設定する ①

ドロップシャドウが選択されていることを確認し❶、
オプションを設定します❷。設定が確認できたら、
「OK」をクリックします❸。

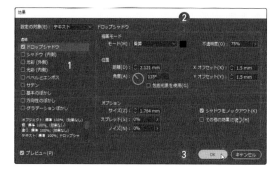

3 ▸ 効果を設定する ②

タイトル文字に効果が設定されました。

▌レイアウトのパターン

画像は、その作品の特徴を引き出すようなレイアウトを心掛けます。なお、ここでは縦型で利用しましたが、もちろん、横型での利用も可能です。

● 縦置きの見開きに、両ページにまたがって配置

● 縦置きの見開きに、横位置の画像を1点配置

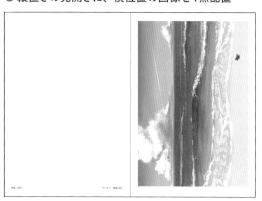

● 縦置きの見開きに、縦位置の画像を1点配置

● 縦置きの見開きに、正方形の画像を2点画像を配置

環境にないフォント

サンプルでは、タイトル文字に「HG丸ゴシックM-PRO」というフォントを利用しています。読者のPCにこのフォントが搭載されていない場合、注意メッセージが表示されます。その場合は、「フォントを検索」を利用し、インストールされている適当なフォントに置き換えてください。

POINT

横位置のパターンで制作した場合

横位置のドキュメントを利用すると、誌面デザインの印象が変わります。縦、横どちらのパターンを利用するかは好みですが、ページを開いたときの印象を大切にしてください。

方向 ：横位置
綴じ方 ：左綴じ

Chap07 ▶ **Yoko.indd**

❶ 横位置の新規ドキュメント

❷ 画像を配置した

ページを入れ替える

ドキュメントでページを作成した際、「ページ」パネルでページを入れ替えることができます。ページの入れ替えは1ページ単位で行うことができるので、画集などの場合は、ストーリーを考慮して入れ替えてください。

ページの入れ替え

Chap07 ▶ S7-15-01.indd

ページの入れ替えは、基本的にすべての画像や写真などを配置し終えてから行います。なお、右綴じ、左綴じで入れ替えるときのページの移動位置が変わるので注意してください。

1 ページ番号をドラッグする

見開き単位で移動する場合は、「ページ」パネルのページ番号（ノンブル）部分をドラッグします。

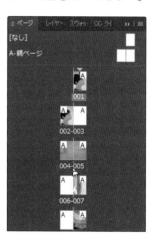

2 移動先のページの前に配置する

移動先のページの左側にドラッグすると、ラインが表示されます❶。ここでドロップすると、移動先のページの前に移動します❷。

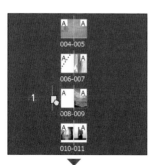

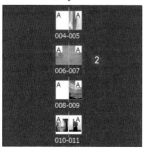

3 移動先のページの後に配置する

移動先のページの右側にドラッグすると、ラインが表示されます❶。ここでドロップすると、移動先のページの後に移動します❷。

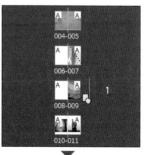

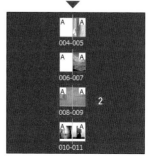

ストーリーを考慮したページの入れ替え

画像や写真ページの入れ替えでは、ストーリーを考慮することが重要です。ここでは、縦位置の画集で、ストーリーを考えた配置と、そうでない配置を比較してみました。

● ストーリーを考えた配置

「右向きの少年→夏の想い出→季節の変化→想い出→左向きの少女へ思いが流れる」という、少年から少女へという思いの流れを意識しています。

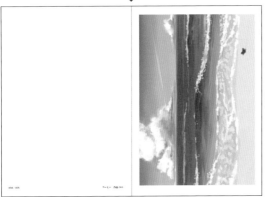

● ストーリーを考えない配置

先のような思いの流れを考慮しないでページを構成すると、その画集や写真集などにストーリーがなくなり、何を表現しているのかが理解しにくくなります。

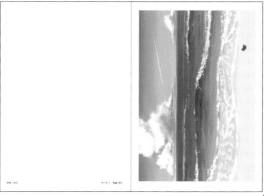

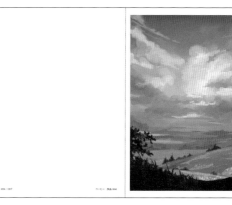

エラーをチェックする

ドキュメント制作中のエラーは、「ライブプリフライト」という機能で常時チェックされています。ここでは、この機能を利用してエラーを解消する方法について解説します。

▌ エラーの表示・修正

ここでは、プリフライトでエラーが検出された場合の、エラーの表示方法、解決方法について解説します。

1 ▸ エラー表示をダブルクリックする

ドキュメント制作中にエラーが発生すると、ドキュメントウィンドウの下部に赤い●印とエラーの数が表示されます。このエラーを解決するには、エラー部分をダブルクリックします❶。

TIPS

ここでのエラー内容
画面では、リンクエラーとオーバーセットテキストエラーの2種類のエラーが表示されています。なお、「オーバーセットテキスト」は、テキストフレームに表示されずに溢れているテキストがあることを指します。

POINT

「リンクの問題」が表示される
サンプルファイルを開くと、「リンクの問題」というエラーが表示される場合があります。その場合は、「変更されたリンクを更新」をクリックしてください。自動的にリンクが再設定されます。それでも解消されない場合は、ここで紹介した方法で解決してください。
なおフォントに関するエラーについては、同じフォントをインストールするか、別のフォントに変更してください。

2 ▸ 「プリフライト」パネルが表示される

「プリフライト」パネルが表示されます。エラーが表示されていることを確認します❶。

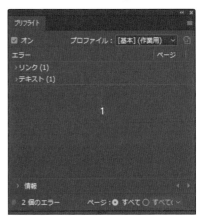

3 ▸ エラー内容を確認する

▶をクリックし❶、表示されたエラーをクリックします❷。情報の▶をクリックすると❸、エラーの内容と対応方法が表示されます❹。また、エラーのページ番号も表示されています❺。

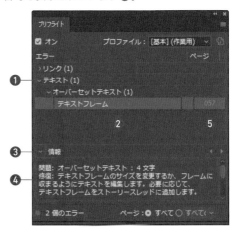

4 ▸ エラーを修正する ①

エラー項目をダブルクリックします❶。するとエラー箇所へジャンプしてエラーが表示されるので、該当箇所を修正します❷。

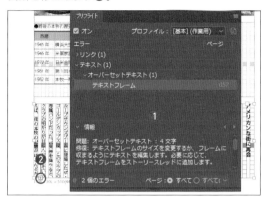

5 ▸ エラーを修正する ②

修正すると、エラーの数が減ります❶。

▌リンクエラーの修正

リンクエラーとは、「配置」を利用して配置した写真や画像データなどがリンク先にない状態のことを指します。その修正方法を解説します。

1 ▸ エラーを表示する

ドキュメントに配置した画像データを、元の保存場所から変更したり、ファイル名を変更したりすると、ライブプリフライトでエラー表示されます。この場合、「プリフライト」パネルで表示される他❶、メニューバーから「ウィンドウ」→「リンク」をクリックして「リンク」パネルを表示しても❷、リンクエラーが表示・確認できます。

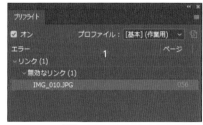

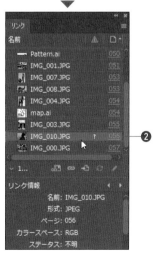

2 ▸ エラーを修正する

「リンク」パネルでは、エラーのあるファイル名の右側に「?」が表示されています。ここでリンク情報を確認し❶、パネル下の「再リンク」❷や「リンクへ移動」❸をクリックしてファイルを確認します。ファイル名を修正したり、ファイルがない場合は用意します。ファイルを削除した場合は、別のファイルに新しくリンクを設定します。

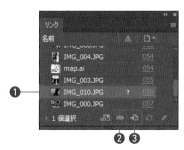

InDesign

SECTION
7-17

プリントする

ここでは、ドキュメントをプリンターから出力する場合のポイントについて解説します。プリントは、ページ単位、見開き単位で実行できます。

▌ プリントの実行

ドキュメントが完成したら、プリントを行います。事前にプレビューで、プリント内容の確認を行います。

1 ▸ プレビューで確認する①

ツールバーの「表示モード」を長押しし❶、「プレビュー」をクリックします❷。

2 ▸ プレビューで確認する②

印刷プレビューが表示されます。

3 ▸「プリント」を選択する①

「ファイル」→「プリント」をクリックします❶。

4 ▸「プリント」を選択する②

「プリント」ダイアログボックスが表示されます。

5 › プリンターとプリント範囲を設定する

プリンターを確認し❶、「一般」の「ページ」でプリントする範囲を設定します❷。デフォルトでは、「すべて」が設定されています。

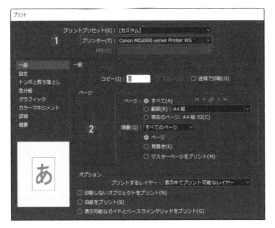

TIPS

特定のページを出力する

特定のページ範囲を出力したい場合、「範囲」にたとえば半角数字で「4-8」と入力すると、4ページから8ページまでを出力できます。また5ページ目と10ページ目を出力したい場合は、「5,10」とコンマで区切ります。

7 › トンボと裁ち落としを設定する

プリントした結果にトンボや裁ち落としが必要な場合は、「トンボと裁ち落とし」をクリックし❶、トンボの設定を行います❷。不要な場合は、設定をオフにしておきます。設定ができたら、「プリント」をクリックして印刷を実行します❸。

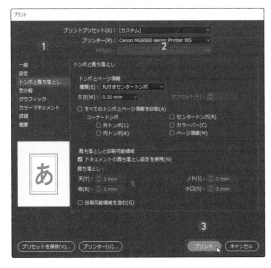

6 › 用紙を指定する

「設定」をクリックし❶、印刷に利用する用紙サイズを選択します❷。また、用紙の方向も選択できます❸。

TIPS

プリンターでの設定

「プリント」ダイアログボックスで左下の「プリンター」をクリックすると、プリンタードライバーでの設定が可能です。InDesignとプリンタードライバーの両方で設定を行った場合、ドライバーでの設定が優先されます。しかし、プリンターとの競合を防ぐためプリンタードライバーでの設定は行わず、InDesignの「プリント」ダイアログボックスで設定することをおすすめします。

TIPS

その他の設定項目

「プリント」ダイアログボックスの「色分解」や「グラフィック」などの項目は、基本的にはデフォルトのままで印刷してかまいません。

TIPS

PDFとしてプリント

「プリント」ダイアログボックスの「プリンター」で「Adobe PDF」などPDFの項目を選択すると、プリンターでの印刷ではなく、PDFファイルとして出力できます。

PDF出力する

ここでは、ドキュメントをPDF出力する場合のポイントについて解説します。PDFファイルは、印刷所への入稿に利用する他、電子書籍としても利用できます。

▌ PDFの書き出し

Chap07 ▸ S7-18-01.pdf

InDesignからPDF出力する方法は複数あります。ここでは、もっとも一般的な「書き出し」による出力方法について解説します。

1 ▸ 「書き出し」を選択する

「ファイル」→「書き出し」をクリックします❶。

3 ▸ PDFバージョンと出力範囲を設定する

「Adobe PDFを書き出し」ダイアログボックスが表示されます。「PDF書き出しプリセット」と❶、「一般」にある「ページ」でPDF出力する範囲❷を設定します。なお、「PDF書き出しプリセット」は、一般的に「PDF/X-1a：2001（日本）」を選択してください。

> **TIPS**
>
> **ページ単位で出力する**
> 印刷会社へ入稿する場合、「書き出し形式」は「ページ」を選択してください。基本的に、入稿にはページ単位で出力したPDFを利用します。なお、詳細は利用する印刷会社に確認してください。

2 ▸ ファイル名を設定する

「書き出し」ウィンドウが表示されます。PDFの保存先を選択し❶、ファイル名を入力して❷、「保存」をクリックします❸。

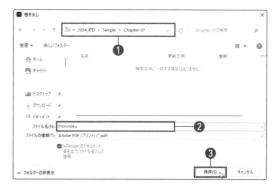

> **TIPS**
>
> **PDFのバージョン**
> 日本の印刷会社では、多くの場合PDF/X-1aまたはPDF/X-4での入稿が推奨されています。なお、画像が透明情報を含んでいる場合は、PDF/X-4がおすすめです。

4 ▸ 圧縮方法を設定する

「圧縮」をクリックし❶、圧縮方法について設定します。一般的に、印刷会社に入稿する場合は、圧縮を行わない「ダウンサンプルしない」を選択します❷。

5 ▸ トンボと裁ち落としを設定する

プリントした結果にトンボや裁ち落としが必要な場合は、「トンボと裁ち落とし」をクリックして❶、トンボの設定を行います❷。印刷会社に入稿する場合は、どのトンボが必要かを確認してください。一般的には、「内トンボ」、「外トンボ」、「センタートンボ」が利用されています。また、「ドキュメントの裁ち落とし設定を使用」も、必要に応じて有効にします❸。また、「印刷可能領域を含む」もオンにします❹。設定が完了したら「書き出し」をクリックします❺。

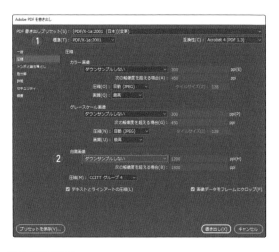

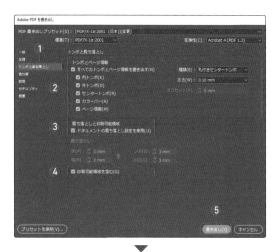

TIPS

圧縮方法と画質
写真などの画像データを利用したドキュメントの場合、「圧縮」は「自動（JPEG）」、「画質」は「最高」などを選択してください。

TIPS

その他の設定項目
その他の「色分解」などの項目は、基本的にはデフォルトのままでかまいません。必要に応じて設定してください。

TIPS

RGBからCMYKに変換
RGB画像を配置して作成したドキュメントをPDF出力すると、InDesignのカラーマネージメントの設定によって、自動的にCMYKに変換されて出力されます。

トンボ付きで書き出したドキュメントのPDF

パッケージ出力する

印刷会社へ入稿する場合、必要なファイルをまとめておく必要があります。パッケージ出力によって、リンク形式の画像データなどをまとめて出力します。

▌ パッケージの実行

Chap07 ▶ Honmokuフォルダー

「パッケージ」は、「ファイル」メニューから「パッケージ」を選択して実行します。なおパッケージ出力では、PDF出力やプリントアウトなどは実行されません。

1 ▸「パッケージ」を選択する

「ファイル」→「パッケージ」をクリックします❶。

2 ▸「パッケージ」をクリックする

「パッケージ」ダイアログボックスが表示されます。エラーが無いことを確認し、「パッケージ」をクリックします❶。

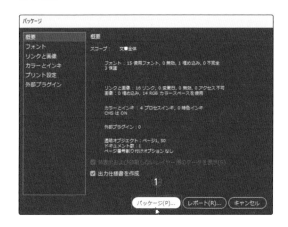

TIPS

エラーがある場合

ドキュメント内にエラーがある場合、プリフライトと同じエラーが表示されます。出力する前にエラーを修正してください（P.358参照）。

POINT

RGB画像に注意

ドキュメントにRGB画像を配置している場合、「パッケージ」ダイアログボックスの「リンクと画像」に「!」の警告マークが表示されます❶。左のカテゴリーで「リンクと画像」をクリックすると❷、「形式」に「JPEG RGB」と表示され❸、画像がCMYKでないことがわかります。この場合、Photoshopなどでて CMYKに変換してください。なお、このままでもパッケージは実行できますが、入稿した印刷会社でRGB画像がCMYKに変換されます。この場合、ドキュメントで見ていた色と色みが変わる可能性が大きいので注意が必要です。

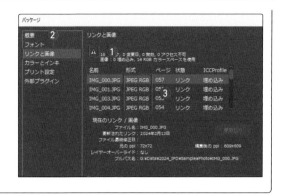

3 ▸ 出力仕様書が表示される

先の手順で「出力仕様書を作成」がオンの場合、「出力仕様書」ダイアログボックスが表示されます。必要に応じて、情報を入力します。出力仕様書が不要の場合は、出力をオフにしてください。なお、設定内容は入稿する印刷所と打ち合わせて入力してください。「続行」をクリックします❶。

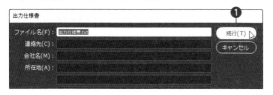

TIPS

IDMLを含める
オプションの「IDMLを含める」を有効にすると、旧バージョンのInDesignでドキュメントを編集できるようになります。ただし、最新機能は無視されます。

4 ▸ 出力内容を確認する

「パッケージ」ウィンドウが表示されます。保存先❶とフォルダー名❷を設定します。必要に応じてオプションの設定を変更しますが、通常はデフォルトのままでOKです。「パッケージ」をクリックします❸。

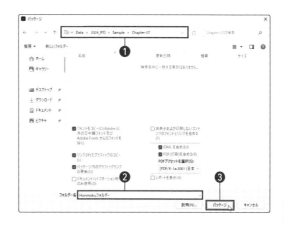

5 ▸ 警告が表示される

フォントの埋め込みに関する権利関係の注意事項が、「警告」として表示されます。内容を確認して「OK」をクリックします❶。

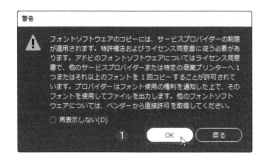

TIPS

ドキュメントのプレビュー
InDesignの新機能として、プレビュー機能が強化されました。ドキュメントを開かなくてもWindowsのエクスプローラーやMacのFinderなどでプレビューできるようになりました。「プレビュー」をクリックし❶、InDesign形式のファイルをクリックすると❷、プレビューが表示されます❸。

6 ▸ ファイルが表示される

印刷に必要なすべてのデータが保存されたフォルダーが出力されます。「Document fonts」にはドキュメントで利用しているフォントが❶、「Links」にはドキュメントに配置している画像ファイルが保存されています❷。

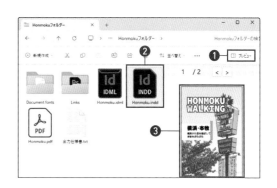

［索引］

InDesign

著者紹介

阿部 信行 （あべ のぶゆき）

千葉県生まれ。日本大学文理学部独文学科卒業
自給自足ライター。主に書籍を中心に執筆活動を展開。自著に必要な素材はできる限り自分で制作することから、自給自足ライターと自称。原稿の執筆はもちろん、図版、イラストの作成、写真の撮影やレタッチ、そして動画の撮影・ビデオ編集、アニメーション制作、さらにDTPも行う。自給自足で養ったスキルは、書籍だけではなく、動画講座などさまざまなリアル講座、オンライン講座でお伝えしている。旧ホームヘルパー2級取得。

- Adobe Community Expert
- YouTubeチャンネル「動画の寺子屋」指南役
- 株式会社スタック代表取締役

● Webサイト
https://stack.co.jp

● 最近の著書

『ゼロから学ぶ動画デザイン・編集実践講座』（ラトルズ）
『今すぐ使えるかんたん Premiere Pro やさしい入門』（技術評論社）
『Premiere Pro＆After Effects いますぐ作れる！ ムービー制作の教科書 改定4版』（技術評論社）
『無料ではじめる！ YouTuberのための動画編集逆引きレシピ DaVinci Resolve 18対応』（インプレス）
『Premiere Pro デジタル映像編集 パーフェクトマニュアル CC対応』（ソーテック社）

カバー・本文デザイン　武田 厚志
　　　　　　　　　　（SOUVENIR DESIGN INC.）
レイアウト　　　　　　五野上 恵美
編集　　　　　　　　　下山 航輝
技術評論社Webページ　https://book.gihyo.jp/116

■ お問い合わせについて

本書の内容に関するご質問は、下記の宛先までFAXまたは書面にてお送りください。なお電話によるご質問、および本書に記載されている内容以外の事柄に関するご質問にはお答えできかねます。あらかじめご了承ください。

〒162-0846
新宿区市谷左内町21-13
株式会社技術評論社　書籍編集部
「Illustrator&Photoshop&InDesign
これ1冊で基本が身につくデザイン教科書［改訂新版］」質問係
FAX番号　03-3513-6183

なお、ご質問の際に記載いただいた個人情報は、ご質問の返答以外の目的には使用いたしません。
また、ご質問の返答後は速やかに破棄させていただきます。

イラストレーター　　　アンド　　　　　　フォトショップ　　　アンド　　　インデザイン
Illustrator&Photoshop&InDesign
これ1冊で基本が身につくデザイン教科書
［改訂新版］

2020年9月2日　初　版　第1刷発行
2024年7月13日　第2版　第1刷発行

著　者　阿部　信行（あべ　のぶゆき）
発行者　片岡　巌
発行所　株式会社技術評論社
　　　　東京都新宿区市谷左内町21-13
　　　　電話　03-3513-6150　販売促進部
　　　　　　　03-3513-6166　書籍編集部
印刷／製本　株式会社加藤文明社

定価はカバーに表示してあります。